DIE GALVANOTECHNIK

DIE GALVANOTECHNIK

GALVANOSTEGIE UND GALVANOPLASTIK

Ein Leitfaden für Betriebsbeamte und Praktiker, für Lehrende und Lernende

Von

Dr. Alfred Wogrinz und **Georg Buchner**

Fünfte, vollständig neu bearbeitete Auflage
des Werkes „Die galvanischen Metallniederschläge und deren Ausführung" von H. Steinach und G. Buchner

Mit 95 Abbildungen

M. KRAYN TECHNISCHER VERLAG
BERLIN 1940

Printed in Germany
Druck von Walter de Gruyter & Co., Berlin W 35

Vorrede

Bei der Vorbereitung der fünften Auflage unseres Lehrbuches der Galvanotechnik haben wir uns bemüht, den Fortschritten des Faches im letzten Jahrzehnt Rechnung zu tragen; ob es uns gelungen ist, wird die Aufnahme der Arbeit in den Kreisen lehren, für die sie bestimmt ist.

Wir bitten wohlgeneigte Fachgenossen um die Mitteilung von Fehlern, die wir übersehen haben. Damit, daß wir insbesondere den Langbein-Pfanhauser-Werken, dem Hause A. Hogenforst in Leipzig, der Dr. Alexander Wacker-Gesellschaft für elektrochemische Industrie G. m. b. H. in München, sowie der »ELIN« Aktiengesellschaft für elektrische Industrie in Wien und den Siemens-Schuckert-Werken daselbst für die Überlassung wertvoller Abbildungen und Druckstöcke auch hier danken, erfüllen wir eine angenehme Pflicht. Dem Verlag Krayn sind wir für sein freundliches Eingehen auf unsere Wünsche und die nette Ausstattung des Werkchens verpflichtet.

Die Verfasser.

Inhalt

Einleitung

Die Galvanotechnik umfaßt zwei Arbeitsgebiete, nämlich das der Galvanostegie und das der Galvanoplastik.

Die Aufgabe der Galvanostegie ist die Fertigstellung metallener Werkstücke durch ihre Behandlung in richtig zusammengesetzten wäßrigen Lösungen, den Bädern, mit Hilfe des elektrischen Stromes.

Die Aufgabe der Galvanoplastik ist dagegen die Herstellung von Metallwaren. Sie geschieht ebenfalls in Bädern mit Hilfe des elektrischen Stromes und zwar durch die Bildung von Metallniederschlägen auf geeigneten Formen. Diese Formen bestehen entweder selbst aus Metall, sie leiten also den Strom, so daß man sie überall dort abdecken muß, wo ein Niederschlag nicht anfallen soll. Oder sie bestehen aus Wachsmischungen, Guttapercha, Galalith, Zellhorn, Gips, kurz aus Stoffen, die den Strom nicht leiten. Die Oberfläche solcher Formen muß man daher leitend machen; wie dies geschehen mag, das werden wir im Abschnitt über die vorbereitenden Arbeiten der Galvanoplastik hören. Weiter unterscheidet man die Abformungs- und die Überzugsgalvanoplastik. Bei der Abformungsgalvanoplastik nimmt man die gewonnenen Niederschläge von den Formen ab, um aus ihnen durch passende Vollendungsarbeiten die gewünschten Werkstücke zu bilden. Bei der Überzugsgalvanoplastik sind dagegen die Formen mit den auf ihnen angefallenen Niederschlägen nach den nötigen Vollendungsarbeiten die fertigen Waren. Wichtige Erzeugnisse der Abformungsgalvanoplastik sind zum Beispiel »Galvanos« nach Schriftsätzen und Zinkätzungen für den Buchdruck, die Tiefdruckplatten für Briefmarken, Wertpapiere und Banknoten, ferner die Prägeplatten für Schallplatten und für die Nachahmung der Narbe feiner Ledersorten, sowie die Gußformen, die sogenannten »Matern« für Letterngießmaschinen. Erzeugnisse der Überzugsgalvanoplastik sind die bekannten »metallisierten« Erstlingsschuhe, Tannenreiser, hölzerne Stock- und Schirmgriffe und Schmuckstücke aus Kunsthorn, weiter die auf der Rückseite zum Schutz der Silberschicht verkupferten Spiegel, und schließlich die »aufgekupferten« Walzen für den Rakeltiefdruck.

Wir können uns also, wenn wir auch auf gewisse Eigenschaften der Bäder Rücksicht nehmen und weiter darauf, ob die in den Bädern bearbeiteten Stücke mit dem — Pol oder mit dem + Pol der Stromquelle verbunden sind, die folgende Übersicht zusammenstellen:

Gewöhnliche galvanostegische Verfahren

Die Waren sind stets mit dem — Pol der Stromquelle verbunden und es schlägt sich auf ihnen ein Metall oder eine Metallegierung nieder. Man arbeitet bei diesem »Elektroplattieren« mit den folgenden Bädern:

Saure Bäder:	Alkalische Bäder:	Saure oder alkalische Bäder:
1. Chrombäder	7. Silberbäder	11. Zinnbäder
2. Nickelbäder und Nickelkobaltbäder	8. Cyanalkalische Zink-, Kupfer-, Messing- und Cadmiumbäder	12. Platinmetallbäder (Platin-, Palladium- und Rhodiumbäder)
3. saure Zinkbäder	9. Goldbäder (Gelbgold-, Rotgold-, Grüngold-, Weißgoldbäder)	
4. saure oder galvanoplastische Kupferbäder	10. Antimon- und Arsenbäder	
5. Eisenbäder		
6. Bleibäder		

Die in kleinerem Druck angeführten Bäder werden in der gewerblichen galvanotechnischen Praxis seltener gebraucht; was insbesondere die Eisenbäder anbelangt, haben sie an Bedeutung sehr durch die Fortschritte beim Verchromen von Druckplatten verloren, während die Arsen- und Antimonbäder eigentlich der Metallfärbung und nicht der Galvanostegie dienen.

Galvanostegische Sonderverfahren

Das »Electrocolor-Verfahren«, bei dem sich auf den Werkstücken aus Kupferbädern besonderer Zusammensetzung nicht Kupfer, sondern Kupfer(I)oxyd, sogenanntes Kupferoxydul, abscheidet.

Auch bei diesem Verfahren, das der Metallfärbung dient, sind die Waren mit dem — Pol der Stromquelle verbunden, hingegen bei den nunmehr folgenden Sonderverfahren mit dem + Pol.

Das »Eloxal-Verfahren« zur elektrolytischen Oxydation von Gegenständen aus Aluminium und dessen Legierungen und das »Elomag-

Verfahren« der Langbein-Pfanhauser-Werke A.-G. zur elektrolytischen Oxydation von Teilen aus Magnesium und seinen Legierungen.

Die Verfahren zum »Irisieren« von Werkstücken.

Wiederum sind die in der galvanotechnischen Praxis seltener gebrauchten Verfahren in kleinerem Druck angeführt. Im Rahmen der Erörterungen über die Sonderverfahren werden wir übrigens auch des Elektroplattierens von Teilen aus Aluminium und dessen Legierungen gedenken.

Galvanoplastische Verfahren

Die Verfahren der Abformungsgalvanoplastik
Die Verfahren der Überzugsgalvanoplastik

Wie wir aus den vorstehenden Ausführungen ersehen, bedient sich die Galvanotechnik für ihre Zwecke elektrochemischer Verfahren. Wir müssen daher, um sie richtig zu verstehen, uns mit einigen Grundbegriffen der Chemie, der Elektrizitätslehre und der Elektrochemie vertraut machen. Unter dem Titel »Vorbereitende Erläuterungen« finden wir sie im ersten Abschnitt des Buches dargelegt. Ferner ist dem Arbeitsgerät bei allen galvanotechnischen Verfahren vieles gemeinsam; stets braucht man Stromquellen, Badegefäße, sowie sie verbindende Leitungen, nebst Meß- und Regelapparaten. Auch diese Arbeitsbehelfe wollen wir erst kennen lernen, bevor wir die eigentlichen galvanostegischen und galvanoplastischen Verfahren besprechen. Sie sind im zweiten Abschnitt unter dem Titel »Die Ausrüstung der galvanotechnischen Werkstätte« beschrieben.

Den Schluß des Buches bilden mehrere für den Galvanotechniker wichtige Zusammenstellungen.

Vorbereitende Erläuterungen

Einige Grundbegriffe der Chemie und der Elektrochemie

Es gibt auf unserer Erde **89 Grundstoffe** [1]) — man nennt sie auch **»Elemente«** — die man, wenigstens mit den gewöhnlichen Mitteln der Chemie, nicht weiter zerlegen kann. Die für uns wichtigsten sind in der ersten Spalte der Tabelle I auf S. 206f. genannt und in der zweiten Spalte kurz beschrieben; den Inhalt der dritten und der vierten Spalte werden wir gleich erörtern.

Manche der aufgezählten Elemente, etwa das Kupfer, das Silber, das Gold und den brennbaren Schwefel, kennt heute bei uns wohl jedermann. Andere dagegen, wie das Chlor oder die »Leichtmetalle« Natrium, Kalium, Calcium und Barium, sind weniger bekannt. Dies kommt daher, daß wir in der Natur nicht ihnen selbst begegnen, sondern nur **chemischen Verbindungen,** in denen sie enthalten sind, aus denen wir sie gewinnen und von denen viele weit verbreitet sind.

Was hat es nun mit den chemischen Verbindungen für eine Bewandtnis, nach welchen Regeln sind sie aufgebaut und zerfallen sie? Um uns dies wenigstens einigermaßen klar zu machen, müssen wir etwas weiter ausholen und merken uns vorerst Folgendes.

Jede Substanz, die wir als einen **Grundstoff** erkannt haben, besteht aus **Atomen,** die **nur diesem** Grundstoff eigen sind; wie wir gehört haben, gibt es 89 Grundstoffe, somit gibt es auch 89 Arten von Atomen.

Die Atome sind für unser Vorstellungsvermögen unfaßbar klein, dennoch wissen wir von ihnen schon ziemlich viel.

So wissen wir, daß die Atome **eines und desselben** Grundstoffes alle die **gleichen Eigenschaften** und das **gleiche Gewicht** haben [2]); die Atome eines anderen Grundstoffes haben wieder andere, nur ihnen zukommende Eigenschaften und ein anderes, nur ihnen zukommendes Gewicht.

Weiter wissen wir, daß sich die Gewichte einzelner Atome der verschiedenen Grundstoffe zueinander verhalten, wie die Zahlen in der

---

[1]) Im ganzen sind es 92, von denen wir 89 bereits kennen.

[2]) Oder wenigstens nahezu das gleiche Gewicht.

vierten Spalte der Tabelle I, S. 206f. Diese Zahlen heißen deshalb die »**Atomgewichte**« [1]) der Elemente. Es verhalten sich also zum Beispiel die Gewichte eines Wasserstoffatomes, eines Sauerstoffatomes, eines Natriumatomes und eines Chloratomes zueinander wie 1,0078 zu 16 zu 22,997 zu 35,457.

Jede **chemische Verbindung** besteht dagegen aus **Molekülen,** die **nur ihr** eigen sind. Diese Moleküle sind aus Atomen **verschiedener** Grundstoffe aufgebaute Gebilde, deren Zusammensetzung der Chemiker durch **»Formeln«** angibt. Dabei bedient er sich zur Bezeichnung der Atome der Grundstoffe jener Buchstaben und Buchstabengruppen, die in der dritten Spalte der Tabelle I, S. 206f., stehen. Er schreibt etwa:

H_2O für 1 Wassermolekül,
HCl für 1 Chlorwasserstoffmolekül,
NaOH für 1 Natriumhydroxydmolekül,
NaCl für 1 Natriumchloridmolekül.

Damit sagt er, ohne daß es vieler Worte bedarf,

---

[1]) Dieser Name ist keineswegs glücklich gewählt, denn aus den sogenannten »Atomgewichten« ersehen wir, wie gesagt, zunächst ja nur, wie sich die wirklichen Massen der Atome zueinander verhalten. Wir sind also in einer ähnlichen Lage wie ein Kaufmann, dem man bloß sagt, wie sich die Preise verschiedener Waren zueinander verhalten, nicht aber diese Preise selbst. Die wirklichen Massen der Atome in **Grammen** finden wir erst, wenn wir die »Atomgewichte« durch

0,606 mal 1 Million mal 1 Million
mal 1 Million mal 1 Million

oder (der Leser vgl. die Fußnote S. 18), wie der Mathematiker schreibt, durch $0{,}606 \cdot 10^{24}$ dividieren. Diese ungeheure, menschlicher Vorstellung selbstverständlich ganz unfaßbare, jedoch für die Wissenschaft sehr wichtige Zahl pflegt man zu Ehren eines berühmten Wiener Physikers die Loschmidtsche Zahl zu nennen und mit dem Buchstaben L zu bezeichnen. Die wirkliche Masse eines Wasserstoffatomen ist also z. B. 1,0078 g/L; wenn man die angedeutete Division wirklich ausführt, findet man als Ergebnis:

0,00000000000000000000000166 g

Dies sei nur nebenbei erwähnt, ebenso wie, daß nach den Anschauungen der Physik unserer Zeit die Atome trotz ihrer Kleinheit noch nicht die letzten Bausteine des Weltalls sind. Schon das einfachste Atom, das Wasserstoffatom, besteht aus einem »Kern« und einem »Elektron«; bei den Atomen der anderen Grundstoffe sind auch die Kerne zusammengesetzte Gebilde. Wir können auf die überaus interessanten Erwägungen, die auf diesen Anschauungen beruhen und bis in das Gebiet der Sternkunde führen, hier selbstverständlich nicht eingehen.

daß bei der chemischen Verbindung:	jedes Molekül besteht aus:
Wasser	2 Wasserstoffatomen
	1 Sauerstoffatom
Chlorwasserstoff [1]	1 Wasserstoffatom
	1 Chloratom
Natriumhydroxyd oder Ätznatron [1]	1 Natriumatom
	1 Sauerstoffatom
	1 Wasserstoffatom
Natriumchlorid oder Kochsalz [1] . .	1 Natriumatom
	1 Chloratom

Jetzt überlegen wir uns weiter folgendes. Wie wir wissen — die Atomgewichte sagen es ja — verhält sich zum Beispiel:

Das Gewicht **eines einzelnen** H-Atomes	zum	Gewicht **eines einzelnen** O-Atomes
	wie	
1,0078 . . .	zu	16

---

[1] Wegen der Eigenschaften dieser und der später genannten chemischen Verbindungen vgl. der Leser die Zusammenstellung III, S. 209 bis 226. Was die Formeln chemischer Verbindungen anbelangt, schreibt man sie oft auch so an, daß sie dem Kundigen Mitteilungen über den Aufbau der Moleküle machen. Die Formel der Schwefelsäure lautet z. B. H_2SO_4. Sie sagt uns, daß jedes Schwefelsäuremolekül, das eine wie das andere, aus zwei Wasserstoffatomen, einem Schwefelatom und vier Sauerstoffatomen besteht. Schreiben wir sie aber:

$$\begin{matrix}H\\H\end{matrix}\,SO_4 \text{ oder gar: } \begin{matrix}H\\H\end{matrix}\Big|\,SO_4$$

wie es auf S. 13 usw. geschieht, dann wollen wir damit andeuten, daß den links stehenden Wasserstoffatomen eine Sonderstellung im Molekül zukommt, von der wir übrigens noch hören werden. Die Formel des Benzols wiederum lautet C_6H_6, die des Naphthalins $C_{10}H_8$, das heißt, jedes Benzolmolekül besteht aus sechs Kohlenstoffatomen und sechs Wasserstoffatomen, jedes Naphthalinmolekül dagegen aus zehn Kohlenstoffatomen und acht Wasserstoffatomen. Auf die eigentümliche Art der Verbindung von Kohlenstoffatomen und Wasserstoffatomen zu Benzolmolekülen und Naphthalinmolekülen verweist die Schreibweise:

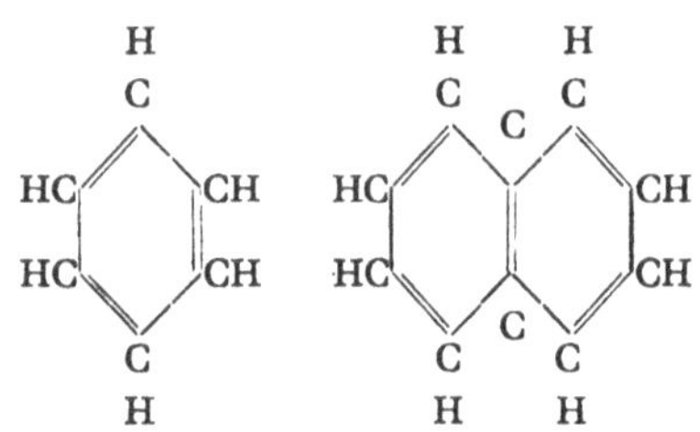

Daraus folgt aber wiederum, daß sich verhält:

Das Gewicht **eines einzelnen** H_2O-Moleküles	zum	Gewicht **zweier einzelner** H-Atome	zum	Gewicht **eines einzelnen** O-Atomes
		wie		

$$
\begin{aligned}
2 \times 1{,}0078 = \;& 2{,}0156 \\
& + 16{,}0 \\
\hline
& \mathbf{18{,}0156}
\end{aligned}
$$

18,0156 zu . . 2,0156 . . . zu . . . 16[1]).

Was nun für jedes **einzelne** Wassermolekül gilt, das gilt selbstverständlich auch, wenn Millionen mal Millionen mal Abermillionen von ihnen beisammen sind, kurz für jede beliebige Menge Wasser. Stets verhält sich ihr Gewicht zu den Gewichten des in ihr enthaltenen Wasserstoffes und Sauerstoffes wie 18,0156 zu 2,0156 zu 16 — immer vereinigen sich bei der Bildung von Wasser aus seinen Elementen Wasserstoff und Sauerstoff im Verhältnis von 2,0156 zu 16.

---

[1]) Dies ist leicht zu verstehen. Nehmen wir an, wir besitzen zwei Sorten von Metallscheiben:

Die wirklichen Gewichte dieser Scheiben kennen wir nicht, sondern wir wissen bloß, daß sie sich zueinander so verhalten, wie die auf den Scheiben aufgeprägten Zahlen. Wenn wir dann die Zusammenstellung:

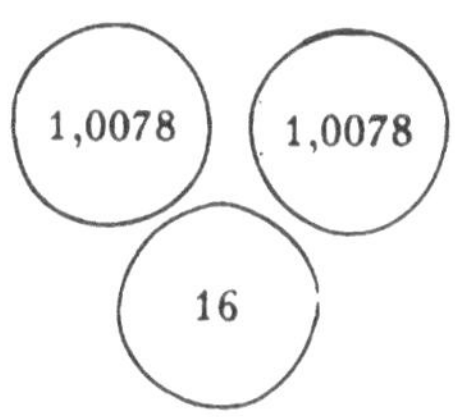

auf den Tisch legen, wissen wir trotzdem, daß sich ihr Gewicht zum Gewicht von:

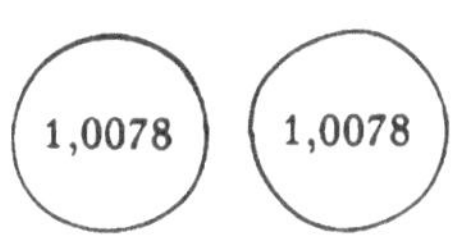

und von:

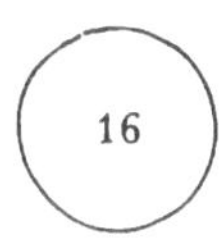

verhält wie 18,0156 zu 2,0156 zu 16.

Die in der angedeuteten Art ermittelte, durch fetten Druck hervorgehobene Zahl 18,0156 nennt man das **»Molekulargewicht«**[1]) des Wassers. Gleicherweise rechnend finden wir etwa das Molekulargewicht des Silbernitrates oder salpetersauren Silbers, dessen Formel $Ag\,NO_3$ lautet, zu 169,888 und das Molekulargewicht des kristallisierten Kupfersulfates[2]), im Handel »Kupfervitriol« oder »blauer Vitriol« genannt, Formel $Cu\,S\,O_4 \cdot 5\,H_2O$, zu 249,708, denn:

Ag . . .	1 × Atomgewicht des Silbers	=	107,88
N . . .	1 × „ „ Stickstoffes	=	14,008
O_3 . . .	3 × „ „ Sauerstoffes	= 3 × 16 =	48,0
			169,888

und:

Cu . . .	1 × Atomgewicht des Kupfers	=	63,57
S. . . .	1 × „ „ Schwefels	=	32,06
O_4 . . .	4 × „ „ Sauerstoffes	= 4 × 16 =	64,0
$5\,H_2O$.	5 × Molekulargewicht des Wassers =	5 × 18,0156 =	90,078
			249,708

Und nunmehr wollen wir gleich bei der Bearbeitung einiger Beispiele zusehen, was wir mit dem Gelernten anfangen können.

Beispiele.

1) Wieviel kg Wasserstoff und wieviel kg Sauerstoff sind in 1 kg Wasser enthalten?

---

[1]) Auch dieser Name ist keineswegs glücklich gewählt. Wie wir sehen, sagt uns das sogenannte »Molekulargewicht« einer Verbindung ja bloß, wie sich das Gewicht eines Moleküles zu den Gewichten der Atome verhält, aus denen es besteht. Das wirkliche Gewicht eines Moleküles können wir aus der »Molekulargewicht« genannten Verhältniszahl zunächst nicht entnehmen. Eine einfache Überlegung (vgl. die Fußnote S. 5) lehrt jedoch, daß wir die wirkliche Masse eines einzelnen Moleküles einer Verbindung in Grammen finden, wenn wir das Molekulargewicht durch die Loschmidtsche Zahl dividieren.

[2]) Wir kennen auch »wasserfreies« Kupfersulfat von weißer Farbe, dessen Formel $CuSO_4$ lautet. Setzt man ihm Wasser zu, so schließen sich je 5 Moleküle H_2O mit je 1 Molekül $CuSO_4$ zu dem größeren Molekül $CuSO_4 \cdot 5\,H_2O$ des blauen, kristallisierten Kupfersulfates zusammen, das, wie gesagt, im Handel »Kupfervitriol« heißt. Es gibt sehr viele solcher Verbindungen, die wir sowohl »wasserfrei« als auch mit »Kristallwasser« darstellen mögen; einige von ihnen findet der Leser in der Zusammenstellung III auf den S. 209 bis 226 aufgezählt. An Kristallwasser besonders reiche Stoffe sind z. B. die verschiedenen Alaune.

18,0156 Gewichtsteile Wasser enthalten 2,0156 Gewichtsteile Wasserstoff und 16 Gewichtsteile Sauerstoff.

1 Gewichtsteil Wasser enthält daher 2,0156 Gewichtsteile: 18,0156 = 0,1119 Gewichtsteile Wasserstoff und 16 Gewichtsteile: 18,0156 = 0,8881 Gewichtsteile Sauerstoff.

Wenn wir somit 1 Gewichtsteil zu 1 kg annehmen, können wir auf die gestellte Frage antworten: 1 kg Wasser enthält 0,1119 kg Wasserstoff und 0,8881 kg Sauerstoff.

2) Wieviele kg Kupfer sind in 200 l eines galvanoplastischen Kupferbades vorhanden, bei dessen Bereitung 200 g kristallisierten Kupfersulfates je 1 l gelöst wurden, im ganzen also 200 g × 200 = 40000 g = 40 kg?

Wie wir berechnet haben, ist 249,708 das Molekulargewicht des kristallisierten Kupfersulfates, das heißt, 249,708 Gewichtsteile dieses Salzes enthalten 63,57 Gewichtsteile Kupfer.

1 Gewichtsteil Kupfervitriol enthält daher 63,57 Gewichtsteile: 249,708 = 0,2546 Gewichtsteile Kupfer.

40 kg Kupfervitriol enthalten 0,2546 kg × 40 = 10,184 kg Kupfer.

3) Wieviele g Silbernitrat kann man aus 50 g reinen Silbers herstellen?

Da, wie wir ebenfalls berechnet haben, 169,888 das Molekulargewicht des Silbernitrates ist, enthalten 169,888 Gewichtsteile gerade 107,888 Gewichtsteile Silber, das heißt, aus 107,888 Gewichtsteilen Silber kann man 169,888 Gewichtsteile Silbernitrat herstellen.

Aus 1 Gewichtsteil Silber kann man somit 169,888 Gewichtsteile: 107,88 = 1,5748 Gewichtsteile Silbernitrat bereiten.

50 g Silber liefern 1,5748 g × 50 = 78,74 g Silbernitrat.

Beim aufmerksamen Durcharbeiten der vorstehenden Beispiele wird der Leser wohl gemerkt haben, wozu das Gelernte gut ist. Wir können also weitergehen; bevor wir dies tun, wollen wir aber unseren Darlegungen gleich hier noch einiges zufügen, dessen Kenntnis uns später von Nutzen sein wird.

Wie wir wissen, ist 18,0156 das Molekulargewicht des Wassers und das des Chlorwasserstoffes, HCl, ist 36,4648, denn:

H	1 × Atomgewicht des Wasserstoffes =	1,0078
Cl	1 × ,, ,, Chlors = . . .	35,457
		36,4648

Offenbar verhält sich nun:

Das Gewicht eines **einzelnen** H_2O-Moleküles	zum	Gewicht eines **einzelnen** H Cl-Moleküles
	wie	
18,0156	zu	. . . 36,4648[1]).

Daher verhält sich selbstverständlich auch:

Das Gewicht einer **beliebigen Anzahl** von H_2O-Molekülen	zum	Gewicht der **gleichen Anzahl** von H Cl-Molekülen
	wie	
18,0156	zu	. . . 36,4648[2]).

Was aber beim Wasser und beim Chlorwasserstoff gilt, das gilt bei **jeder** chemischen Verbindung; stets verhält sich:

Das Gewicht einer **beliebigen Anzahl** von Molekülen einer Verbindung	zum	Gewicht der **gleichen Anzahl** von Molekülen einer anderen Verbindung
	wie	
das Molekulargewicht der ersteren Verbindung	zum	Molekulargewicht der letzteren Verbindung.

Mit anderen Worten mag man dies folgendermaßen ausdrücken:

---

[1]) Auch dies ist leicht zu verstehen. Nehmen wir an (vgl. die Fußbote S. 7), wir besitzen drei Sorten von Scheiben:

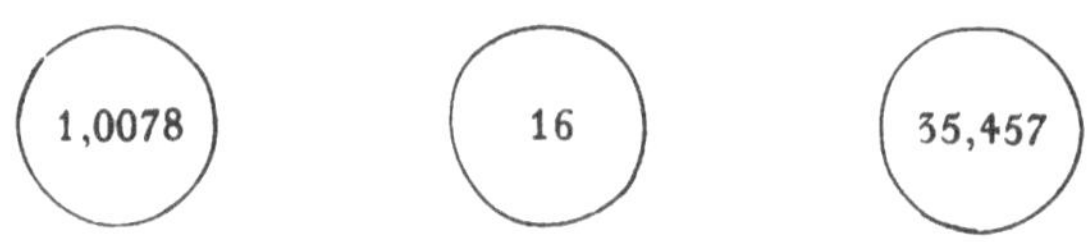

Die wirklichen Gewichte der Scheiben kennen wir nicht, wir wissen wiederum bloß, daß sie sich zueinander so verhalten, wie die auf den Scheiben aufgeprägten Zahlen. Wenn wir dann die Scheibenzusammenstellungen:

I II

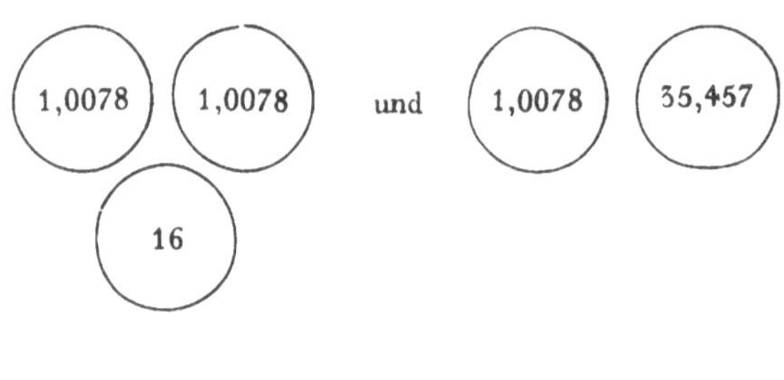

Wenn wir von verschiedenen Verbindungen Mengen abwiegen, deren Gewichte sich zueinander so verhalten, wie die Molekulargewichte der Verbindungen, dann **ist in jedem der abgewogenen Anteile die gleiche Anzahl von Molekülen** vorhanden.

So ist, um bei unserem Beispiel zu bleiben:

in Mengen von

Wasser . . . . und . . . Chlorwasserstoff

die sich verhalten wie

18,0156 . . . . zu 36,4648

also auch in 1 »**Grammol**« dieser Stoffe, nämlich

in 18,0156 **g** . . . . und . . . . in 36,4648 **g**

Wasser Chlorwasserstoff

und überhaupt in **1 Grammol jeder chemischen Verbindung** die **gleiche Anzahl von Molekülen** vorhanden.

Der Leser dürfte erfaßt haben, was mit dem Ausdruck »Grammol« gemeint ist, daß etwa:

bei der Verbindung:	**1 Grammol** ist:	denn das **Molekulargewicht** ist:
Silbernitrat, $Ag\,N\,O_3$	169,888 **g**	169,888
krist. Kupfersulfat, $Cu\,S\,O_4 \cdot 5\,H_2O$	249,708 **g**	249,708.

Und nun erinnere sich der Leser neuerdings daran, was die sogenannten »Atomgewichte« bedeuten. Sie sagen uns, wie sich die wirklichen Gewichte der Atome verschiedener Grundstoffe zueinander verhalten. Es verhalten sich etwa (S. 5) die Gewichte eines einzelnen Wasserstoffatomes, eines einzelnen Sauerstoffatomes, eines einzelnen Natriumatomes und eines einzelnen Chloratomes wie 1,0078 zu 16 zu 22,997 zu 35,457. Somit verhalten sich aber auch:

die Gewichte jeder beliebigen **gleichen** Anzahl von

H-Atomen		O-Atomen		Na-Atomen		Cl-Atomen
			wie			
1,0078	zu	16	zu	22,997	zu	35,457

---

auf den Tisch legen, ist es wohl klar, daß sich das Gewicht der Zusammenstellung I zum Gewicht der Zusammenstellung II verhält wie 18,0156 zu 36,4648.

[2]) Wir zählen einen Haufen von, sagen wir, 80 Scheibenzusammenstellungen I und einen Haufen von 80 Scheibenzusammenstellungen II auf den Tisch. Offenbar verhalten sich die Gewichte der beiden Haufen wiederum wie 18,0156 zu 36,4648.

Daraus folgt wiederum, daß:

	1 »**Grammatom**«, nämlich		
1,0078 **g**	16 **g**	22,997 **g**	35,457 **g**
Wasserstoff	Sauerstoff	Natrium	Chlor

und überhaupt **1 Grammatom jedes Grundstoffes** die **gleiche Anzahl von Atomen** enthält.

Wir kennen jetzt den Sinn der Ausdrücke »Grammol« und »Grammatom«; was verstehen wir nun bei einer Lösung unter der **Konzentration**? In der Praxis pflegt man sie in »Litergrammen« des gelösten Stoffes anzugeben, z. B. bei Salzsäure — der Leser schlage die Tabelle V, S. 229 auf — in Litergrammen Chlorwasserstoff. Der Chemiker hingegen meint, wenn er von der Konzentration

einer **chemischen Verbindung** in einer Lösung spricht, die **Anzahl der in 1 l vorhandenen Grammole** der Verbindung.	eines **Grundstoffes** in einer Lösung spricht, die **Anzahl der in 1 l vorhandenen Grammatome** des Grundstoffes[1]).

Bleiben wir beim eben gewählten Beispiel und betrachten wir etwa eine Salzsäure, die 36,4648 g Chlorwasserstoff je 1 l enthält. Dann wird nach dem, was wir soeben gehört haben, der Praktiker sagen, die Konzentration des Chlorwasserstoffes in unserer Säure sei 36,4648 Litergramme. Für den Chemiker aber ist die Konzentration des Chlorwasserstoffes 1 und auch die des Wasserstoffes ist 1, weil 36,4648 g Chlorwasserstoff 1 Grammol dieser Verbindung sind, mit 1 Grammatom, nämlich 1,0078 g Wasserstoff.

Sind jedoch je 1 l an HCl vorhanden:	dann ist die Konzentration an HCl:	an H:
$2 \times 36{,}4648$ g = 2 Grammole	2	1
36,4648 g : 2 = $^1/_2$ Grammol	$^1/_2$	$^1/_2$
36,4648 g : 10 = $^1/_{10}$ Grammol	$^1/_{10}$	$^1/_{10}$.

Fassen wir also schließlich das Gelernte, um es uns ja recht gut einzuprägen, noch einmal kurz zusammen:

Die **Atomgewichte** der Grundstoffe sind bloß Verhältniszahlen; sie sagen uns nur, wie sich die Gewichte einzelner Atome der verschiedenen Grundstoffe zueinander verhalten.

---

[1]) Wie die Angaben über die Metallgehalte gewisser Verbindungen berechnet wurden, das hat der Leser ja bei der Bearbeitung der Beispiele S. 9 gelernt.

Auch die **Molekulargewichte** chemischer Verbindungen sind bloß solche Verhältniszahlen; sie sagen uns nur, wie sich die Gewichte einzelner Moleküle verschiedener Verbindungen zueinander und zu den Gewichten von Atomen der Grundstoffe verhalten.

1 **Grammatom** jedes Grundstoffes enthält die gleiche Anzahl von Atomen.

1 **Grammol** jeder Verbindung enthält die gleiche Anzahl von Molekülen.

Die **Konzentration eines Grundstoffes** in einer Lösung gibt man in **Grammatomen** an und die **Konzentration einer Verbindung** in einer Lösung in **Grammolen.**

Und nun gehen wir weiter.

Wir haben bereits über die Eigenschaften einiger chemischer Verbindungen gesprochen und auch erwähnt, daß wir diejenigen, die der Galvanotechniker zu seinem Handwerk braucht, auf den S. 209 bis 226 aufgezählt und beschrieben finden; manche von ihnen entstammen unmittelbar der Natur, als z. B. der Alaun, das Bittersalz, die Borsäure, die Zitronensäure — andere sind Erzeugnisse chemischer Fabriken, so das Nickelsulfat, die Soda, das Kaliumcyanid. Wir wollen jetzt trachten, einen allgemeinen Überblick über diese Verbindungen zu gewinnen und sie sinnvoll einzuteilen.

Dazu halten wir fest, daß die meisten von ihnen entweder **Säuren** oder **Laugen** oder **Salze** sind. Als für uns besonders wichtige **Säuren** merken wir uns:

den Chlorwasserstoff	H	Cl
den Cyanwasserstoff, auch Cyanwasserstoffsäure oder Blausäure genannt	H	CN
die Salpetersäure	H	NO_3
die schweflige Säure, H_2SO_3, anders geschrieben[1]) . .	H H	SO_3
die Schwefelsäure, H_2SO_4, anders geschrieben	H H	SO_4
die Kohlensäure, H_2CO_3, anders geschrieben	H H	CO_3
die Borsäure, H_3BO_3, anders geschrieben	H H H	BO_3

---

[1]) Der Leser vergleiche dazu die Fußnote S. 6. Zu der oben stehenden Aufzählung von Säuren, Laugen und Salzen bemerken wir übrigens Folgendes. Chlorwasserstoff ist bei Zimmertemperatur und gewöhnlichem Druck ein farbloses, stechend riechendes Gas, dessen Lösung in Wasser Salzsäure heißt (vgl. S. 223 und

und als wichtige **Laugen**:

das Ätznatron oder Natriumhydroxyd . . . . $Na \mid \mathbf{OH}$

das Ätzkali oder Kaliumhydroxyd . . . . $K \mid \mathbf{OH}$

das Ammoniumhydroxyd . . . . $NH_4 \mid \mathbf{OH}$

das Calciumhydroxyd, $Ca(OH)_2$, anders geschrieben . . $Ca \begin{array}{|l} \mathbf{OH} \\ \mathbf{OH} \end{array}$

das Bariumhydroxyd, $Ba(OH)_2$, anders geschrieben . . $Ba \begin{array}{|l} \mathbf{OH} \\ \mathbf{OH} \end{array}$

Wie wir sehen, sind bei der hier gewählten Art der Formelschreibung die aufgezählten **Laugen** dadurch gekennzeichnet, daß einmal oder zweimal **rechts vom Strich die Atomgruppe OH** steht. Dagegen stehen bei einer **Säure links vom Strich nur Wasserstoffatome.** Aus Säuren entstehen nun Salze, wenn Metallatome oder die Atomgruppe NH_4 an die Stelle dieser Wasserstoffatome treten. Solchermaßen leiten sich ab:

Vom Chlorwasserstoff die »**Chloride**«, zum Beispiel:

das Ammoniumchlorid oder Salmiaksalz . . . . . . $NH_4 \mid Cl$

das Chromchlorid, $CrCl_3$, anders geschrieben . . . $Cr \begin{array}{|l} Cl \\ Cl \\ Cl \end{array}$

Vom Cyanwasserstoff die »**Cyanide**«, zum Beispiel:

das Kaliumcyanid, KCN . . . . $K \mid CN$

das Bariumcyanid, $Ba\,(CN)_2$, anders geschrieben . . . $Ba \begin{array}{|l} CN \\ CN \end{array}$

Von der Salpetersäure die »**Nitrate**«, zum Beispiel:

das Natriumnitrat oder der Natronsalpeter . . . . $Na \mid NO_3$

S. 229). Die Verbindungen Schweflige Säure, H_2SO_3, Kohlensäure, H_2CO_3 und Ammoniumhydroxyd kann man als solche nicht fassen, sondern man kennt bloß ihre wäßrigen Lösungen. Zu einer wäßrigen Lösung von Schwefliger Säure kommt man, wenn man das Gas Schwefeldioxyd, SO_2, das sich bei der Verbrennung von Schwefel bildet, in Wasser leitet. Eine wäßrige Lösung von Kohlensäure gewinnt man dagegen, wenn man das bei der Verbrennung von Kohle entstehende Gas Kohlendioxyd, CO_2, in Wasser leitet. Das Schwefeldioxyd und das Kohlendioxyd, wie es häufig geschieht, »Schweflige Säure« und »Kohlensäure« zu nennen, ist ganz unrichtig, selbstverständlich auch dann, wenn diese Stoffe zu Flüssigkeiten verdichtet sind. Was schließlich das Ammoniumhydroxyd anbelangt, ist diese Lauge im »Salmiakgeist« (vgl. S. 223 und S. 231), der Lösung des Gases Ammoniak in Wasser, vorhanden. Auch das Ammoniak wird heute zur Flüssigkeit verdichtet in stählernen »Flaschen« verkauft. Zu bemerken wäre noch, daß manche der eben angeführten chemischen Verbindungen hier nicht angegebenes Kristallwasser enthalten. (Vgl. die Fußnote 2, S. 8 und die Zusammenstellung III, S. 209 ff.)

Von der Schwefligen Säure die »**Sulfite**«, zum Beispiel:

das »saure« Natriumsulfit, $NaHSO_3$, anders geschrieben	$\begin{matrix} Na \\ H \end{matrix} \Big\vert SO_3$
das »neutrale« Natriumsulfit, Na_2SO_3, anders geschrieben	$\begin{matrix} Na \\ Na \end{matrix} \Big\vert SO_3$

Von der Schwefelsäure die »**Sulfate**«, zum Beispiel:

das Natriumsulfat, Na_2SO_4, anders geschrieben . .	$\begin{matrix} Na \\ Na \end{matrix} \Big\vert SO_4$
das Zinksulfat	$Zn \mid SO_4$
das Kupfersulfat	$Cu \mid SO_4$

Ferner leiten sich von der Phosphorsäure die »**Phosphate**« ab, von der Borsäure die »**Borate**«, von der Essigsäure die »**Acetate**« und von der Zitronensäure die »**Zitrate**«, um noch einige Beispiele anzuführen.

Wenn der Leser nunmehr die vorstehenden Darlegungen nochmals überblickt, wird er vielleicht sagen:

»Schön! Ich weiß jetzt, daß die meisten der für den Galvanotechniker wichtigen Verbindungen entweder Säuren oder Laugen oder Salze sind.«

»Jch habe mir ferner gemerkt, daß die Formeln der aufgezählten Säuren, Laugen und Salze in einer besonderen Art angeschrieben sind, und zwar steht bei den Laugen rechts vom Strich ein- oder zweimal die Atomgruppe OH. Bei den Säuren stehen dagegen links vom Strich nur H-Atome und bei den Salzen sind diese H-Atome ganz oder zum Teil durch Metallatome oder durch die Atomgruppe NH_4 ersetzt.«

»Schließlich möchte ich aber auch noch wissen, warum denn die Formeln hier in einer besonderen Art angeschrieben worden sind, warum es nötig war, einzelne Atome oder Atomgruppen hervorzuheben. Und was bedeutet eigentlich der Strich in den Formeln?«

Die Frage ist berechtigt — die Antwort lautet:

Wenn man eine der angeführten Verbindungen in Wasser löst, zerfällt **ein Teil** der Moleküle an der durch den Strich angedeuteten Stelle in elektrisch geladene Bruchstücke, in sogenannte »**Ionen**«, wie es zum Beispiel die folgende Zusammenstellung weist[1]). Man nennt diesen Vorgang »**elektrolytische Dissoziation**«.

---

[1]) Das heißt, es findet ein fortwährender Zerfall von Molekülen in Ionen statt und eine fortwährende Wiedervereinigung von Ionen zu Molekülen, wobei sich ein Gleichgewichtszustand einstellt.

Kation:		Nicht dissoziertes Molekül:		Anion:
		Säuren:		
H·	←	H | Cl	→	Cl′
H· und: **H·** **H·**	←	H H | SO_4	→	HSO_4' und: SO_4''
		Laugen:		
Na·	←	Na | OH	→	**OH′**
Ba | OH· und: Ba··	←	Ba | OH OH	→	**OH′** und: **OH′** **OH′**
		Salze:		
$NH_4^{\cdot}$	←	NH_4 | Cl	→	Cl′
Na· und: Na· Na·	←	Na Na | SO_4	→	Na | SO_4' und: SO_4''
Cu··	←	Cu | SO_4	→	SO_4''

Die mit positiver (+) oder Glaselektrizität geladenen Ionen heißen »**Kationen**«. Man kennzeichnet sie durch einen hoch gesetzten Punkt ·, wenn sie eine »Portion« positiver Elektrizität tragen (zum Beispiel H·) und durch mehrere solche Punkte, wenn sie mehrere Portionen positiver Elektrizität tragen (zum Beispiel Cu··).

Die mit negativer (—) oder Harzelektrizität geladenen Ionen heißen dagegen »**Anionen**«. Man kennzeichnet sie durch einen hoch gesetzten Strich ′, wenn sie eine »Portion« negativer Elektrizität tragen (zum Beispiel Cl′) und durch mehrere solcher Striche, wenn sie mehrere »Portionen« negativer Elektrizität tragen (zum Beispiel SO″).

Jeder Punkt · bedeutet also eine »Portion« positiver Elektrizität, jeder Strich ′ eine gleich große »Portion« negativer Elektrizität. Wir werden über diese »Portionen« noch später sprechen — hier wollen wir zusehen, was uns die Zusammenstellung sonst an Wissenswertem mitteilt.

Zunächst sehen wir, daß die bei der elektrolytischen Dissoziation einer unserer Verbindungen entstehenden Kationen und Anionen immer **gleich viele** »Portionen« positiver und negativer Elektrizität tragen; es stehen nämlich auf der linken Seite immer ebensoviele wie ′ auf der rechten Seite. Da sich aber die Wirkungen gleicher Mengen positiver und negativer Elektrizität aufheben, ist die Lösung der betreffenden Verbindung nach außen unelektrisch; man merkt ihr ohne besondere Hilfsmittel nicht das Geringste davon an, daß in ihr positiv geladene Kationen neben negativ geladenen Anionen vorhanden sind.

Weiter sehen wir, daß bei der elektrolytischen Dissoziation einer der der genannten Säuren nur H˙-Ionen als Kationen entstehen, und wenn man eine Lauge löst, als Anionen nur OH′-Ionen. Was aber bei den Stoffen gilt, die wir als Beispiele angeführt haben, das gilt allgemein:

Wenn man irgend eine Säure in Wasser löst, entstehen als Kationen nur H˙-Ionen und wenn man eine Lauge löst, als Anionen nur OH′-Ionen.

Nun müssen wir uns aber noch etwas anderes merken, wovon bisher nicht die Rede war. Die eigentümliche zersetzende Wirkung, die das Wasser auf Säuren, Laugen und Salze hat, entfaltet es auch gegen sich selbst, das heißt, in reinem Wasser ist ein Teil der H_2O-Moleküle zerfallen und zwar laut:

H˙	H | OH	OH′
Kation	nicht diosoziertes Wassermolekül	Anion

in Kationen H˙ und Anionen OH′. Wasser ist der einzige Stoff, bei dessen elektrolytischer Dissoziation Kationen H˙ und Anionen OH′ in gleicher Zahl entstehen, und zwar ist bei Zimmertemperatur in 1 Liter rund der zehnmillionste Teil eines Grammoles Wasser, also:

$$\frac{1 \text{ Grammol Wasser}}{10\,000\,000} \text{ oder kürzer geschrieben: } \frac{1 \text{ Grammol Wasser}^{1)}}{10^7}$$

[1]) Jetzt weiß der Leser, warum wir uns (S. 12) klar machen mußten, was man unter einem »Grammol« einer chemischen Verbindung, einem »Grammatom« eines Elementes und unter der »Konzentration« eines Stoffes in einer Lösung versteht. Wenn wir übrigens die angedeutete Division wirklich ausführen wollen, haben wir zu bedenken, daß 18,0156 g Wasser 1 Grammol dieser Verbindung sind. Je 1 l sind daher:

18,0156 g Wasser: 10000000 = rund 0,0000018 g Wasser

in die Ionen H˙ und OH′ zerfallen und zwar sind je 1 l:

1,0078 g H˙-Ionen: 10000000 = rund 0,0000001 g H˙-Ionen

in Kationen H· und Anionen OH′ zerfallen. Es ist somit bei Zimmertemperatur:

sowohl die Konzentration des Kations H·, für die wir künftig, der Kürze wegen, das Zeichen [H·] verwenden wollen $= \frac{1}{10^7}$

als auch die Konzentration des Anions OH′, für die wir künftig, ebenfalls der Kürze wegen, das Zeichen [OH′] gebrauchen . . . . $= \frac{1}{10^7}$

Dies wird jedoch sofort anders, wenn wir in reines Wasser eine **Säure** bringen, eine chemische Verbindung, bei deren Dissoziation Kationen H· entstehen. Damit **vergrößern** wir [H·] und verkleinern[1]) dagegen [OH′]. Lösen wir etwa so viel Chlorwasserstoff, HCl, in Wasser, daß [H·] $= 1/10^{7-5} = 1/10^{2}$ wird, dann wird [OH′] $= 1/10^{7+5} = 1/10^{12}$. Wir merken uns somit:

Eine Lösung in Wasser ist **sauer**, wenn [H·] größer ist als $1/10^7$. Dann ist diesem Bruch der Exponent von 10, die **»Wasserstoffzahl«** der Lösung, kurz p_H genannt, **kleiner als 7.**

Wenn wir **jedoch** eine **Lauge** in Wasser eintragen, eine chemische Verbindung, bei deren Dissoziation Anionen OH′ entstehen, vergrößern wir [OH′] und **verkleinern** dagegen [H·]. Lösen wir zum Beispiel so viel Ätznatron, NaOH, in Wasser, daß [OH′] $= 1/10^{7-6} = 1/10^{1}$ wird, dann wird [H·] $= 1/10^{7+6} = 1/10^{13}$. Wir merken uns also weiter:

---

und:

17,0078 g OH′-Ionen: 10000000 = rund 0,0000017 g OH′-Ionen

vorhanden. Was den Bruch 1 Grammol Wasser/10^7 anbelangt, merken wir uns, daß der Mathematiker schreibt:

statt 100	10^2
statt 1000	10^3
statt 10000	10^4
statt 100000	10^5
statt 1000000	10^6
statt 10000000	10^7

und so weiter.

Die rechts neben 10 hoch gesetzte Zahl, der sogenannte **»Exponent«**, gibt also die Anzahl der Nullen in der links stehenden Zahl an.

[1]) Der Leser beachte:

Der Wert eines Bruches wird größer, wenn sein Nenner kleiner wird,

und

der Wert eines Bruches wird kleiner, wenn sein Nenner größer wird.

$1/10^2$ ist größer als $1/10^7$

und

$1/10^{12}$ ist kleiner als $1/10^7$

Eine Lösung ist **alkalisch** oder **laugenhaft,** wenn [H·] kleiner als $1/10^7$ ist. Dann ist der Exponent von 10 in diesem Bruch, die **Wasserstoffzahl** p_H der Lösung, **größer als 7.**

Was geschieht nun, wenn wir

eine Säure zu einer Laugenlösung

oder

eine Lauge zu einer Säurelösung

setzen? Die Antwort lautet, daß sich ein **Salz** bildet, und zwar, wenn wir eine Säure zu einer Laugenlösung geben, folgendermaßen:

In der Lösung einer Lauge ist, wie wir eben gehört haben, [H·] kleiner als [OH′], somit p_H größer als 7. Beim Zugeben einer Säure wächst aber [H·] und im gleichen Maß nimmt [OH′] ab, bis zunächst [H·] = [OH′] = $1/10^7$, das heißt $p_H = 7$ wird. Dann ist die Lösung nicht mehr alkalisch, jedoch auch noch nicht sauer, sondern **»neutral«** wie reines Wasser, eben weil gleich viele Kationen H· und Anionen OH′ vorhanden sind. Neben ihnen sind aber auch noch die Kationen und die Anionen vorhanden, die bei der Dissoziation des gebildeten Salzes entstehen; haben wir etwa eine Lösung von Natriumhydroxyd oder Ätznatron, Na | OH, mit Schwefelsäure, H_2 | SO_4, neutralisiert, so sind es

die Kationen:		die Anionen:
Na· Na·	Na | SO_4 Na | nicht dissoziertes Salzmolekül	SO_4''

Beim weiteren Zugeben von Säure wird H· größer als OH′, somit p_H kleiner als 7, das heißt, die Salzlösung wird sauer, so wie reines Wasser, wenn wir ihm eine Säure zusetzen.

In der Lösung einer Säure ist dagegen [H·] größer als [OH′], somit p_H kleiner als 7. Beim Zugeben von Lauge nimmt aber [H·] ab, und im gleichen Maß wächst [OH′], bis wieder zunächst [H·] = [OH′] = $1/10^7$, das heißt $p_H = 7$ wird. Dann ist auch diese Lösung eine neutrale Salzlösung. Beim weiteren Zugeben von Lauge wird [H·] kleiner als [OH′], somit p_H größer als 7, die Salzlösung wird alkalisch, so wie reines Wasser, wenn man eine Lauge einträgt.

Wir verstehen jetzt die Vorgänge beim Zusammentreffen einer Säure mit einer Lauge in wäßriger Lösung; setzt man zum Beispiel zu einer Lösung von Ätznatron die der vorhandenen Lauge gerade entsprechende Menge Schwefelsäure, so ist, wie wir sehen, das Ergebnis eine neutrale Lösung des Salzes Natriumsulfat. Dampft man sie in einer Porzellanschale ein, so hinterbleibt vorerst Glaubersalz, kristallisiertes Natriumsulfat, $Na_2SO_4 \cdot 10\,H_2O$; beim weiteren Erhitzen der weißen Masse entweicht auch das Kristallwasser und man gewinnt schließlich »kalziniertes«, das heißt wasserfreies Natriumsulfat, $Na_2 \mid SO_4$. Durch eine Formelgleichung drückt man dies aus, wenn man schreibt:

$$\begin{matrix} Na \mid OH \\ Na \mid OH \end{matrix} + \begin{matrix} H \\ H \end{matrix} \Big| SO_4 = \begin{matrix} Na \\ Na \end{matrix} \Big| SO_4 + 2\,H_2O$$

Natrium-hydroxyd	Schwefel-säure	Natrium-sulfat	Wasser

Die Umwandlung einer Säure in ein Salz nimmt der Galvanotechniker vor, wenn er ein Nickelbad, das zu sauer ist, mit einer Lösung von Ätznatron oder mit wäßrigem Ammoniak (Salmiakgeist) abstimmt, das heißt, p_H, die Wasserstoffzahl des Elektrolyten, auf den richtigen Wert einstellt. Woran erkennt man aber, daß dies gelungen ist, wie ermittelt man, ob eine Lösung neutral, laugenhaft oder sauer ist? Dies stellt man mit Hilfe sogenannter **»Indikatoren«** fest. Ein Indikator ist eine Substanz, auf die man die zu untersuchende Lösung einwirken läßt; aus der Farbe des Indikators erkennt man dann, wie groß p_H ist. Die schon von den Galvanotechnikern älterer Schule viel benützten Indikatoren waren die unter den Namen **»Kongo«** und **»Lackmus«** bekannten Farbstoffe. Man verwendet sie noch immer und zwar, indem man zunächst Filterpapier einer geeigneten Sorte mit Lösungen dieser Stoffe tränkt und trocknet. Taucht man nun einen Streifen solcherart bereiteten roten Kongopapieres und roten oder blauen Lackmuspapieres in die zu prüfende Lösung ein, so bemerkt man Folgendes:

Rotes Kongopapier

bleibt rot, wenn p_H größer ist als etwa 5,2.	wird blau, wenn p_H kleiner ist als etwa 3.

Farbenumschlag über Braunviolett.

Lackmuspapier

blaues bleibt blau rotes wird blau wenn p_H größer ist als etwa 8.	blaues wird rot rotes bleibt rot wenn p_H kleiner ist als etwa 5.

Farbenumschlag über Violett

Wir kennen aber heute weit bessere Indikatoren, richtiger gesagt Indikatormischungen, bei denen der **Übergangsbereich** von der einen und zur anderen Endfarbe ein viel längerer ist. Die im Übergangsbereich einander folgenden Farbentöne entsprechen bestimmten p_H-Werten. Das von der Langbein-Pfanhauser-Werke A.-G. in die Galvanotechnik eingeführte **Folien-Kolorimeter** nach Wulff (Abb. 1) ist zum Beispiel mit Streifen eines glashellen Stoffes ausgerüstet, die mit solchen Indikatoren zugerichtet sind. Man faßt einen Streifen mit der dem

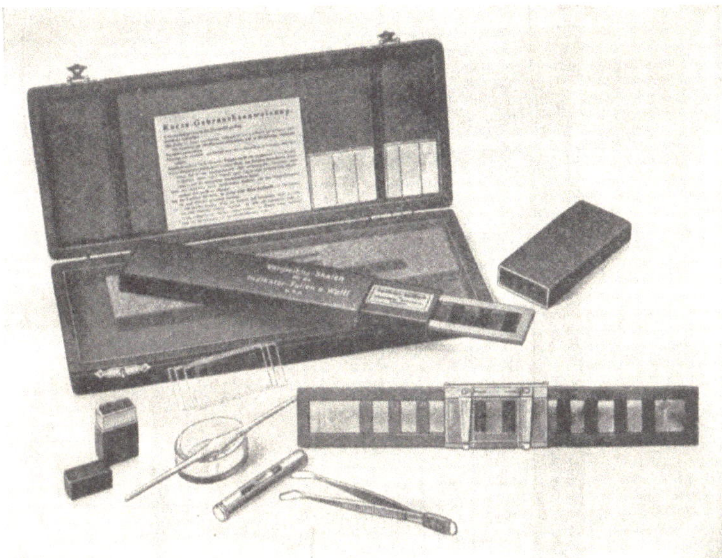

Abb. 1. Folien-Kolorimeter. Links neben der zum Anfassen der Indikator-Streifen dienenden Pinzette eine kleine Sanduhr und ein Näpfchen mit Glasstab für die Probe, rechts die Skala mit dem Gleitstück.

Gerät beigegebenen Pinzette und bringt ihn in die zu prüfende Flüssigkeit. Nach einer Minute — zur Zeitmessung dient eine kleine Sanduhr — nimmt man ihn heraus, preßt ihn zwischen Filterpapier ab und legt ihn auf die Glasplatte eines Gleitstückes, das zu einer Skala mit Vergleichsstreifen gehört; auf jedem dieser Vergleichsstreifen ist der seiner Farbe entsprechende p_H-Wert vermerkt. Man verschiebt das Gleitstück, bis der Probestreifen zwischen zwei Skalenstreifen liegt, deren Farbe der seinen an nächsten kommt und liest ab, wobei man durch die Streifen gegen eine am Gleitstück angebrachte weiße Platte blickt. Bei den **Peha-Papieren** der Langbein-Pfanhauser-Werke A.-G. für sieben verschiedene Bereiche von p_H (die äußersten sind 0,9 bis 1,5 und 11 bis

13,5) vergleicht man die Farbe einer mit dem Indikator getränkten Stelle eines Papierstreifens gegen eine auf dem gleichen Streifen aufgetragene Farbenskala; man arbeitet also nicht im »Durchlicht«, sondern im »Auflicht«. Ansonsten bedarf es wohl zur Abb. 2 des sehr handlichen Behelfes keiner weiteren Erläuterungen[1]).

Wir bemerken nun noch, daß der Galvanotechniker auch bei der Richtigstellung eines Chrombades manchmal die Bildung eines Salzes

Abb. 2. Peha-Papier der Langbein-Pfanhauser-Werke A.-G.

aus einer Säure und einer Lauge vornehmen muß und zwar laut der Gleichung:

$$\mathrm{Ba}\left|\begin{matrix}\mathrm{OH}\\ \mathrm{OH}\end{matrix}\right. + \left.\begin{matrix}\mathrm{H}\\ \mathrm{H}\end{matrix}\right|\mathrm{SO_4} = \mathrm{Ba}\,|\,\mathrm{SO_4} + 2\,\mathrm{H_2O}$$

Barium-hydroxyd	Schwefel-säure	Barium-sulfat	Wasser

[1]) Auch für einen großen, gut eingerichteten und gut geführten galvanotechnischen Betrieb genügt die Ausrüstung mit Peha-Papier und einem oder zwei Folienkolorimetern vollauf. Den Leser jedoch, der sich mit der Bestimmung von p_H-Werten

Das Bariumsulfat ist ein weißer, in Wasser fast unlöslicher Stoff, der sich als feines Pulver am Grund der Flüssigkeit absetzt, aus der er gefällt wurde. Man kann also einen schädlichen Überschuß von Schwefelsäure aus einem Chrombad entfernen, indem man ihn mit der entsprechenden Menge der Lauge Bariumhydroxyd oder Ätzbarit, $Ba\,(OH)_2 \cdot 8\,H_2O$, in Bariumsulfat verwandelt. Jetzt wollen wir aber noch andere Arten der Bildung von Salzen kennenlernen.

Wenn man zu einer Lösung des Salzes Natriumcarbonat oder Ammoniaksoda, $Na_2 \mid CO_3$, die entsprechende Menge Schwefelsäure, $H_2 \mid SO_4$, zusetzt, sieht man zunächst Gasblasen aus der Flüssigkeit aufperlen. Dampft man sie in einer Porzellanschale ein, so hinterbleibt wiederum kristallisiertes Natriumsulfat, $Na_2SO_4 \cdot 10\,H_2O$, das man durch »Kalzinieren« in wasserfreies Natriumsulfat, $Na_2 \mid SO_4$, überführen kann. Wir haben es im Sinne der Gleichung:

$$\begin{matrix} Na \\ Na \end{matrix} \Big| CO_3 + \begin{matrix} H \\ H \end{matrix} \Big| SO_4 = \begin{matrix} Na \\ Na \end{matrix} \Big| SO_4 + \begin{matrix} H \\ H \end{matrix} \Big| CO_3$$

Natrium-carbonat — Schwefel-säure — Natrium-sulfat — Kohlen-säure

gewonnen. Die von der Schwefelsäure »frei gemachte« Kohlensäure zerfiel laut der Gleichung:

$$H_2 \mid CO_3 = H_2O + CO_2$$

Kohlen-säure — Wasser — Kohlen-dioxyd

und Kohlendioxyd (vgl. S. 14) war es eben, was wir als Gasblasen entweichen sahen. Bariumsulfat, ein gleichfalls bereits besprochenes weißes, sehr wenig lösliches Salz, entsteht dagegen, wenn man Bariumcarbonat in verdünnte Schwefelsäure einrührt:

$$Ba \mid CO_3 + \begin{matrix} H \\ H \end{matrix} \Big| SO_4 = Ba \mid SO_4 + \begin{matrix} H \\ H \end{matrix} \Big| CO_3$$

Barium-carbonat — Schwefel-säure — Barium-sulfat — Kohlen-säure

Die Kohlensäure zerfällt in der soeben erläuterten Art in Wasser und Kohlendioxyd, CO_2, das wiederum als Gas aufperlt.

---

und den Instrumenten dazu noch eingehender befassen will, verweist der Verfasser zunächst auf S. 20 des Werkchens: Wogrinz, Die Untersuchung und Richtigstellung galvanotechnischer Bäder usw.

Diese Beispiele sollen uns dartun, daß wir die **»schwächere«** Kohlensäure aus ihren Salzen, den Carbonaten, durch die **»stärkere«** Schwefelsäure verdrängen können, so wie überhaupt »schwächere« Säuren aus ihren Salzen durch »stärkere«. Der Galvanotechniker macht von solchen Umsetzungen Gebrauch, wenn er ein Nickelbad statt mit Ätznatron oder wäßrigem Ammoniak mit Soda abstimmt, oder wenn er, was häufig geschieht, Bariumcarbonat und nicht Ätzbarit zum Entsäuern eines Chrombades verwendet.

Was meint man denn aber damit, wenn man sagt, eine Säure sei »stärker« als eine andere? Wir können diese Frage etwa folgendermaßen beantworten.

Von zwei Säuren ist jene die **stärkere,** die in einer wäßrigen Lösung der Konzentration 1 **stärker dissoziert** ist.

Betrachten wir gleich ein bestimmtes Beispiel. Wenn ein Chemiker Lösungen der Konzentration 1 von Chlorwasserstoff und von Essigsäure bereitet, wenn er also (vgl. S. 12) zwei wäßrige Lösungen ansetzt, von denen die eine je 1 Liter

1 Grammol, nämlich 36,4648 g Chlorwasserstoff

und die andere je 1 Liter

1 Grammol, das sind 60,0312 g Essigsäure

enthält, dann vermag er festzustellen, daß bei Zimmertemperatur

rund 79% des gelösten Chlorwasserstoffes

dissoziert sind, jedoch bloß

rund 0,4% der gelösten Essigsäure[1]).

Deshalb also sagen wir, daß Chlorwasserstoff eine stärkere Säure ist als die immerhin noch als stark geltende Essigsäure. Andere, dem Galvanotechniker wohl bekannte starke Säuren sind die Schwefelsäure und die Salpetersäure; sehr schwache Säuren dagegen die Kohlensäure, die Borsäure und Blausäure. Sie sind so schwach, daß ihre Natrium- und Kaliumsalze, also zum Beispiel Natriumcarbonat, Na_2CO_3, Kaliumcarbonat, K_2CO_3, Natriumcyanid, NaCN, Kaliumcyanid KCN, beim Lösen in Wasser »hydrolytisch« gespalten werden. Dies äußert sich dadurch, daß solche Lösungen alkalisch reagieren, das heißt rotes Lackmuspapier blau färben; auf eine Erklärung dieser Erscheinung können wir hier nicht eingehen.

---

[1]) Mit abnehmender Konzentration nimmt die Dissoziation zu. In einer Lösung der Konzentration 0,01 sind z. B. rund 97% des gelösten Chlorwasserstoffes und rund 4% der gelösten Essigsäure dissoziert.

So wie wir nun eine schwache Säure in einem ihrer Salze durch eine starke Säure ersetzen können, so mögen wir auch ein gewissermaßen schwächeres, oder, wie man gewöhnlich sagt, ein **»edleres«** Metall durch ein stärkeres, ein **»unedleres«** verdrängen. Wenn wir etwa ein Wasserglas mit einer farblosen Lösung des Salzes Silbersulfat, $Ag_2 \mid SO_4$, füllen und reines Kupferpulver eintragen, dann bemerken wir, daß die Lösung blau wird und sich dunkelgraue Flocken absetzen; sie erweisen sich bei näherer Untersuchung als metallisches Silber. Füllen wir dagegen das Wasserglas mit einer blauen Lösung von Kupfervitriol, $CuSO_4 \cdot 5H_2O$, und rühren Zinkpulver ein, so entfärbt sich die Flüssigkeit im Gefäß und es scheidet sich Kupfer als ein rötlicher, schwammiger Niederschlag aus. Was ist geschehen? Beim ersten Versuch haben wir den größten Teil des Silbers aus der Lösung von Silbersulfat durch Kupfer verdrängt; dafür ist Kupfersulfat, $Cu \mid SO_4$, entstanden und deshalb die vorher farblose Lösung blau geworden. Beim zweiten Versuch haben wir fast alles Kupfer in der blauen Kupfersulfatlösung durch Zink ersetzt und so eine farblose Lösung von Zinksulfat, $Zn \mid SO_4$, gewonnen. Dampfen wir sie ein, so hinterbleibt das kristallisierte Salz $ZnSO_4 \cdot 7H_2O$. Dies wollen wir ausdrücken, wenn wir schreiben:

		Ag˙-Ionen aus dem zuerst vorhandenen $Ag_2 \mid SO_4$		Cu˙˙-Ionen aus dem gebildeten $Cu \mid SO_4$		
Cu	$+$	$2\,Ag^{\cdot}$	$\rightleftharpoons$	$Cu^{\cdot\cdot}$	$+$	$2\,Ag$
Atome des eingebrachten Kupfers						Atome des niedergeschlagenen Silbers

und:

		Cu˙˙-Ionen aus dem zuerst vorhandenen $Cu \mid SO_4$		Zn˙˙-Ionen aus dem gebildeten $Zn \mid SO_4$		
Zn	$+$	$Cu^{\cdot\cdot}$	$\rightleftharpoons$	$Zn^{\cdot\cdot}$	$+$	Cu
Atome des eingebrachten Zinks						Atome des niedergeschlagenen Kupfers

Das Zeichen $\rightleftharpoons$ bedeutet, daß das unedlere Metall das edlere **nicht vollständig** ausfällt. Es verbleibt stets ein Rest des edleren Metalles in der Lösung; dieser Rest ist, wenn man richtig vorgeht, um so kleiner, je weiter in der **Spannungsreihe**:

Kalium—Natrium—Magnesium—Zink—Chrom—Eisen
Cadmium—Kobalt—Nickel—Zinn—Blei—Wasserstoff
Kupfer—Quecksilber—Silber—Gold

das edlere Metall, das wir niederschlagen wollen, hinter dem unedleren Metall steht, dessen wir uns bei unserer Arbeit bedienen. Zwischen dem Kupfer und dem recht unedlen Zink ist z. B. der Abstand bereits so groß, daß wir in der Praxis annehmen, Zink scheide aus Lösungen von Kupfersulfat, Kupferchlorid oder Kupferacetat alles Kupfer aus. Deshalb dürfen wir ja diese Kupfersalze weder in Gefäßen aus Zink lösen, noch in solchen aus blankem Eisen, weil auch dieses Metall weit unedler ist als das Kupfer. Nicht einmal zum Lösen von Nickelsalzen dürfen wir Töpfe aus Zink oder Eisen verwenden, denn beide Metalle sind unedler als Nickel. Die Wände der Behälter würden angegriffen und die Nickellösung durch Zink oder Eisen verunreinigt und damit unbrauchbar. Von der Ausfällung edlerer Metalle aus geeigneten Salzen macht der Galvanotechniker dagegen Gebrauch beim »Sudverzinnen« und »Sudvergolden«, sowie beim »Tauchversilbern«, »Anreibversilbern« und »Verquicken«. — —

Es dürfte dem Leser aufgefallen sein, daß in der Spannungsreihe der Metalle auch der Wasserstoff steht; wir kennen ihn doch als ein farbloses, geruchloses und brennbares Gas, das man beim Bleilöten benützt. Wenn wir uns aber daran erinnern, daß bei der elektrolytischen Dissoziation einer Säure, etwa der Schwefelsäure:

$$\begin{matrix} H^{\cdot} \\ H^{\cdot} \end{matrix} \qquad \left.\begin{matrix} H \\ H \end{matrix}\right| SO_4 \qquad SO_4''$$

Wasserstoffatome ebenso zu + geladenen Kationen werden, wie Metallatome bei der Dissoziation eines Salzes, sagen wir des Silbersulfates:

$$\begin{matrix} Ag^{\cdot} \\ Ag^{\cdot} \end{matrix} \qquad \left.\begin{matrix} Ag \\ Ag \end{matrix}\right| SO_4 \qquad SO_4''$$

dann begreifen wir, welchen Sinn es hat, daß auch der Wasserstoff in der Spannungsreihe steht. Und wenn wir die Säuren gewissermaßen als Wasserstoffsalze betrachten, verstehen wir auch, warum sich manche Metalle, wie Zink oder Eisen, in verdünnter Schwefelsäure oder in Salzsäure lösen, andere, wie Kupfer und Silber, aber nicht. Kupfer und Silber sind eben edler als Wasserstoff, Zink und Eisen dagegen unedler. Tragen wir also Zink in verdünnte Schwefelsäure ein, dann treten Atome dieses Metalles an die Stelle vorhandener $H^{\cdot}$-Ionen im Sinne von:

		H·-Ionen aus der zuerst vorhandenen $H_2 \mid SO_4$		$Zn^{\cdot\cdot}$-Ionen aus dem gebildeten $Zn \mid SO_4$		
Zn	+	2 H·	⇄	$Zn^{\cdot\cdot}$	+	H_2
Atome des eingebrachten Zinks						Moleküle des ausgeschiedenen Wasserstoffes

Der Vorgang verläuft, wenn man die genügende Menge Zink aufwendet, fast vollständig von links nach rechts, das heißt, es wird fast aller Wasserstoff verdrängt. Aus den H·-Ionen werden H-Atome und diese schließen sich zu Molekülen H_2 des Gases Wasserstoff zusammen, das in Bläschen aus der Flüssigkeit entweicht. Dampft man sie ein, so hinterbleibt kristallisiertes Zinksulfat, $ZnSO_4 \cdot 7H_2O$.

Nach diesen Darlegungen bedarf es keiner weiteren Erklärung dafür, warum man Gefäße aus Eisen auch nicht zum Aufbewahren wässriger Lösungen starker Säuren, wie Chlorwasserstoff, Schwefelsäure und Essigsäure, verwenden darf[1]). Die Löslichkeit eines unedlen Metalles in einer wässrigen Säurelösung macht sich der Galvanotechniker jedoch z. B. zunutze, wenn er von einer verchromten Tiefdruckplatte aus Kupfer die Verchromung mit angemessen verdünnter Salzsäure »abzieht«. Das Chrom verschwindet rasch, das entstehende Salz Chromchlorid, $Cr \mid Cl_3$, färbt die Beize grün und Wasserstoffblasen perlen auf; das Kupfer wird, weil es edler ist als Wasserstoff, nicht angegriffen.

Nun wird der Leser vielleicht fragen, warum Kupfer und Silber, Metalle, die doch edler sind als Wasserstoff und deshalb von verdünnter Schwefelsäure und Salzsäure nicht angegriffen werden, sich leicht und schnell in verdünnter Salpetersäure lösen. Der Grund ist, daß diese Säure nicht nur als solche wirkt, sondern auch als ein Sauerstoff abgebendes Mittel, als ein »Oxydationsmittel«. Man erkennt dies an den braunen, übel riechenden und giftigen »nitrosen« Dämpfen, die aus einer Schale mit verdünnter Salpetersäure aufsteigen, wenn man eine Silbermünze oder ein Stück Kupferblech einlegt.

---

[1]) Ganz konzentrierte, von Wasser freie Schwefelsäure kann man jedoch in eisernen Behältern verwahren. Sie wird denn auch auf Bahnen in Kesseln aus Eisen befördert, die auf den Wagengestellen ruhen. Ebenso verschickt man übrigens konzentrierte Salpetersäure; es ist deshalb möglich, weil Eisen in ihr »passiv« wird — wohl gemerkt in konzentrierter Säure! In verdünnter Säure löst sich Eisen auf, wobei Wolken der oben erwähnten braunen Dämpfe aufsteigen. Die Gründe dieses merkwürdigen Verhaltens können wir hier nicht erörtern.

Die Sauerstoffverbindungen, die »**Oxyde**« des Silbers und des Kupfers, das schwarze Silberoxyd, Ag_2O, das rote Kupfer(I)oxyd oder Kupferoxydul, Cu_2O und das ebenfalls schwarze Kupfer(II)oxyd, meist kurz Kupferoxyd genannt, lösen sich auch in verdünnter Schwefelsäure glatt auf, letzteres laut der Gleichung:

CuO	$+$	$H_2 \mid SO_4$	$=$	$Cu \mid SO_4$	$+$	H_2O
Kupfer-oxyd		Schwefel-säure		Kupfer-sulfat		Wasser

Bringt man die entsprechende Menge Kupferoxyd in verdünnte Schwefelsäure und dampft die entstandene blaue Lösung ein, so schießen die blauen Kristalle von Kupfervitriol, $CuSO_4 \cdot 5H_2O$, an.

Nachdem wir verschiedene Arten der Bildung von Salzen kennengelernt haben, gehen wir wiederum weiter.

Wenn wir in eine mit konzentrierter Salzsäure gefüllte Glaswanne zwei Platten aus Elektrodenkohle einhängen und die eine von ihnen als »**Anode**« mit dem **+Pol**, die andere als »**Kathode**« mit dem **—Pol** einer geeigneten Stromquelle verbinden, dann bemerken wir,

daß an der **Anode** grüngelbes **Chlorgas** aufperlt,

und an der **Kathode** farbloses **Wasserstoffgas** aufsteigt.

Warum geschieht dies? Was geht in der Flüssigkeit vor? Wir erklären es uns folgendermaßen. In Salzsäure, einer wässrigen Lösung von Chlorwasserstoff, $H \mid Cl$, dessen Moleküle ja zum Teil durch elektrolytische Dissoziation zerfallen, gibt es Kationen $H^{\cdot}$ und Anionen Cl'.

Die mit positiver Elektrizität geladene Kohlenplatte, die **Anode, zieht** nun aus ihrer Umgebung die negativ geladenen **Anionen** Cl' **zu sich** heran und stößt die positiv geladenen Kationen $H^{\cdot}$ ab.

Die mit negativer Elektrizität geladene Kohlenplatte, die **Kathode, zieht** hingegen aus der Umgebung die positiv geladenen **Kationen** $H^{\cdot}$ **zu sich** und stößt die negativ geladenen Anionen Cl' ab.

Sind die anziehenden und die abstoßenden Kräfte genügend groß, dann kommt es dazu, daß Anionen Cl an der positiv geladenen Anode ihre Portionen negativer Elektrizität abgeben, und gleiche viele Kationen $H^{\cdot}$ geben an der negativ geladenen Kathode ihre Portionen positiver Elektrizität ab. Es werden fortwährend an der Anode negativ geladene Anionen Cl' zu neutralen Cl-Atomen entladen, das heißt, es gleicht sich von der Stromquelle gelieferte + Elektrizität mit der von den Anionen Cl' in Portionen angeführten — Elektrizität aus. Die neutralen Cl-Atome vereinigen sich in Paaren zu Molekülen Cl_2 des Gases Chlor, das an der Kathode in Bläschen aufsteigt.

an der Kathode positiv geladene Kationen H· zu neutralen H-Atomen entladen, das heißt, es gleicht sich von der Stromquelle gelieferte — Elektrizität mit der von den Kationen H· in Portionen angeführten + Elektrizität aus. Die neutralen H-Atome vereinigen sich in Paaren zu Molekülen H_2 von Wasserstoffgas, das wir an der Kathode entweichen sehen.

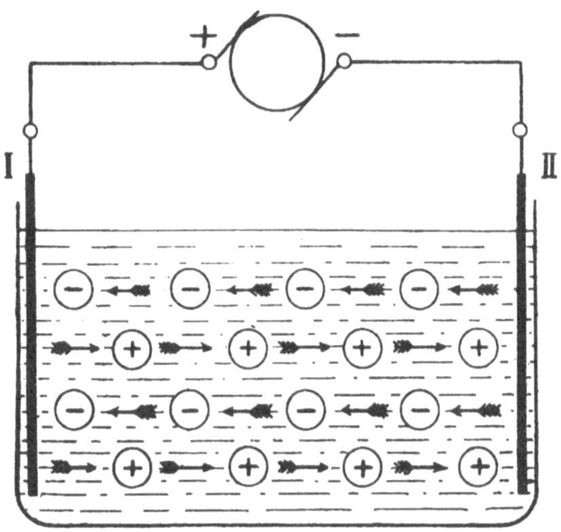

Abb. 3. I Kohlenanode, II Kohlenkathode. Die Kreise mit den eingeschriebenen Zeichen + und — sollen die ungeheure Zahl der Kationen H· und Anionen Cl' andeuten.

Die Stromquelle liefert aber ständig + Elektrizität an die Anode nach, sowie — Elektrizität an die Kathode, andererseits drängen sich frische Anionen Cl' an die Anode und frische Kationen H· zur Kathode, und überall in der Lösung beginnen die Ionen zu wandern, wie es die Pfeile der Abb. 3 weisen. Die Kationen H· tragen ihre Portionen + Elektrizität gegen die Kathode, die Anionen Cl' ihre Portionen — Elektrizität zu der Anode, es findet in der Salzsäure ein Transport elektrischer Ladungen statt, das heißt, es fließt durch sie ein **elektrischer Strom.** So wie bei einer Lösung von Chlorwasserstoff ist es nun überhaupt bei **Leitern zweiter Klasse,** bei **Lösungen von Säuren, Laugen oder Salzen,** in denen wegen der elektrolytischen Dissoziation dieser Stoffe Ionen vorhanden sind. Beim Fließen eines elektrischen Stromes wandern alle diese Ionen, die Kationen zur Kathode, die Anionen zur Anode, und an beiden Elektroden merken wir eigentümliche Erscheinungen, bei der **»Elektrolyse«** konzentrierter Salzsäure die Entwicklung der Gase Chlor und Wasserstoff. Durch solche Erscheinungen, mit denen wir uns später noch weiter befassen müssen, wird es uns ja überhaupt erst sinnfällig, daß durch einen Leiter zweiter Klasse Strom fließt. Auch bei **Leitern erster Klasse,** bei **Metallen,** erkennt man es an gewissen eigentümlichen Erscheinungen, wenn sie von einem elektrischen Strom durchflossen werden. Sie erwärmen sich z. B. dabei allenfalls bis zum Glühen, ja sogar bis zum Schmelzen und Verdampfen, und wenn man eine Spirale isolierten von Strom durchflossenen Kupferdrahtes um einen Eisenstab legt (Abb. 4), wird dieser zu einem Magneten.

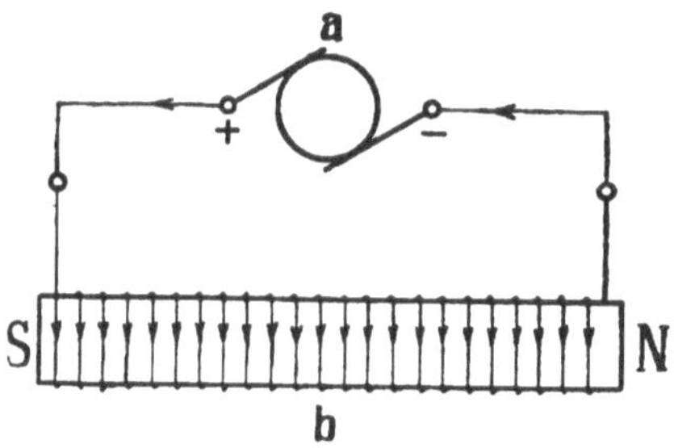

Abb. 4. Die Buchstaben N und S weisen den Nordpol und den Südpol des »Elektromagneten«.

Für gewöhnlich bedient man sich nun, wie es auch bei der Darstellung der Abb. 4 geschehen ist, einer einfachen Hilfsvorstellung, wenn man sich mit Erörterungen über elektrische Ströme beschäftigt. Man

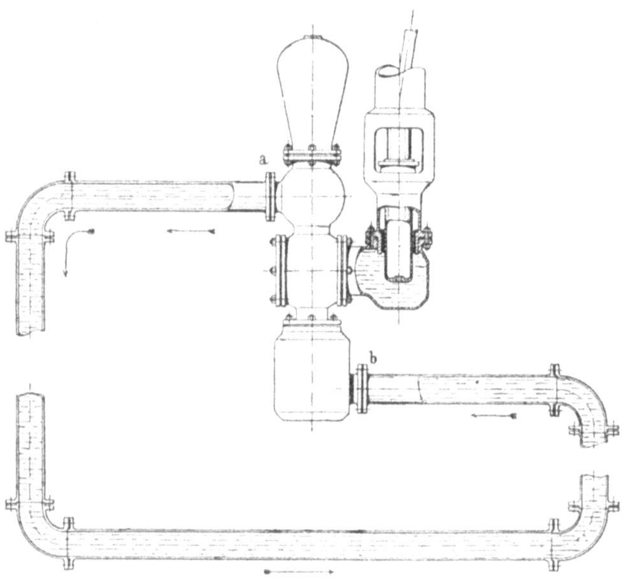

Abb. 5.

stellt sich nämlich vor, daß die Stromquelle a von ihrem + Pol durch die angeschlossene Leitung b, hier die Drahtspirale auf dem Eisenstab, Elektrizität zu ihrem — Pol treibt, so wie eine Pumpe (Abb. 5) durch eine Rohrleitung Wasser vom Druckstutzen a zum Saugstutzen b. Die Pumpe entspricht bei unserem Vergleich dem elektrischen Stromerzeuger, die Röhrenleitung der an den Stromerzeuger angeschlossenen elektrischen Leitung.

Die Stärke des Wasserstromes, d. h. die Anzahl der Liter, die in der Sekunde durch den Querschnitt der Leitung fließen, hängt davon ab, wie groß der von der arbeitenden Pumpe erzeugte Druckunterschied zwischen den Rohrstutzen a und b ist. Durch den in der Richtung der Pfeile wirkenden Druck wird ja der Wasserstrom in Bewegung gesetzt und in Bewegung erhalten; je größer dieser Druck ist, desto größer ist eben die Stromstärke in der Röhrenleitung.

Ganz so verhält es sich bei der an einen elektrischen Stromerzeuger angeschlossenen Leitung. Je größer der elektrische Druck, die elektrische »Spannung«, zwischen dem + und dem — Pol des Stromerzeugers ist, desto stärker ist der in der Leitung fließende Strom.

Weiter wird die Stärke des in der Wasserleitung fließenden Stromes auch davon abhängen, welchen Widerstand die Röhrenleitung dem Fließen des Stromes entgegensetzt. Je größer dieser Widerstand ist, desto kleiner wird bei gleicher Druckspannung zwischen den Rohrstutzen a und b die Stromstärke in der Röhrenleitung sein.

Ebenso ist es wiederum auch beim elektrischen Strom. Je größer der Widerstand ist, den eine elektrische Leitung dem Fließen eines elektrischen Stromes bietet, desto geringer wird bei gleicher Spannung an den Polen des Stromerzeugers die Stromstärke sein. Es ist demnach

die Stromstärke in einer Leitung von bestimmtem Widerstand um so größer, je größer die Spannung an ihren Enden ist, und

die Stromstärke in einer Leitung bei einer bestimmten Spannung um so kleiner, je größer ihr Widerstand ist.

Diese Beziehungen fassen wir in eine Formel, wenn wir schreiben:

$$\text{Stromstärke in einer Leitung} = \frac{\text{Spannung an den Enden der Leitung}}{\text{Widerstand der Leitung gegen das Fließen des Stromes}}$$

Bevor wir uns nun mit dieser Formel oder Gleichung weiter beschäftigen, wollen wir uns erst mit den Maßen vertraut machen, mit denen wir die drei Größen Widerstand, Stromstärke und Spannung messen.

Die Einheit des **Widerstandes** ist, so wie das Kilogramm die Einheit unseres Gewichtssystemes, das **Ohm.** Das Ohm ist der elektrische Widerstand eines, etwa in einer Glasröhre befindlichen Fadens aus reinem Quecksilber, der 1,063 m lang ist, überall einen Querschnitt von 1 mm^2 und die Temperatur 0^0 hat.

Wenn wir also einen solchen Faden aus Quecksilbermetall an die Pole eines Stromerzeugers anschließen, so bietet der metallische Faden dem Fließen des elektrischen Stromes einen Widerstand von 1 Ohm. Das Gesagte kann nicht weiter erklärt und irgendwie »verstanden« werden, sondern ist lediglich eine auf einem allgemeinen Übereinkommen der Fachleute beruhende Annahme, die man sich einfach merken muß.

Gerade so ist es mit der Maßeinheit für die Stromstärke.

Wenn bei der Elektrolyse von Salzsäure, die wir auf den S. 28 und 29 besprochen haben, an der Kathode in 1 Stunde gerade 0,0376 g Wasserstoff entwickelt wird, dann sagen wir, die Stärke des durch das Bad fließenden Stromes ist **1 Ampere**[1]).

Ein elektrischer Strom der gleichbleibenden Stärke von 1 Ampere scheidet also bei der Elektrolyse von Salzsäure an der Kathode in 1 Stunde 0,0376 g Wasserstoff aus.

Auch die Festsetzung dieser Einheit für die Stromstärke beruht, wie schon bemerkt wurde, auf einem Übereinkommen, dessen Gründe uns hier nicht weiter interessieren.

Zur Maßeinheit für die elektrische Spannung gelangen wir über die Einheiten der Stromstärke und des Widerstandes. Schließen wir nämlich eine Leitung von 1 Ohm Widerstand an eine Stromquelle an, die durch die Leitung einen elektrischen Strom treibt und stellen wir irgendwie — wie, möge dahingestellt bleiben — fest, daß durch die Leitung von 1 Ohm Widerstand gerade ein Strom von der Stärke 1 Ampere getrieben wird, so sagen wir, die elektrische Spannung zwischen den Polen der Stromquelle, welche den Strom in Bewegung setzt, ist **1 Volt.**

Nun kehren wir zu unserer Gleichung:

$$\text{Stromstärke in einer Leitung, angegeben in Ampere} = \frac{\text{Spannung an den Enden der Leitung, angegeben in Volt}}{\text{Widerstand der Leitung, angegeben in Ohm}} \quad 1)$$

[1]) Dann fließt durch den Leitungskreis in 1 Sekunde die Elektrizitätsmenge 1 Coulomb. So wie 1 Liter die praktische Einheit der Flüssigkeitsmenge, ist 1 Coulomb die technische Einheit der Elektrizitätsmenge. Jede Portion positiver oder negativer Elektrizität, die ein Ion trägt, entspricht einer Elektrizitätsmenge von 1,5924 Coulomb / 10^{19} oder (vgl. die Fußnote S. 5):

0,00000000000000000015924 Coulomb.

Ein Kation $Cu^{\cdot\cdot}$ trägt also z. B. eine »Ladung« von:

$2 \times 1,5924$ Coulomb / 10^{19}

zurück, von der wir sagten, sie drücke die Beziehungen aus:

je höher die Spannung an einer Leitung von bestimmtem Widerstand ist, desto stärker ist der Strom in ihr,

je höher der Widerstand einer Leitung ist, desto schwächer ist bei gleicher Spannung der Strom, der in ihr fließt

und wenden sie auf einige Beispiele an, wobei wir bemerken, daß wir nunmehr statt Volt, Ampere und Ohm die Abkürzungen V, A und O schreiben werden.

Beispiele.

1. Eine Leitung von 10 O Widerstand werde nacheinander an Spannungen von 10, 20 und 30 V angeschlossen.

Wie groß sind die Stromstärken in der Leitung?

Erst $\frac{10\ \mathrm{V}}{10\ \mathrm{O}} = 1\ \mathrm{A}$, dann $\frac{20\ \mathrm{V}}{10\ \mathrm{O}} = 2\ \mathrm{A}$, dann $\frac{30\ \mathrm{V}}{10\ \mathrm{O}} = 3\ \mathrm{A}$.

2. An eine Spannung von 110 V werde erst eine Leitung vom Widerstand 250 O, dann eine vom Widerstand 125 O, dann eine vom Widerstand 100 O angeschlossen.

Wie groß sind die Stromstärken in den Leitungen?

In der ersten $\frac{110\ \mathrm{V}}{250\ \mathrm{O}} = 0{,}44\ \mathrm{A}$, in der zweiten $\frac{110\ \mathrm{V}}{125\ \mathrm{O}} = 0{,}88\ \mathrm{A}$, in der dritten $\frac{110\ \mathrm{V}}{100\ \mathrm{O}} = 1{,}1\ \mathrm{A}$.

Aus unserer Formel 1) folgt nun durch einfache Umstellung:

$$\text{Widerstand} = \frac{\text{Spannung}}{\text{Stromstärke}} \qquad 2)$$

d. h. wir können den Widerstand einer Leitung berechnen, wenn wir die Spannung an ihren Enden und die Stärke des in ihr fließenden Stromes kennen.

Weiter folgt aus Formel 1):

$$\text{Spannung} = \text{Widerstand} \times \text{Stromstärke} \qquad 3)$$

d. h. wenn wir den Widerstand einer Leitung mit der Stärke des in ihr fließenden Stromes multiplizieren, finden wir die Spannung, die nötig ist, um diesen Strom durch die Leitung zu treiben.

Beispiele.

1. Durch eine Glühlampe, die an eine Spannung von 110 V angeschlossen ist, fließt ein Strom von 0,5 A.

Wie groß ist der Widerstand der Lampe?

Nach Formel 2) ist er $\frac{110\ \text{V}}{0{,}5\ \text{A}} = 220\ \text{O}.$

2. Durch ein galvanotechnisches Bad fließt ein Strom von 60 A, an den Klemmen des Bades herrscht eine Spannung von 0,5 V. Widerstand des Bades?

Nach Formel 2) ist er $\frac{0{,}5\ \text{V}}{60\ \text{A}} = 0{,}0083\ \text{O}.$

3. Welche Spannung ist nötig, um durch eine Leitung aus Kupfer, deren Widerstand 0,0035 O ist, einen Strom von 100 A Stärke zu treiben?

Nach Formel 3) ist sie $0{,}0035\ \text{O} \times 100\ \text{A} = 0{,}35\ \text{V}.$

Die solchermaßen errechnete Spannung nennt man den **»Spannungsabfall«** in der Leitung bei ihrer Belastung mit 100 A. Handelt es sich z. B. um eine Leitung zwischen einer Stromquelle und einem Bad, an dessen Klemmen eine Spannung von 3,5 V nötig ist, und das einen Strom von 100 A Stärke braucht, dann müssen wir die Spannung an den Klemmen der Stromquelle auf rund 3,9 V einstellen, denn es ist:

$$\frac{\text{Die Spannung an den}}{\text{Klemmen der Stromquelle}} = \frac{\text{an den Badklemmen}}{\text{nötige Spannung}} + \frac{\text{Spannungsabfall}}{\text{in der Leitung}}. \quad 4)$$

Wir müssen jetzt, da wir den Zusammenhang zwischen der Spannung, dem Widerstand und der Stromstärke erläutert haben, uns noch klar machen, wovon denn eigentlich der elektrische Widerstand einer Leitung abhängt.

Nehmen wir an, es sei festgestellt, daß ein Kupferdraht von 1 m Länge und 1 mm^2 Querschnitt einen Widerstand von 0,017 O hat. Wie groß ist nun der Widerstand eines Kupferdrahtes aus dem gleichen Material und von der gleichen Stärke, jedoch von 2 m Länge? Eine einfache Erwägung führt uns zur Beantwortung dieser Frage.

Wenn der elektrische Strom im Draht auf einem Wege von 1 m Länge den Widerstand von 0,017 O findet, so wird er auf der doppelten Weglänge also $2 \times 0{,}017$ O, in einem Draht von 3 m Länge $3 \times 0{,}017$ O, bei 4 m Länge offenbar $4 \times 0{,}017$ O zu überwinden haben, d. h.,

je länger der Leiter ist, desto größer ist bei gleichbleibendem Querschnitt sein Widerstand.

Ebenso wie von metallischen Drähten, gilt dies auch von flüssigen Leitern zweiter Klasse. Wenn z. B. der elektrische Strom beim Durchfließen eines galvanotechnischen Bades auf einem Wegstück von 1 dm Länge und einem Querschnitt von 1 dm² einen Widerstand von 1,6 O findet, dann findet er, wenn das Wegstück beim gleichen Querschnitt 2,5 dm lang ist, auf ihm einen Widerstand von 1,6 O × 2,5 = 4 O, und wenn das Wegstück 3 dm lang ist, einen Widerstand von 1,6 O × 3 = 4,8 O.

Umgekehrt ist dagegen das Verhältnis zwischen dem Querschnitt eines Leiters und seinem Widerstand.

Ein Draht von 1 m Länge und 2 mm² Querschnitt aus dem gleichen Material, wie der Draht von 1 m Länge und 1 mm² Querschnitt, den wir früher betrachtet haben, hat bloß $\frac{0{,}017}{2}$ O Widerstand, da er gewissermaßen durch seinen doppelt so großen Querschnitt dem elektrischen Strom einen doppelt so breiten Weg bietet. Ebenso findet der Strom in unserem galvanotechnischen Bad auf einem Wegstück von 1 dm Länge und 5 dm² Querschnitt nur einen Widerstand von $\frac{1{,}6}{5}$ O.

Je größer also der Querschnitt eines Leiters ist, desto geringer ist sein Widerstand.

Die angestellten Erwägungen fassen wir wieder in Formeln zusammen, wenn wir schreiben:

Zu gebrauchen bei der Berechnung des Widerstandes von Leitern erster Klasse

$$\text{Widerstand eines Leiters} = \frac{\begin{array}{c}\text{Widerstand eines Leiters aus}\\ \text{dem gleichen Material von 1 m}\\ \text{Länge und 1 mm}^2\text{ Querschnitt}\\ \text{(spezifischer Widerstand)}\end{array} \times \begin{array}{c}\text{Länge des}\\ \text{Leiters in}\\ \text{Metern}\end{array}}{\text{Querschnitt des Leiters in Quadratmillimetern}} \qquad 5)$$

Zu gebrauchen bei der Berechnung des Widerstandes von Leitern zweiter Klasse.

$$\text{Widerstand eines Leiters} = \frac{\begin{array}{c}\text{Widerstand eines Leiters aus}\\ \text{dem gleichen Material von 1 dm}\\ \text{Länge und 1 dm}^2\text{ Querschnitt}\\ \text{(spezifischer Widerstand)}\end{array} \times \begin{array}{c}\text{Länge des}\\ \text{Leiters in}\\ \text{Dezimetern}\end{array}}{\text{Querschnitt des Leiters in Quadratdezimetern}} \qquad 6)$$

Den Widerstand eines Metalldrahtes von 1 m Länge und 1 mm² Querschnitt nennen wir den **spezifischen Widerstand** (sp. W.) des Metalles, aus dem der Draht besteht und den Widerstand einer Flüssigkeitssäule von 1 dm Länge und 1 dm² Querschnitt den spezifischen Widerstand (sp. W.) der Flüssigkeit.

Zu bemerken wäre noch, daß der elektrische Widerstand der verschiedenen Leiter auch von der Temperatur abhängt. Der Widerstand von Metallen wird mit steigender Temperatur größer, während der Widerstand von Leitern zweiter Klasse, von Lösungen von Säuren, Laugen und Salzen, die uns interessieren, mit steigender Temperatur im allgemeinen geringer wird.

Beispiele.

1. Wie groß ist der Widerstand eines Kupferdrahtes von 8 mm^2 Querschnitt und 65,5 m Länge, wenn der spezifische Widerstand des Kupfers, aus dem der Draht besteht, 0,018 O ist?

Nach Formel 5) ist er $\frac{0{,}017\ \text{O} \times 65{,}5}{8} = 0{,}1592\ \text{O}.$

2. Wie groß ist der Widerstand eines Eisendrahtes von der gleichen Länge und dem gleichen Querschnitt, wenn der spezifische Widerstand des Eisens, aus dem der Draht besteht, 0,13 O ist?

$$\frac{0{,}13\ \text{O} \times 65{,}5}{8} = 1{,}0644\ \text{O}.$$

3. Wie groß ist der Widerstand eines Kupferstabes von 0,2 cm^2 Querschnitt und 124 cm Länge, wenn das Kupfer, aus dem er besteht, einen spezifischen Widerstand von 0,017 O hat?

1 cm^2 = 100 mm^2, also sind 0,2 cm^2 = 0,2 × 100 mm^2 = 20 mm^2,
1 cm = 0,01 m, also sind 124 cm = 124 × 0,01 m = 1,24 m,
somit ist der Widerstand der Kupferstange

$$\frac{0{,}017\ \text{O} \times 1{,}24}{20} = 0{,}001054\ \text{O}.$$

4. Wie groß ist ungefähr der Ohmsche Widerstand, den der elektrische Strom in einem galvanotechnischen Bad auf einem Weg von 35 cm Länge und einem Querschnitt von 0,5 m × 0,7 m bei 15° C findet, wenn der spezifische Widerstand des Bades bei 15° C gerade 0,93 O ist?

Der Weg des Stromes hat einen Querschnitt von 0,5 m × 0,7 m = 0,35 m^2.
Nun ist

1 m^2 = 100 dm^2, also sind 0,35 m^2 = 0,35 × 100 dm^2 = 35 dm^2.
Ferner ist

1 cm = 0,1 dm, also sind 35 cm = 35 × 0,1 dm = 3,5 dm,
somit ist der Ohmsche Widerstand des Bades nach Formel 6) ungefähr

$$\frac{0{,}93\ \text{O} \times 3{,}5}{35} = 0{,}093\ \text{O}.$$

Die Fassung der Beispiele 3. und 4. soll den Leser darauf aufmerksam machen, daß der Querschnitt und die Länge des Leiters, dessen Widerstand berechnet werden soll, stets in den Einheiten der Formeln 5) und 6) ausgedrückt werden müssen.

Bevor wir nun weitergehen, müsen wir uns noch klar machen, was die Ausdrücke **»Amperestunde«**, **»Stromausbeute«** und **»Stromdichte«** bedeuten.

Als die Anzahl der einem Leitungskreis zugeführten **Amperestunden** — künftighin schreiben wir ASt. und für das Wort »Stunden« die Abkürzung St. — bezeichnen wir das Produkt:

$$\text{Stärke des dem Leitungskreis zugeführten Stromes, A} \times \text{Stromdauer, St.} \qquad 7)$$

Floß also z. B. bei dem Versuch, den wir auf den S. 28ff. besprochen haben, durch die Salzsäure während 2 St. ein Strom von 4 A Stärke, dann war 8 die Zahl der ihr zugeführten A St., denn:

$$4\ \text{A} \times 2\ \text{St.} = 8\ \text{A St.}$$

Ebenso wurden ihr aber 8 ASt. zugeführt, wenn die Stärke des Stromes zwar nur 2 A war, er jedoch durch 4 St. kreiste, weil auch:

$$2\ \text{A} \times 4\ \text{St.} = 8\ \text{ASt.}$$

Jetzt überlegen wir uns weiter folgendes. Wir wissen bereits, daß ein Strom von 1 A Stärke in 1 St. bei der Elektrolyse von Salzsäure 0,0376 g Wasserstoff an der Kathode abscheidet. Diese Menge Wasserstoff entspricht somit bei der Elektrolyse von Salzsäure 1 ASt. und überhaupt bei der Elektrolyse jeder Lösung, bei der sich an der Kathode nur Wasserstoff entwickelt. Wir wollen daher 0,0376 g das **»Amperestundengewicht«** des Wasserstoffes nennen und finden z. B. das Gewicht, das 8 ASt. entspricht aus der einfachen Rechnung:

$$\underset{\text{Amperestundengewicht des Wasserstoffes}}{0{,}0376\ \text{g}} \times \underset{\text{Anzahl der bei der Elektrolyse zugeführten ASt.}}{8} = 0{,}3008\ \text{g}$$

Es ist nun nicht schwer, auch die in der Zusammenstellung Xa, S. 233 vermerkten Amperestundengewichte der Metalle zu ermitteln, welche den Galvanotechniker interessieren, das heißt, die Mengen, die je 1 ASt. aus geeigneten Lösungen an der Kathode ausfallen — wohl gemerkt, wenn der Strom nur diese Metalle niederschlägt. Wir müssen nämlich festhalten, daß bei den in der Praxis üblichen Bädern, mit Ausnahme des galvanoplastischen Kupferbades, der zugeführte Strom nicht nur die gewünschten Metalle abscheidet, sondern stets auch Wasserstoff. Die **»Stromausbeute«** ist daher bloß bei einem richtig angesetzten und gut geführten galvanoplastischen Kupferbad 100%, sonst stets weniger. Wir werden darauf bald zurückkommen und auch einsehen, warum es so ist. Vorläufig wollen wir noch feststellen, was wir unter der **»Stromdichte«** verstehen. Die Stromdichte an der Kathode finden wir als das Ergebnis der Rechnung:

$$\frac{\text{Stärke des}}{\text{Badstromes, A}} : \frac{\text{Oberfläche}}{\text{der Kathode, dm}^2} \quad 8)$$

und ebenso die Stromdichte an der Anode aus der Division:

$$\frac{\text{Stärke des}}{\text{Badstromes, A}} : \frac{\text{Oberfläche}}{\text{der Anode, dm}^2} \quad 8a)$$

Ist also die Stärke des Stromes, den wir einem galvanotechnischen Bad zuführen 12 A und die Fläche der Kathode, nämlich der eingehängten Ware, 30 dm², dann war die Stromdichte an ihr 0,4 A, denn:

12 A	:	30	=	0,4 A
Stärke des Badstromes		Anzahl der dm² Kathodenfläche		Strom-dichte

Die passende Stromdichte an der Ware nun ist es, die wir vor allem wissen müssen, um ein galvanotechnisches Bad richtig behandeln zu können. Wissen wir nämlich die Stärke des Stromes, den wir dem Bad je 1 dm² Warenfläche zuführen müssen — das ist ja eben die Stromdichte — dann finden wir die Stärke des Betriebsstromes aus der Rechnung:

$$\frac{\text{Stärke des}}{\text{Badstromes, A}} = \text{Stromdichte, A} \times \frac{\text{Oberfläche}}{\text{der Ware, dm}^2} \quad 9)$$

Ist z. B. beim Verchromen einer Tiefdruckplatte eine Stromdichte von 10 A angemessen und die Fläche einer zu bearbeitenden Platte 42 dm², dann müssen wir mit einem Strom von:

$$10\ \text{A} \times 42 = 420\ \text{A}$$

arbeiten.

Und jetzt kehren wir wieder zur Erörterung von Vorgängen zurück, die sich abspielen, wenn durch wässrige Lösungen, in denen Ionen vorhanden sind, elektrischer Strom fließt.

Nicht immer kann man die Erscheinungen an der Kathode und der Anode, wenigstens in großen Zügen, so einfach deuten, wie bei der Elektrolyse konzentrierter Salzsäure zwischen Kohlenplatten. Betrachten wir gleich ein galvanoplastisches Kupferbad mit Kupferelektroden. Frisch angesetzt ist es eine aus den blauen Kristallen von Kupfervitriol, $CuSO_4 \cdot 5H_2O$, bereitete wässrige Lösung von Kupfersulfat, $Cu|SO_4$, der laut der Vorschrift S. 196 eine gewisse Menge reiner Schwefelsäure, $H_2|SO_4$, zugefügt wurde. Es sind also in ihm Kationen $Cu^{\cdot\cdot}$ und $H^{\cdot}$, sowie Anionen SO_4'' vorhanden. Trotzdem scheidet sich beim Durchgang eines Stromes angemessener Stärke an der Kathode bloß Kupfer ab, so daß ihr Gewicht zunimmt. Hat der Versuch etwa 3 Stunden gedauert und war die Stärke des Stromes stets 2 Ampere, dann beträgt die

Gewichtszunahme laut Tabelle X a, entsprechend dem Aufwand von 6 Amperestunden, 1,1858 g × 6 = 7,1148 g. Um ungefähr ebensoviel ist die Anode leichter geworden, und die Zusammensetzung unseres Bades hat sich, was ein Chemiker leicht feststellen kann, während des Versuches nicht, oder zumindest fast nicht geändert. Es sieht also eigentlich so aus, als ob bloß Kupfer durch die blaue Flüssigkeit von der Anode zur Kathode befördert worden wäre — wie es dabei zugegangen ist, das mögen wir uns etwa folgendermaßen zurechtlegen.

Sowohl die Kationen $Cu^{\cdot\cdot}$, als auch die Kationen $H^{\cdot}$ wandern der Kathode zu. Entladen werden jedoch dort nur Kationen $Cu^{\cdot\cdot}$ und zwar deshalb, weil sie eben leichter zu entladen sind als die Kationen $H^{\cdot}$; diese halten ihre »Portionen« positiver Elektrizität fester als die »edleren« Kationen $Cu^{\cdot\cdot}$ (vgl. die »Spannungsreihe«, S. 26). Anderseits löst sich an der Anode Kupfer auf. Aus der mit positiver Elektrizität geladenen Metallplatte treten nämlich Kupferatome, die Portionen + Elektrizität mitnehmen, das heißt Kupferionen, in die Lösung und vereinigen sich mit angetriebenen Anionen SO_4'', wobei schließlich wiederum Kupfersulfat, $Cu \mid SO_4$, entsteht.

So etwa mag man sich, wie gesagt, die Erscheinungen an den Elektroden unseres Bades erklären, wenn die Stärke des Stromes, das heißt, die Stromdichte an der Kathode und an der Anode eine entsprechende ist. Erhöhen wir sie aber dadurch, das wir die Spannung an den Klemmen des Bades steigern, dann kommt es dazu, daß neben den Kationen $Cu^{\cdot\cdot}$ auch Kationen $H^{\cdot}$ entladen werden, was wir daran erkennen, daß an der Kathode Wasserstoffblasen aufperlen. Wir vergeuden nunmehr einen Teil des Stromes bei der für uns nutzlosen Entwicklung von Wasserstoff, die Stromausbeute an Kupfer ist jetzt nicht mehr 100%, sondern weniger. Ist sie z. B. 98%, dann fallen nicht mehr 1,1858 g Kupfer je 1 ASt. aus, sondern es scheidet sich bloß jene Menge ab, die sich aus der Formel[1]):

$$\begin{matrix}\text{Gewicht des je 1 ASt.}\\ \text{wirklich niedergeschla-}\\ \text{genen Metalles, g}\end{matrix} = \begin{matrix}\text{Amperestunden-}\\ \text{gewicht, g}\end{matrix} \times \frac{\text{Stromausbeute, \%}}{100} \qquad 10)$$

ergibt, das sind:

$$1{,}1858\ \text{g} \times \frac{98}{100} = 1{,}162\ \text{g}$$

Aus den vorstehenden Darlegungen ersehen wir bereits den Einfluß der Klemmenspannung des Bades auf den Verlauf der Ereignisse an der

[1]) Der Leser wolle hierzu die Erläuterungen durcharbeiten, die er bei den Zusammenstellungen Xa und Xb, S. 232 ff., findet.

Kathode. Wir wollen uns jetzt noch überlegen, was geschieht, wenn wir die kupfernen Elektroden gegen solche aus Kohle austauschen, wie wir sie bei der Elektrolyse von Salzsäure verwendet haben.

Ist die Stromdichte nicht zu groß, dann schlägt sich an der Kathode zunächst bloß Kupfer nieder, das als rosaroter Belag den Kohlegrund rasch vollständig abdeckt. An der unlöslichen Anode hingegen, aus der diesmal keine Metallatome als + geladene Ionen in das Bad treten können, perlt Sauerstoff auf; es ist, als ob entladene Ionen SO''_4 sich mit dem Lösungswasser im Sinne der Gleichung:

$$\underset{}{2\,SO_4} + \underset{\text{Wasser}}{2\,H_2O} = \underset{\text{Schwefelsäure}}{2\,H_2\,|\,SO_4} + \underset{\text{Sauerstoffgas}}{O_2}$$

zu Schwefelsäure und zu Sauerstoffgas umsetzen, das an der Anode entweicht. Die Lösung reichert sich also allmählich an Schwefelsäure und verarmt anderseits an Kupfer. Bald setzt daher an der Kathode auch die Entladung von $H^{\cdot}$-Ionen ein und damit die Entwicklung von Wasserstoffgas, bis schließlich alles Kupfer aus der Lösung verschwunden ist. Wir elektrolysieren nunmehr verdünnte Schwefelsäure zwischen Kohlenplatten, wobei an der Kathode Blasen von Wasserstoff aufsteigen und an der Anode Blasen von Sauerstoff. Das Gleiche bemerken wir übrigens, wenn wir in eine wäßrige Laugenlösung, etwa eine solche von Natriumhydroxyd, Na | OH, unlösliche Elektroden aus Kohle oder Platin einhängen und sie an die Klemmen einer passenden Stromquelle anschließen. Wir mögen uns vorstellen, daß an der Kathode entladene Kationen $Na^{\cdot}$ mit dem Lösungswasser laut der Gleichung:

$$2\,Na + \underset{\text{Wasser}}{2\,H_2O} = \underset{\text{Ätznatron}}{2\,Na\,|\,OH} + \underset{\text{Wasserstoffgas}}{H_2}$$

reagieren, während an der Anode aus den entladenen Ionen OH' Wasser und Sauerstoff entsteht:

$$2\,OH = \underset{\text{Wasser}}{H_2O} + \underset{\text{Sauerstoff}}{O}$$

wobei sich die Sauerstoffatome wiederum paarweise zu Molekülen O_2 von Sauerstoffgas vereinigen.

Ein anderes Beispiel. Wir lösen je 1 l des Elektrolyten, den wir bereiten wollen, 30 g Natriumsulfat, $Na\,|\,SO_4$, ferner 100 g kristallisiertes Nickelsulfat, $NiSO_4 \cdot 7\,H_2O$, in Wasser und fügen noch 10 g Schwefelsäure, $H_2\,|\,SO_4$, zu. Als Elektroden hängen wir in die klare, grüne Flüssigkeit zwei gleich große Platten aus Nickel ein und schließen sie an die Klemmen einer Stromquelle, zwischen denen die Spannung beiläufig 2,3 V beträgt. Die Kationen $H^{\cdot}$, $Ni^{\cdot\cdot}$ und $Na^{\cdot}$ wandern in der

Richtung zur Kathode — entladen werden aber nur Kationen $H^{\cdot}$, weil diesmal sie (der Leser vergleiche die »Spannungsreihe« S. 26) die »edelsten« sind. Anders jedoch, wenn wir unser Bad zunächst unter Umrühren genau mit Ätznatron, Na | OH, neutralisieren (vgl. S. 20) und hierauf je 1 l etwa 10 g Borsäure, H_3BO_3, in ihm lösen. Diese sehr »schwache« Säure dissoziert nur wenig (vgl. S. 24), daher ist in der Umgebung der Kathode die Konzentration der Ionen $H^{\cdot}$ so gering, daß jetzt vor allem Kationen $Ni^{\cdot\cdot}$ entladen werden. Bei einer Stromdichte von etwa 0,3 A ist die Stromausbeute an Nickel um 95 %; der ausgeschiedene Wasserstoff legiert sich zum Teil mit dem Nickel, zum Teil entweicht er in feinen Bläschen. Steigern wir aber die Spannung an den Badklemmen und damit die Stromdichte, dann bemerken wir, daß die Wasserstoffentwicklung zunimmt, die Flüssigkeit in der Umgebung der Kathode zunächst neutral wird, und sich überdies bald durch hellgrüne Flöckchen »basischer« Nickelverbindungen trübt. Wir können uns vorstellen, daß nunmehr auch Kationen $Na^{\cdot}$ entladen werden, die sich in der eben erläuterten Art mit dem Lösungswasser umsetzen; das entstehende Natriumhydroxyd neutralisiert die »freie« Säure und fällt hierauf die erwähnten Flöckchen »basischer« Nickelverbindungen im Sinne der Gleichung:

$$2\,Na\,|\,OH \;+\; Ni\,|\,SO_4 \;=\; Na_2\,|\,SO_4 \;+\; Ni(OH)_2$$

Natrium-hydroxyd	Nickel-sulfat	Natrium-sulfat	Nickel(II)-hydroxyd

Wenden wir uns jedoch zur Nickelanode. Sie löst sich auf. Aus der mit positiver Elektrizität geladenen Metallplatte treten Nickelatome, die + Elektrizität mitführen, das heißt Nickelionen in die Lösung, treffen auf angetriebene Anionen SO_4'', und es entsteht wiederum Nickelsulfat, Ni | SO_4. Der Vorgang ist ähnlich dem an der ja ebenfalls löslichen Kupferanode eines galvanoplastischen Bades, wenigstens so lagen die Stromdichte nicht zu hoch ist und die Nickelplatte richtig angegriffen wird. Ist das nicht der Fall, dann kann die Wasserstoffzahl des Elektrolyten sinken, dieser (vgl. S. 18) »stärker sauer« werden; wir mögen es durch einen Umsatz entladener Anionen SO_4'' mit dem Lösungswasser, so wie auf S. 40 erklären.

Ein letztes Beispiel. Ein Silberbad (S. 132 ff.) ist eine Lösung des »komplexen« Salzes Kaliumsilbercyanid, $K[Ag(CN)_2]$, neben dem eine gewisse Menge »freien« Kaliumcyanides, K | CN, vorhanden sein muß, damit es richtig anspreche. Ersteres zerfällt bei der elektrolytischen Dissoziation zum Teil in Ionen $K^{\cdot}$ und $Ag(CN)_2'$, letzteres in Ionen $K^{\cdot}$

und CN'. Hängen wir in ein solches Bad Silberplatten als Elektroden ein und schließen sie an eine Spannung von etwa 1 V an, dann bemerken wir, daß an der Kathode Silber ausfällt und zwar ebensoviel, als sich an der Anode löst. Wir erklären uns dies hier für unsere Zwecke etwa folgendermaßen. An der Kathode entladene Kationen K· setzen sich mit dem in der Lösung vorhandenen Kaliumsilbercyanid im Sinne der Gleichung:

$$\underset{\text{}}{K} + \underset{\text{Kalium-silbercyanid}}{K[Ag(CN)_2]} = \underset{\text{Kalium-cyanid}}{2\,K\,|\,CN} + \underset{\text{Silber}}{Ag}$$

um. Die Silberatome schließen sich zu den »Kristalliten« [1]) des Metallüberzuges, den wir auf der Kathodenplatte entstehen sehen. Aus der Anode hingegen treten mit + Elektrizität beladene Silberatome, Silberionen Ag·, in die Lösung, vereinigen sich mit angetriebenen Anionen $Ag(CN)_2'$ und CN' zu Silbercyanid, Ag | CN, und aus ihm und dem »freien« Kaliumcyanid in der Lösung entsteht schließlich wiederum Kaliumsilbercyanid:

$$\underset{\text{Silber-cyanid}}{Ag\,|\,CN} + \underset{\text{Kalium-cyanid}}{K\,|\,CN} = \underset{\text{Kaliumsilber-cyanid}}{K[Ag(CN)_2]}$$

Auch bei einem Silberbad der eben besprochenen Zusammensetzung ist übrigens, weil neben dem Silber ein wenig Wasserstoff abgeschieden wird, die Stromausbeute nicht 100%. Sie ist, wenn das Bad richtig bereitet wurde, und man mit der angemessenen Stromdichte arbeitet, etwa 99%. Wir mögen uns das so erklären, daß sich entladene Kationen K· nicht nur mit dem gelösten Kaliumsilbercyanid umsetzen, sondern auch mit dem Lösungswasser, im Sinne der Gleichung:

$$2\,K + \underset{\text{Wasser}}{2\,H_2O} = \underset{\text{Kaliumhydroxyd}}{2\,K\,|\,OH} + \underset{\text{Wasserstoffgas}}{H_2}$$

Wir haben nunmehr erläutert, wie wir uns ungefähr die Erscheinungen an den Elektroden bei

einem galvanoplastischen Kupferbad und einem Nickelbad,
sowie bei einem Silberbad

erklären mögen, wenn wir mit löslichen Anoden arbeiten. Das Kupferbad und das Nickelbad sind (vgl. S. 2) »saure« Bäder, und zwar ist beim Kupferbad — wohl gemerkt — das auszuscheidende Metall »edler« als Wasserstoff, beim Nickelbad, sowie beim »sauren« Zinkbad ist hin-

[1]) So nennt man die winzig kleinen, unregelmäßig ausgebildeten Kristalle, aus denen jeder »galvanische« Metallniederschlag besteht.

gegen das auszuscheidende Metall »unedler« als Wasserstoff. Das Silberbad haben wir schließlich als den einfachsten Vertreter der »cyanalkalischen« Bäder (vgl. wiederum S. 2) besprochen [1])

Nun noch eine kurze Überlegung über die Klemmenspannung, deren es zum Beispiel zum richtigen Betrieb eines Nickelbades bedarf. Dazu genügt nämlich nicht, wie bei einem sauren Kupferbad, jene Spannung, deren Größe sich aus der Rechnung:

$$\text{Ohmscher Widerstand des Bades} \times \text{Stärke des Badstromes, A}$$

oder:

$$\text{Ohmscher Widerstand des Bades} \times \underbrace{\text{Warenfläche, dm}^2 \times \text{Stromdichte, A}}_{\uparrow}$$

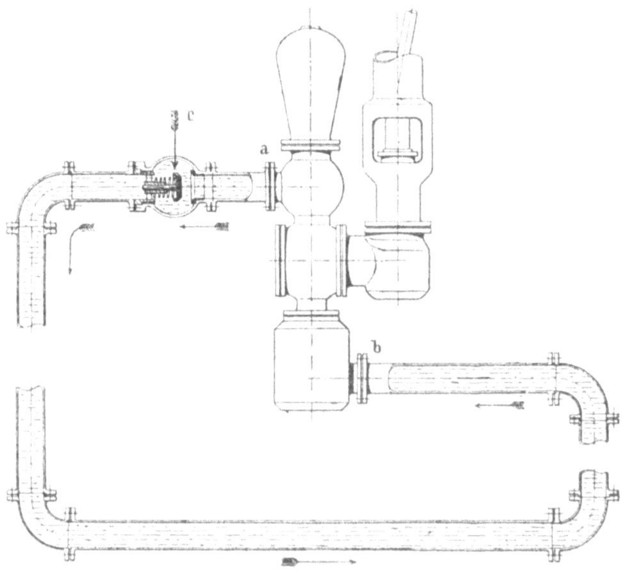

Abb. 6.

laut der Formel 3), S. 33, ergäbe. Wir müssen vielmehr mit einer höheren Spannung arbeiten; die Verhältnisse liegen ungefähr so, als ob unsere an eine Pumpe angeschlossene Röhrenleitung (siehe Abb. 5, S. 30) bei c durch ein Ventil verschlossen wäre, das von einer Feder gehalten wird (Abb. 6). Dann bedarf es vor allem eines von der Spannung der Ventilfeder abhängigen Druckes, um das Ventil eben

[1]) Eine Sonderstellung nehmen die ebenfalls »sauren« Chrombäder ein, in denen man übrigens unlösliche Anoden verwendet. Auf die Erörterung der Vorgänge, die sich bei ihnen an den Elektroden abspielen gehen wir — soweit sie im Rahmen dieses Buches überhaupt möglich ist — erst bei Beschreibung ihrer Handhabung (S. 104ff.) ein.

gegen die Spannung seiner Feder zu öffnen, so daß überhaupt der Weg für den Wasserstrom frei wird.

Manchesmal kommt es auch vor, daß ein mit Waren beschicktes elektrolytisches Bad selbst einen Strom liefern würde, wenn wir Anoden und Waren durch einen Draht verbänden. So z. B. flösse in einem Nickelbad, das von den Klemmen des Stromerzeugers losgelöst und mit Zinkwaren behängt ist, beim Verbinden der Anodenstangen mit den Warenstangen im Bad ein Strom von den Waren zu den Anoden, wobei sich die Werkstücke auflösen und das Bad verderben würde. Ein solches Bad hat also die Eigenschaften eines galvanischen Elementes und die Spannung, die den erläuterten Strom in Bewegung setzen kann und die unserer Arbeitsspannung entgegenwirkt, müssen wir ebenfalls durch deren entsprechende Erhöhung überwinden. Dies ist jedoch nur solange nötig, bis die eingehängten Zinkgegenstände »gedeckt«, d. h. mit einer ersten Nickelschicht überzogen sind; ist dies geschehen, ist die »Deckung« erfolgt, dann können wir, da keine **»Gegenspannung«** mehr wirkt, die Arbeitsspannung entsprechend erniedrigen.

In der Praxis pflegt man anzugeben, mit welcher Stromdichte man bei einer bestimmten Temperatur in einem Bad arbeiten soll, und welcher Klemmenspannung es bei einer mittleren Entfernung zwischen Waren und Anoden — etwa 1 bis 2 dm — bedarf, damit sich diese Stromdichte und mit ihr die richtige Stromstärke laut der Formel 9), S. 38:

$$\begin{matrix}\text{Strom-}\\ \text{stärke, A}\end{matrix} = \begin{matrix}\text{Strom-}\\ \text{dichte, A}\end{matrix} \times \begin{matrix}\text{Waren-}\\ \text{fläche, dm}^2\end{matrix}$$

einstelle. Wir finden solche Angaben denn auch bei der Besprechung der Handhabung unserer Bäder; bevor wir jedoch auf sie eingehen, wollen wir die Geräte und Behelfe für die eigentlichen galvanotechnischen Arbeiten kennen lernen.

Die Ausrüstung galvanotechnischer Werkstätten

Die Einrichtungen, Geräte und Werkzeuge für die Vorbereitungs- und die Vollendungsarbeiten besprechen wir an anderer Stelle. Hier befassen wir uns bloß mit den Behelfen, Apparaten und Maschinen für die eigentlichen galvanotechnischen Verfahren. Es sind dies die Gefäße zur Aufnahme der Bäder mit ihrem recht mannigfachen Zubehör, weiter die Stromquellen, ferner die Leitungen, welche die Bäder mit den Stromquellen verbinden, sowie elektrische Regel- und Meßinstrumente.

Beginnen wir mit den Stromquellen. Wir brauchen hier bloß die Gleichstrom-Niederspannungs-Dynamomaschinen [1] zu erörtern und weiter die sogenannten »Gleichrichter«. Galvanische Elemente kommen nämlich heute für uns überhaupt nicht mehr in Betracht, und auch Akkumulatoren verwendet man nur noch höchst selten, etwa in Druckereien für Wertpapiere mit einer veralteten Einrichtung. Daher dürfen wir von einer Schilderung der Wirkungsweise und der Behandlung »chemischer« Stromerzeuger absehen.

Was zunächst die Gleichstrom-Dynamomaschinen für unsere Zwecke anbelangt, heißen sie deshalb Niederspannungs-Maschinen, weil sie

---

[1] Wenn wir hier nur die elektromagnetischen Maschinen, die uns Strom liefern als »Dynamomaschinen« bezeichnen, passen wir uns damit einer zwar landläufigen aber trotzdem nicht zutreffenden Ausdrucksweise an, denn eigentlich müßten wir von »Generatoren« sprechen. Streng richtig ist folgendes: »Dynamomaschinen« heißen alle Maschinen, die zur Umwandlung mechanischer in elektrische Leistung oder elektrischer in mechanische Leistung dienen — »Generatoren« nennen wir dann diese Dynamomaschinen, bei denen wir einzelne Teile unter Aufwendung mechanischer Leistung in Bewegung setzen, damit die Maschinen Strom abgeben — »Elektromotoren« dagegen jene, denen wir Strom zuführen, damit sich einzelne Teile in Bewegung setzen und mechanische Arbeit leisten. Es gilt also folgende Einteilung:

Dynamomaschinen
- Generatoren
  - Gleichstromgeneratoren
  - Wechselstromgeneratoren
- Motoren
  - Gleichstrommotoren
  - Wechselstrommotoren

für Klemmenspannungen von höchstens etwa 25 V gebaut werden. Die wichtigsten Teile einer solchen Maschine sind (Abb. 7) der »Anker« oder »Läufer« mit dem »Kollektor«, ferner die »Bürstenbrücke«, welche an Bolzen die von den »Bürstenhaltern« gefaßten »Bürsten« trägt, und schließlich der »Ständer« oder das »Magnetgehäuse« mit den »Feldmagneten«. Zwischen den »Polschuhen« dieser Magnete dreht sich der Läufer, ein Zylinder, der aus aufeinander gepreßten

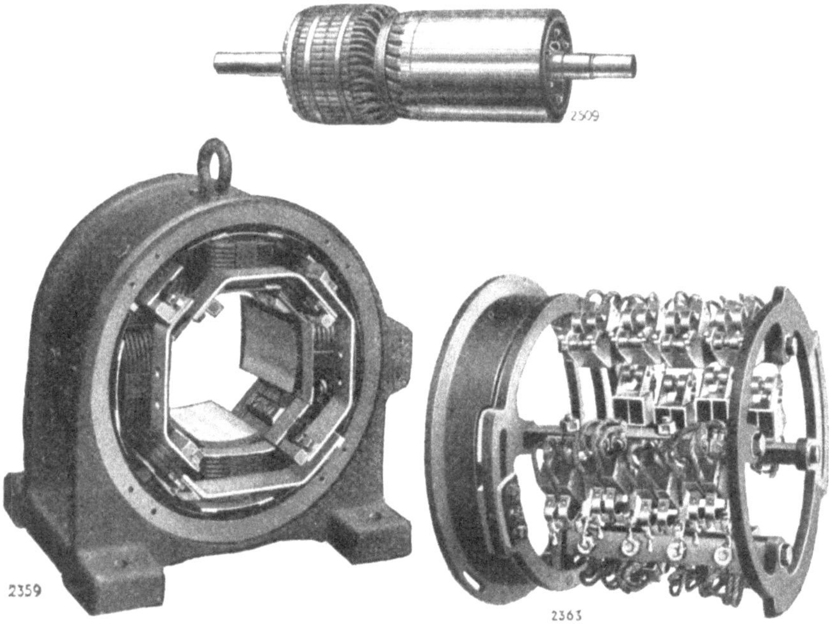

Abb. 7. Links der Ständer einer vierpoligen Gleichstrom-Niederspannungs-Dynamomaschine, das heißt einer Maschine mit vier Feldmagneten. Zwischen den Polschuhen des unteren und des rechten Feldmagneten sieht man einen der vier Wendepole (vgl. Abb. 9). Oben der Läufer mit der Wicklung und ihren Bandagen, sowie dem Kollektor. Rechts die Bürstenbrücke mit vier Bolzen, auf denen die Bürstenhalter aufgereiht sind; mit dem Ring links wird das Stück an den Ständer angesetzt und mit Schrauben befestigt.

gezähnten Eisenblechen, sowie isolierenden Zwischenlagen aufgebaut ist. Er trägt eine in den Längsnuten untergebrachte, mit »Bandagen« zusammengehaltene Wicklung aus isoliertem Kupferdraht; die Welle ruht in der Regel in gewöhnlichen Ringschmierlagern, seltener in Rollen- oder Kugellagern. Der in der Wicklung des Läufers entstehende Strom wird von den Bürsten abgenommen, den Gleitkontakten, die auf dem Kollektor schleifen, und durch die Bürstenträger und weitere Verbindungsstücke zu den Klemmen der Maschine geleitet. Neuere

Dynamomaschinen sind stets mit »Kohlenbürsten« ausgerüstet, während man an älteren noch Bürsten aus Kupferdrahtgewebe findet.

Wie die Bewicklungen der Feldmagnete des Ständers, die »Feldspulen«, mit dem Läufer bei den in der Galvanotechnik gewöhnlich gebrauchten »Nebenschlußmaschinen« verbunden sind, erläutert das Schema der Abb. 8. Der »Nebenschlußregler« oder »Magnetstromregler« dient, wie sein Name besagt, zur Regelung des Stromes, welcher die Windungen der Feldspulen durchfließt und damit zur Regelung der Klemmenspannung. Bloß zwei Feldmagnete am Ständer haben nur kleinere Maschinen — bei größeren sind es deren vier, sechs oder gar acht, damit die Drehzahl des Läufers nicht zu groß werde. Ferner pflegt man auch Dynamomaschinen für geringere Leistungen heute mit »Wendepolen« (Abb. 9) auszustatten; sie verhindern das »Feuern« des Kollektors bei wechselnder Belastung, dem man sonst durch Verstellen der Bürstenbrücke vorbeugen müßte. Ganz große Maschinen erhalten überdies zwei Kollektoren. Außer diesen Nebenschluß-Maschinen verwendet man manchmal solche mit »Fremderregung« (Schema der Schaltung Abb. 10), bei denen man den Strom für die Feldmagnete nicht der Maschine selbst, sondern etwa einer Akkumulatorenbatterie entnimmt

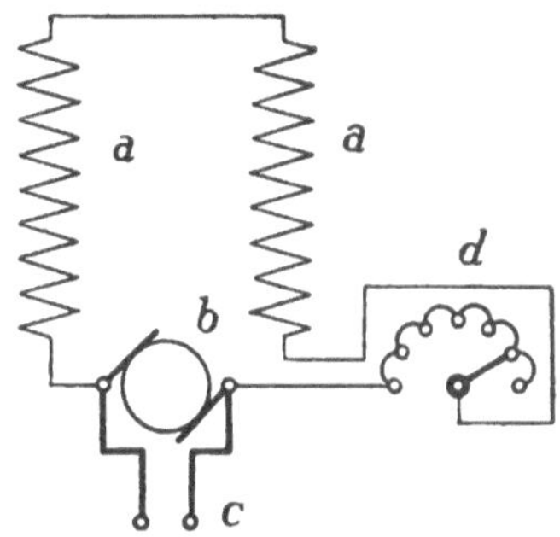

Abb. 8. a Feldspulen, b Läufer, c Klemmen, d Nebenschlußregler.

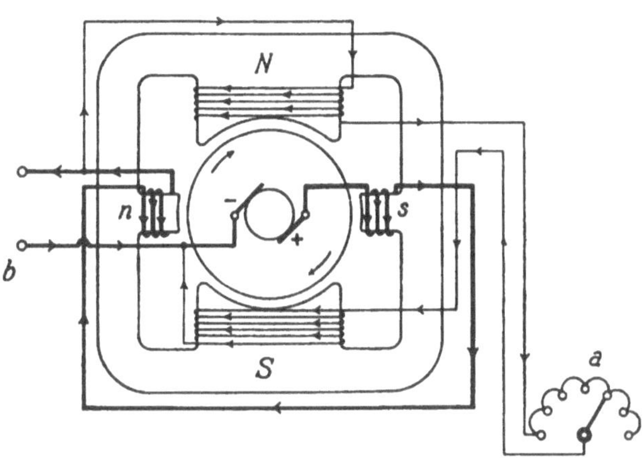

Abb. 9. Schema eines zweipoligen Nebenschlußgenerators mit Wendepolen n und s, deren Wicklung, wenn die Maschine belastet ist, in der durch die Pfeilspitzen angedeuteten Richtung vom Strom durchflossen wird. a Nebenschlußregler.

und zwar dann, wenn man Wert darauf legt, die Spannung an den Klemmen bei verschiedenen Belastungen innerhalb weiterer Grenzen regeln zu können als dies bei Nebenschlußmaschinen gleicher Bauart möglich ist.

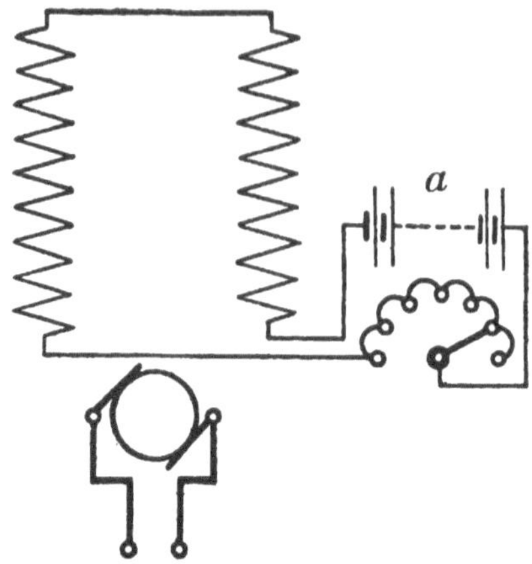

Abb. 10. Den Strom für die Feldspulen der fremderregten Maschine liefert die Akkumulatorenbatterie *a*. Zu seiner Abgleichung ist wiederum ein Regler vorhanden.

Wegen des Antriebes einer Dynamomaschine für unsere Zwecke bemerken wir folgendes: Zwar ist es immer noch am besten, sie unmittelbar mit einem Elektromotor zusammenzubauen, zum »Aggregat« (Abb. 11) zu kuppeln, dabei dürfen wir aber nicht übersehen, daß uns heute bereits an den meisten Orten zur Speisung von Elektromotoren nicht mehr Gleichstrom, sondern bloß sogenannter »Drehstrom« zur Verfügung steht. Auf seine gründlichere Erläuterung können wir uns nicht einlassen. Hier mag es genügen, festzuhalten, daß in einem Drehstromnetz drei Wechselströme [1]) zusammenwirken, solchermaßen, daß im Ständer eines angeschlossenen Elektromotors[2]) ein umlaufendes Magnetfeld, ein sogenanntes »Drehfeld« entsteht, unter dessen Ein-

Abb. 11. Gleichstrom-Niederspannungs-Generator (links) mit Gleichstrom-Motor (rechts), durch die Kupplung zwischen beiden Maschinen zum Aggregat verbunden.

[1]) Vgl. S. 58.

[2]) Andere Wechselstrommotoren als die gewöhnlichen Drehstrommotoren haben für uns keine Bedeutung.

flusse sich dann auch der Läufer dreht und zwar, selbst bei voller Belastung, nur um weniges langsamer als das Magnetfeld. Den in Prozenten ausgedrückten Unterschied zwischen der Anzahl der Kreisläufe des Drehfeldes im Ständer und der Umdrehungen des Läufers in der gleichen Zeit, also das Ergebnis der Rechnung:

$$\frac{\left\{\begin{matrix}\text{Anzahl der Kreisläufe} \\ \text{des Drehfeldes}\end{matrix} - \begin{matrix}\text{Anzahl der} \\ \text{Läuferdrehungen}\end{matrix}\right\} \times 100}{\begin{matrix}\text{Anzahl der Kreisläufe} \\ \text{des Drehfeldes}\end{matrix}} \qquad 1)$$

nennt man die »Schlüpfung« oder den »Schlipf« der betreffenden Maschine — er beträgt für gewöhnlich 3 bis 7%.

Die Umlaufgeschwindigkeit des Drehfeldes im Ständer eines solchen Motors können wir nicht ohne weiteres nach unserem Belieben wählen. Sie hängt einerseits von der Anzahl der »Perioden« der drei Wechselströme ab, anderseits von der Anzahl der »Spulen«, die je Stromkreis — je »Phase« — in die Nuten des Ständers gelegt sind und zwar im Sinne der Formel:

$$\begin{matrix}\text{Anzahl der Kreisläufe} \\ \text{des Drehfeldes je Minute}\end{matrix} = \frac{\begin{matrix}\text{Anzahl der Perioden der} \\ \text{Wechselströme je Sekunde}\end{matrix} \times 60}{\begin{matrix}\text{Anzahl der Ständerspulen} \\ \text{je Phase}\end{matrix}} \qquad 2)$$

Haben wir also zum Beispiel im Wechselstromnetze 50 Perioden (50 ~) je Sekunde, dann ist nach dieser Formel bei einem sogenannten

	mit Spulen je Phase:	daher mit insgesamt Ständerspulen:	die Anzahl der Umläufe des Drehfeldes je Minute:
»zweipoligen« Motor . . .	1	3	3000
»vierpoligen« Motor . . .	2	6	1500
»sechspoligen« Motor . . .	3	9	1000
»achtpoligen« Motor . . .	4	12	750

Daher ist z. B. bei einem Motor mit 2 Spulen je Phase, insgesamt also 6 Spulen auf dem Ständer, einem sogenannten »vierpoligen« Motor, die Anzahl der Drehungen des Läufers je Minute:

1500 — etwa 5% von 1500 = rund 1425,

Diese Drehzahl müssen wir als gegeben hinnehmen und können sie nicht ändern.

Wozu haben wir diese Erwägungen angestellt?

Wir dürfen nämlich nicht vergessen, daß eine Dynamomaschine, die wir zur Lieferung des Stromes für Bäder verwenden wollen, ja ebenfalls stets für eine bestimmte Anzahl Ankerdrehungen je Minute gebaut ist, bei der sie, richtig beansprucht, ihre volle Leistung hergibt. Sie tut es nicht, wenn man sie langsamer »laufen« läßt, während es anderseits sehr bedenklich ist, sie rascher anzutreiben, da hierbei leicht ihr Gefüge leiden mag. Will man also Motor und Dynamo zum Aggregat kuppeln, und hat man für den Motor nur Drehstrom zur Verfügung, so muß man eine Dynamo verwenden, für die etwa 2850 oder rund 1425 oder beiläufig 950 Umdrehungen ihres Ankers je Minute vorgeschrieben sind — wohlgemerkt unter der Voraussetzung, daß die Wechselströme im Netze 50 ~ haben. Wären es vielleicht bloß 45, so hätten, wie der Leser ja jetzt leicht selbst berechnen mag, die Läufer der angeschlossenen »zweipoligen« Motoren nur Drehzahlen um 2560, die der »vierpoligen« um 1280 und die der »sechspoligen« um 850. Solche Unterschiede gegen die für 50 ~ ausgewiesenen Drehzahlen fallen beim Betriebe von Niederspannungs-Dynamomaschinen aber schon ganz gehörig ins Gewicht! Das soeben Erläuterte halte man sich insbesondere dann vor Augen, wenn sich Gelegenheit zum Kaufe einer gebrauchten Dynamo bietet. Wenn man zu ihrem Betriebe Gleichstrom zur Verfügung hat, braucht man der Drehzahl ihres Ankers weniger Aufmerksamkeit zu widmen, da es nicht schwer ist, sich einen zu ihr passenden Gleichstrommotor zu beschaffen.

Nun noch einige Worte über Elektromotoren überhaupt.

Zum Anschluß in Gleichstromnetzen kommen für uns nur »Nebenschlußmotoren« in Betracht, deren Schaltung samt der des zugehörigen »Anlassers« uns Abb. 14 weist. Ohne einen solchen Anlasser, bloß unter Verwendung eines »zweipoligen« Schalters — und selbstverständlich mit richtig bemessenen »Sicherungen« in beiden Leitungszweigen — darf man in der Regel nur ganz kleine Maschinen benützen. Die Anlasser bestehen, wie die Magnetstromregler unserer Dynamomaschinen, aus einer Schaltvorrichtung, nämlich einer Reihe von Kontaktstellen auf einer isolierenden Grundplatte, die von einem Schleifkontakte bestrichen werden und zwischen denen »Widerstände« liegen. Es sind dies meist frei angeordnete oder über isolierende Kerne gewickelte Drahtspiralen oder Metallbänder. Bei ihrer Bemessung muß man darauf Rücksicht nehmen, ob der Motor, für den der Anlasser bestimmt ist, »unbelastet«, mit »halber Last« oder unter »voller Last« anläuft.

Die Wirkungsweise eines Anlassers erläutert Abb. 12. Übrigens ist er häufig auch so eingerichtet (vgl. Abb. 13), daß in der Ruhestellung a die Magnetwicklung durch den Anker geschlossen ist, dann beim

Anlassen (Stellung b) sogleich an die Stromquelle gelegt, und nun Schritt für Schritt der vor den Anker geschaltete Widerstand verringert wird.

Das Anlassen durch Weiterdrehen des Kontaktstückes an der Schalt-

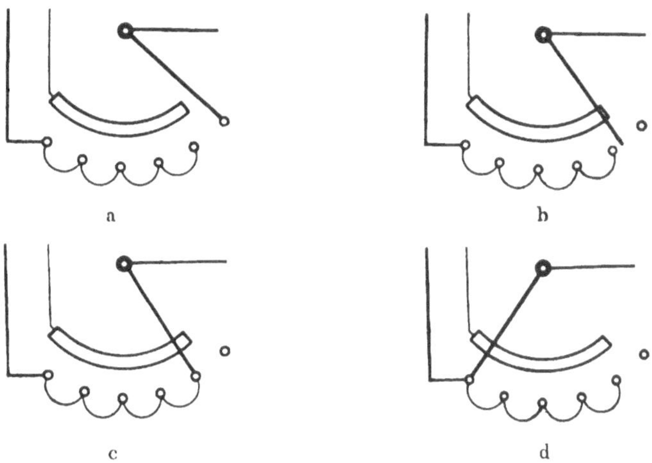

Abb. 12. Vgl. hierzu Abb. 14, S. 53. a der Motor ist ohne Strom, b es fließt bloß durch die Bewicklung der Magnete Strom, c es fließt auch Strom durch den Anker, dem jedoch noch der volle Widerstand des Anlassers vorgeschaltet ist, d der Motor ist voll eingeschaltet.

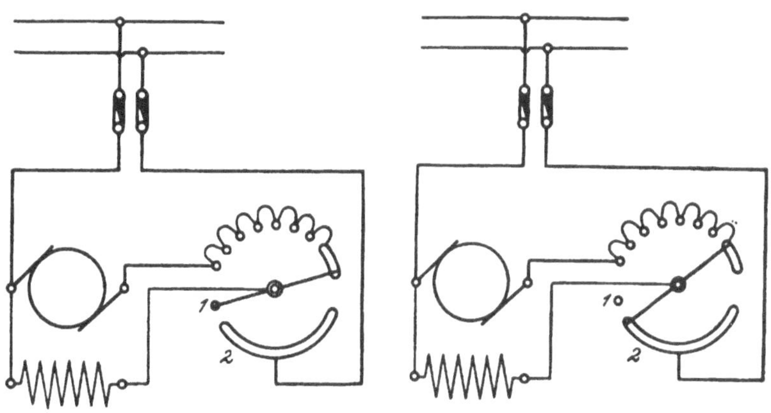

Stellung a Stellung b

Abb. 13.

vorrichtung darf nicht allzu rasch geschehen, damit der Anker Zeit hat, mit dem Schnellerwerden seiner Drehung der Verringerung des Widerstandes im Anlasser zu folgen. Anderseits soll das Einschalten auch nicht unnötig langsam geschehen. Die Widerstände des Anlassers sind nämlich in der Regel nur für eine vorübergehende Beanspruchung mit solchen Stromstärken eingerichtet, mit denen sie beim Gebrauch des Apparates belastet werden. Ganz unzulässig ist es daher, mit einem Anlasser, der nicht besonders dazu gebaut ist, die »Tourenzahl« seines Elektromotors dadurch zu verringern, daß man einen Teil des Widerstandes eingeschaltet läßt — abgesehen davon, daß ein solches Verfahren auch recht unwirtschaftlich ist [1]). Das Ausschalten geschieht sodann durch rasches Rückstellen des Kontaktstückes in die Anfangsstellung, wobei die Magnetwicklung beim Verlassen des Kontaktes 2 wieder über den Anker geschlossen wird (Abb. 13), so daß in ihr gefährliche »selbstinduktive« Spannungen nicht auftreten können [2]). Schließlich öffnet man nun noch den Schalter, der, wie schon bemerkt, »zweipolig« sein muß, ebenso wie die »Sicherungen«, die zwischen ihm und dem Motor liegen; bei geöffnetem Schalter stehen sie also nicht »unter Spannung« und können, wenn nötig, ohne Gefahr ausgewechselt werden. Anlasser, Schalter und Sicherungen vereinigt man am besten auf einer »Motorschalttafel«. Sehr zu empfehlen ist es übrigens, wenn es sich um den Anschluß einer größeren Maschine handelt, auch noch Apparate vorzusehen, die den Leitungskreis selbsttätig unterbrechen, sobald der Strom in ihm verschwindet, wenn man es nicht vorzieht, gleich den eigentlichen Schalter als einen solchen »Minimalautomaten« auszubilden. Es kann nämlich im Netze einmal eine Störung geben, die schon vorüber ist, bevor man noch Zeit hatte, die angeschlossenen Motoren von Hand abzuschalten; die wiederum einsetzende volle Betriebsspannung trifft dann auf die inzwischen zur Ruhe gekommenen und durch ihre Anlasser ja nicht geschützten Maschinen, was ausgiebige Schäden mit sich bringt.

Was schließlich das »Umsteuern« eines Nebenschluß-Elektromotors anbelangt, verweisen wir den Leser auf die Darstellungen der Abb. 14,

[1]) Die Verwendung eines Motors mit Einrichtungen zur Veränderung seiner Drehzahl — sei es eines solchen für Gleichstrom, sei es eines Kollektormotors für ein- oder mehrphasigen Wechselstrom — kommt für gewöhnlich für uns überhaupt nicht in Betracht. Ob sie in einem ganz besonderen Falle am Platze ist und welche Anordnungen dann zu treffen sind, können nur gewiegte Fachleute entscheiden.

[2]) Mit einem »Kurzschlußkontakt« (a, Abb. 15) rüstet man übrigens auch gern die Magnetstromregler größerer Dynamomaschinen aus.

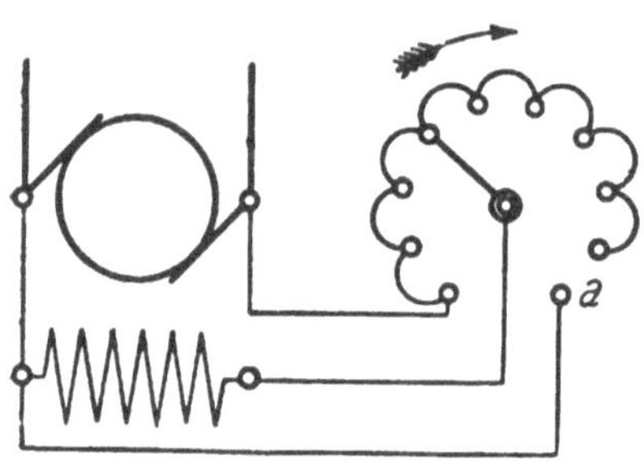

Abb. 15.

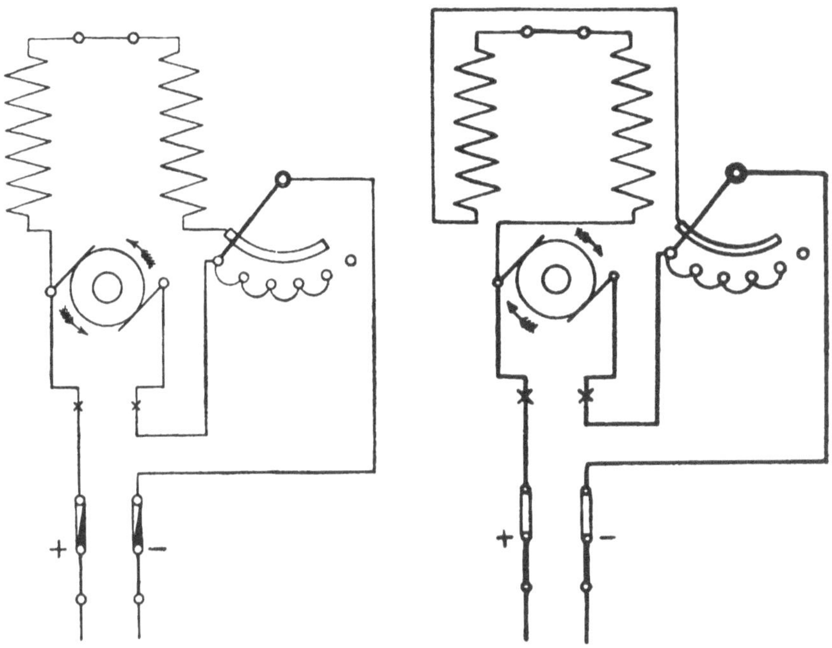

Abb. 14. Der Anker des Nebenschlußelektromotors behält (vgl. den linken Teil der Abb. 14) seine Drehrichtung bei, gleichgültig, ob der + Pol der Stromquelle an der linken oder an der rechten Anschlußklemme liegt, da beim Wechsel des Anschlusses sowohl der Strom im Anker, als auch der in den Magneten seine Richtung ändert. Dagegen wird der Motor durch die Umschaltung seiner Magnetwicklung im Sinne des rechten Teiles der Abb. 14 »umgesteuert«.

Abb. 16. Zerlegter Drehstrommotor der Siemens-Schuckert-Werke, Wien, mit Kurzschlußläufer. Von links nach rechts: Linkes Lagerschild, Ständer, Läufer mit Lüftungsflügeln (links) und rechtem Lagerschild.

Abb. 17. Zerlegter Drehstrommotor der Siemens-Schuckert-Werke, Wien, mit Schleifringläufer. Von links nach rechts: Linkes Lagerschild, Ständer, Läufer mit dem Kranz von Lüftungsflügeln (links) und den Schleifringen (rechts), im rechten Lagerschild steckend. Auf den Schleifringen liegen die »Bürsten« auf.

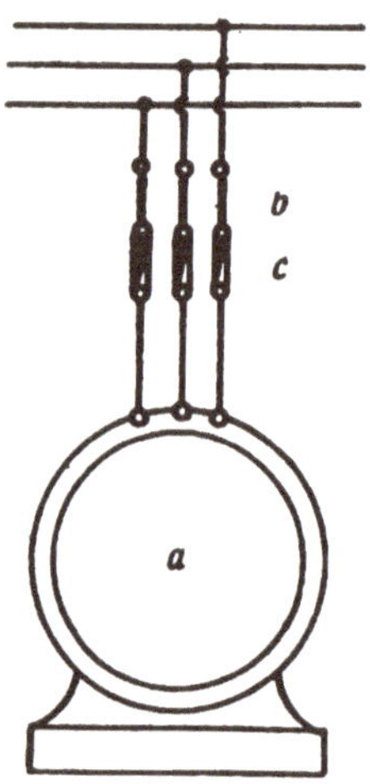

Abb. 18. Drehstrommotor a mit Kurzschlußläufer über den Schalter b und die Sicherungen c unmittelbar ans Netz geschlossen.

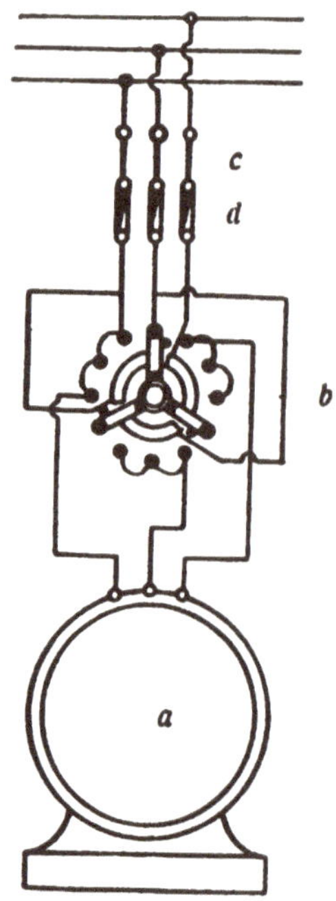

Abb. 19. Drehstrommotor a mit Kurzschlußläufer, Ständeranlasser b, Schalter c und Sicherungen d.

die wohl keiner weiteren Erläuterung bedürfen [1]) und befassen uns jetzt noch ein wenig mit den Drehstrommotoren.

Warum sie so heißen wissen wir bereits. Wir unterscheiden bei ihnen die Maschinen mit »Kurzschlußläufern« (Abb. 16), von denen mit »Schleifringläufern« (Abb. 17). Von ersteren dürfen nur kleine bloß über einen »dreipoligen« Schalter und selbstverständlich mit Sicherungen in allen drei Leitungszweigen, also im Sinne der Abb. 18 angeschlossen werden. Größere müssen, wenn überhaupt zugelassen, mit einem »Ständeranlasser« versehen sein (Abb. 19) [2]). Für gewöhnlich verwendet man aber bei den für uns in Betracht kommenden Anlagen Motoren mit »Schleifringläufern« und »Läuferanlassern« (Abb. 20). Wie die Wicklung auf dem Läufer verteilt ist, möge dahingestellt bleiben. Wir merken uns nur, daß sie aus drei Zweigen besteht, die entweder in Stern- oder in Dreieckschaltung miteinander verbunden und an die Schleifringe angeschlossen sind. Von diesen Schleifringen vermitteln auf ihnen gleitende Kontakte, »Bürsten«, die Verbindung zum Anlasser. Je weiter wir nun beim Einschalten dessen Kontaktstück im Sinne der Angaben bei der Abb. 20 drehen, desto geringer werden die Widerstände, die im Anlasser vor den drei Zweigen der Läuferwicklung liegen, bis diese schließlich über die Schleifringe und

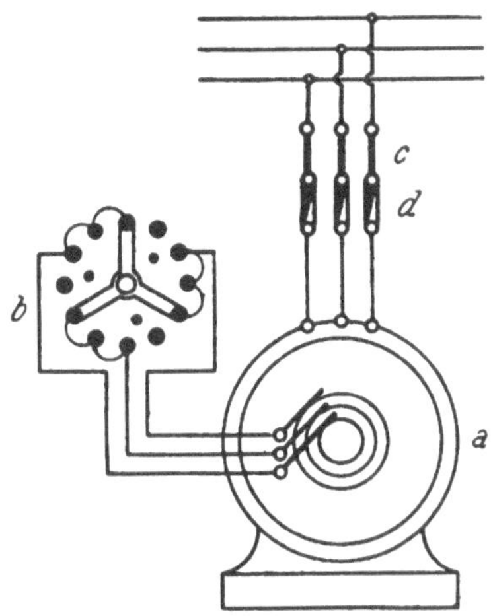

Abb. 20. Motor a mit Schleifringläufer, b Läuferanlasser, c Schalter, d Sicherungen. Das Anlassen geschieht durch Drehen des Kontaktstückes entgegen dem Sinne der Bewegung des Uhrzeigers.

[1]) So einfach übrigens das »Umsteuern« eines Gleichstrommotors und auch eines Drehstrommotors (vgl. S. 56) auch sein mag, ist es doch besser, es von einem tüchtigen Elektrotechniker vornehmen zu lassen, wenn man selbst nicht die nötigen Erfahrungen in solchen Arbeiten hat. Es ist nämlich oft nicht gleichgültig, ob sich der Läufer der betreffenden Maschine und der von ihr angetriebenen Dynamo in dem einen oder dem anderen Sinne dreht, so daß beim Umsteuern auch Veränderungen am Bürstenapparate nötig sind.

[2]) Recht zweckmäßig für kleinere Motoren mit Kurzschlußläufern sind die sogenannten »Stern-Dreieck-Schalter«. Mit einem solchen Apparate legt man beim Anlaufen die drei Zweige der Ständerwicklung des Motors in »Sternschaltung« ans Netz, worauf man, wenn der Läufer seine volle Drehzahl erreicht hat, umschaltet und sie zur Arbeit in »Dreieckschaltung« verbindet.

das Kontaktstück des Anlassers unmittelbar miteinander verbunden sind. Manchmal ist nun noch eine besondere Einrichtung vorhanden, die gestattet, jetzt am Läufer selbst die Zweige der Wicklung kurzzuschließen und die Bürsten von den Schleifringen abzuheben, um so diese Teile zu schonen. Es darf aber dann nicht vergessen werden, vor einem neuerlichen Anlassen des Motors diesen Kurzschluß am Läufer durch Rückstellen der erwähnten Vorrichtung aufzuheben und das Kontaktstück des Anlassers in die ursprüngliche Lage zu bringen. Sonst würde der Motor beim neuerlichen Schließen seines Schalters als Motor mit einem »Kurzschlußläufer« anspringen.

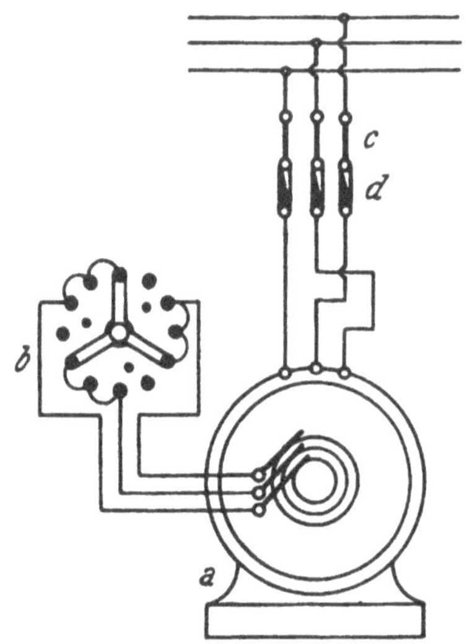

Abb. 21. Das »Umsteuern« des in Abb. 20 dargestellten Drehstrommotors mit Schleifringläufer. Bedeutung der Buchstaben wie in Abb. 20.

Wir haben also beim Anlassen eines Drehstrommotors mit einem Läuferanlasser folgendermaßen vorzugehen:

1. Nachsehen, ob der Kurzschluß am Läufer aufgehoben ist und ob die Bürsten auf den Schleifringen aufliegen.

2. Nachsehen, ob der Läuferanlasser die richtige Stellung hat, so daß der Motor beim Schließen des Schalters nicht angehen kann.

3. Schließen des Schalters, der die Ständerwicklung an die Leitung legt — der Motor brummt.

4. Langsames Anlassen des Motors mit Hilfe des Läuferanlassers.

5. Herstellen des Kurzschlusses am Läufer und Abheben der Bürsten, sobald der Motor voll eingeschaltet ist.

Beim Abstellen des Motors haben wir dagegen folgende Handgriffe zu merken:

1. Rückstellen des Läuferanlassers in seine Ausgangsstellung.

2. Auflegen der Bürsten auf die Schleifringe und Rückstellen der Kurzschlußeinrichtung, so daß der Kurzschluß am Läufer aufgehoben ist.

3. Öffnen des Schalters, der die Ständerwicklung an die Leitung legt.

Das »Umsteuern« eines Drehstrommotors geschieht dadurch, daß man den Anschluß zweier Leitungszweige an die Ständerklemmen vertauscht (Abb. 21), wodurch der Sinn des Umlaufes des Drehfeldes geändert wird. Der Leser gedenke jedoch der Fußnote 1) auf S. 55.

Was das Zubehör für Elektromotoren anbelangt, haben wir der Schalter, der Sicherungen und der »Minimalautomaten« bereits gedacht und in mehreren Abbildungen dargestellt, wie solche Stücke anzuordnen sind. Bei unseren Dynamomaschinen für Spannungen von höchstens etwa 25 V Schalter und Sicherungen vorzusehen, ist im allgemeinen nicht nötig und üblich, so daß uns die Abb. 22 und 23 schließlich die vollständige Ausstattung von Aggregaten für unsere Zwecke erläutern [1]).

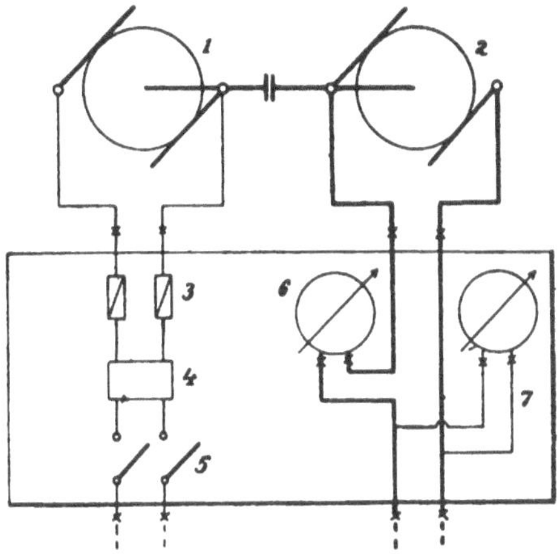

Abb. 22. 1 Gleichstrommotor und 2 Dynamo miteinander zum Aggregat »gekuppelt«, 3 Sicherungen, 4 Minimalautomat, 5 Schalter des Motors, 6 Amperemeter, 7 Voltmeter der Dynamo. Die Stücke 3—7 sind auf einer Maschinenschalttafel vereinigt.

Gelegentlich mag übrigens neben der Sicherung durch Schmelzstreifen und einen Minimalautomaten auch noch eine weitere durch einen »Maximalautomaten« in Betracht kommen, einen Apparat, der, ebenfalls selbsttätig, einen Schalter öffnet, wenn im betreffenden Leitungskreise die Stärke des Stromes das zulässige Höchstmaß überschreitet.

Und nun wenden wir uns zu einer kurzen Besprechung der »Gleichrichter«.

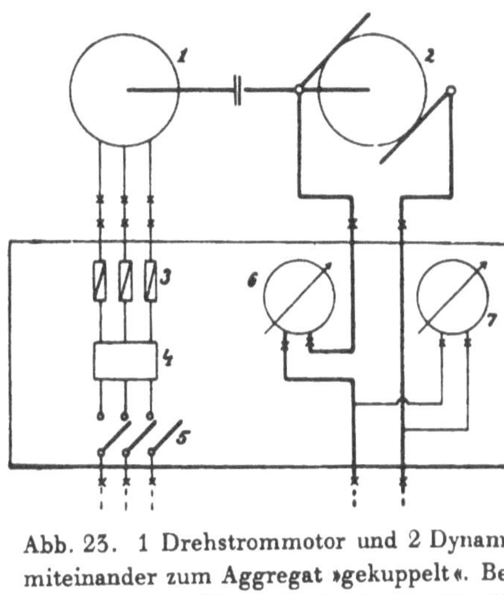

Abb. 23. 1 Drehstrommotor und 2 Dynamo miteinander zum Aggregat »gekuppelt«. Bedeutung der Ziffern 3—7 sinngemäß die gleiche wie in Abb. 22.

[1]) Ausdrücklich betont sei, daß wir den Anschluß der Motoren solcher Maschinensätze an das Netz unbedingt befugten Fachleuten überlassen müssen, da Installationen, deren Ausführung nicht voll und ganz den im besonderen Fall geltenden Vorschriften entsprechen, leicht die Ursache von Sachschäden und schweren Gefahren für die Gesundheit oder gar das Leben von Menschen werden. Die Gefährlichkeit von Pfuscharbeiten ist eine weit höhere als man gemeiniglich glaubt, auch dann, wenn die Netzspannung »nur« 110 Volt beträgt!

Wir haben ja schon an einer früheren Stelle darauf hingewiesen, daß uns an den meisten Orten heute nur mehr Wechselstrom — für Motoren sogenannter »Drehstrom« — zur Verfügung steht, was in der Art der Entwicklung der Elektrotechnik seinen Grund hat. Erst durch die Verwendung von Wechselströmen ist es nämlich möglich geworden, elektrische Leistung auf große Entfernungen zu übertragen, von »Überlandwerken« aus weit entfernte Orte zu speisen und die mächtigen Flächenräume unserer Großstädte durch »Zentralen« mit Strom zu versorgen. Es macht uns eben gar keine Schwierigkeiten, in solchen Zentralen Wechselstrom von hoher Spannung zu erzeugen, so daß wir zur Übertragung beträchtlicher Leistungen nur verhältnismäßig schwache Ströme und damit Leitungen geringen Querschnittes brauchen. »Transformatoren« gestatten uns dann, die hohen Übertragungsspannungen wiederum auf die üblichen Netzspannungen herunterzusetzen. Diese, heute wohl allgemein bekannten ruhenden Apparate bedürfen fast überhaupt keiner Wartung und seit ihrer Einführung bei uns durch die ungarischen Ingenieure Dêri, Blathy und Zipernowsky hat die Elektrotechnik eigentlich erst ihren Siegeszug antreten können. Bald gelang es auch, für fast alle Anwendungen der Elektrizität zweckmäßige Einrichtungen zu schaffen, welche die ihnen zugeführten Wechselströme in mechanische Leistung, in Wärme oder in Licht umsetzen. Wenn es sich aber z. B. um das Laden von Sammlerzellen, von »Akkumulatoren«, oder um den Betrieb galvanotechnischer Bäder handelt, geht es mit Wechselströmen nicht; wir müssen dann eben entweder zu Maschinensätzen greifen, die aus Gleichstromgeneratoren und zu ihnen passenden Wechselstrommotoren bestehen oder wir müssen »Gleichrichter« verwenden. Für den Galvanotechniker kommen heute nur die Kupferoxydul- und die Selengleichrichter, die sogenannten »Trockengleichrichter«, in Betracht, weil man sie leicht für die niederen Spannungen bauen kann, mit denen er an seinen Bädern arbeitet.

Bei den Kupferoxydulgleichrichtern tragen Platten aus Kupferblech eine dünne Schicht von Kupfer(I)oxyd oder »Kupferoxydul«, die nach außen in Kupfer(II)oxyd übergeht. Schließt man nun den + Pol einer Gleichstromquelle mit einer Klemmenspannung von höchstens etwa 3 Volt an das »Mutterkupfer« und den — Pol an den Oxydbelag einer Platte, dann erweist sie sich als ein ziemlich schlechter Leiter, so daß in der Richtung Kupfer—Kupferoxyd nur ein schwacher »Rückstrom« fließt. Hingegen ist sie ein sehr guter Leiter für einen Strom, der seinen Weg in der »Durchlaßrichtung« nimmt, nämlich vom Oxyd zum Kupfer. Der Sitz dieser eigentümlichen »Sperrwirkung« ist eine ungefähr ein Zehntausendstel Millimeter dicke »Sperrschicht« im Oxydul, unmittelbar am Metall; wie bemerkt, ist sie einer dauernden Belastung mit etwa 3 Volt und einer kurzen mit beiläufig 4 Volt gewachsen. Bei den Selengleichrichtern sind vernickelte Eisenplatten mit einem Überzug von grauem Selen versehen, auf dem sich eine Decke aus einer weichen Metallegierung befindet. Die Durchlaßrichtung weist vom Eisen zur Legierung, die Sperrwirkung ist mehr als die doppelte der einer Oxydulplatte, die Sperrschicht liegt an der Grenze zwischen dem Selen und der Legierung.

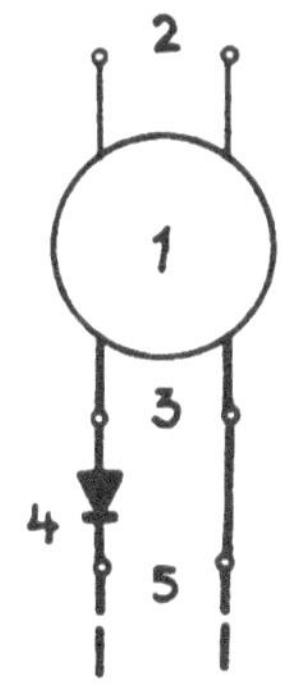

Abb. 24. Schema eines »Einweg«-Gleichrichtergerätes. 1 Transformator, 2 Klemmen der Oberspannungswicklung zu deren Anschluß an das Netz, 3 Klemmen der Unterspannungswicklung, 4 Gleichrichter; der Strom kann nur in der Richtung fließen, welche die Pfeilspitze weist. 5 Klemmen zum Anschluß des Bades.

Was geschieht nun, wenn man die Klemmen der Unterspannungswicklung eines Transformators durch eine solche Richtplatte und ein Bad verbindet? Selbstverständlich dürfen die Scheitelwerte der Wechselspannung nur so groß sein, daß sie die Platte aushält. Wäre sie nicht vorhanden, sondern bloß der Widerstand des Bades, dann würde die Stromstärke zwischen den Polwechseln im Sinne der Schaulinie in Abb. 25 steigen und fallen. So aber gehen durch den Leitungskreis nur in der Durchlaßrichtung der Platte Stromstöße, deren Stärke anschwillt und sinkt, ungefähr[1]) wie es der untere Teil der Abb. 26 zeigt. Eine solche »Einweg«-Anordnung unterdrückt also die Hälfte der Wechselstromwelle. Um sie vollständig auszunützen, greift man z. B. zur Grätz-Schaltung (Abb. 27); sie liefert uns einen gleichgerichteten Strom, dessen

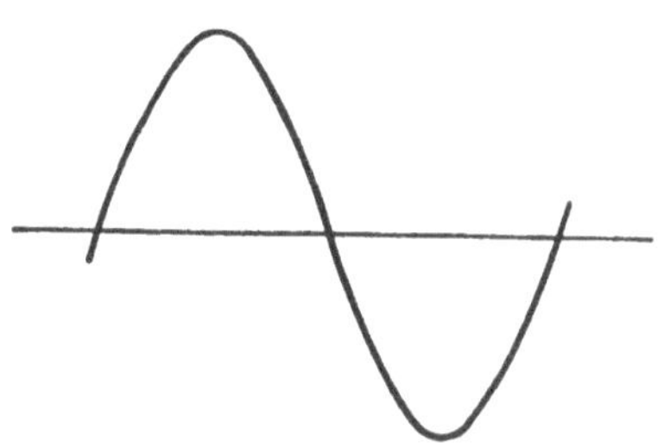

Abb. 25. Die Wellenlinie beschreibt in der bekannten Art das An- und Abschwellen der Stromstärke zwischen den Polwechseln.

[1]) Einen mit dem Gebiet vertrauten Leser bitte ich, daß Wort »ungefähr« beachten und würdigen zu wollen. Er wird es wohl auch begreifen, daß ich, der leichten Verständlichkeit halber, auf die Darstellung des Verlaufes des Rückstromstoßes verzichtet und die rhythmische Änderung der Stärke der gleichgerichteten Ströme in den Abb. 26 und 28 durch Sinuslinien angedeutet habe, eben bloß »ungefähr«.

»Pulsieren« — wiederum bloß ungefähr — Abb. 28 erläutert, und mit dem man bei den meisten galvanotechnischen Arbeiten recht gut auskommt. Das Auf- und Abwogen seiner Stärke stört allerdings bei Chrom- und bei Cadmiumbädern, zu deren Betrieb man deshalb Apparate verwenden mag, die an ein Drehstromnetz angeschlossen

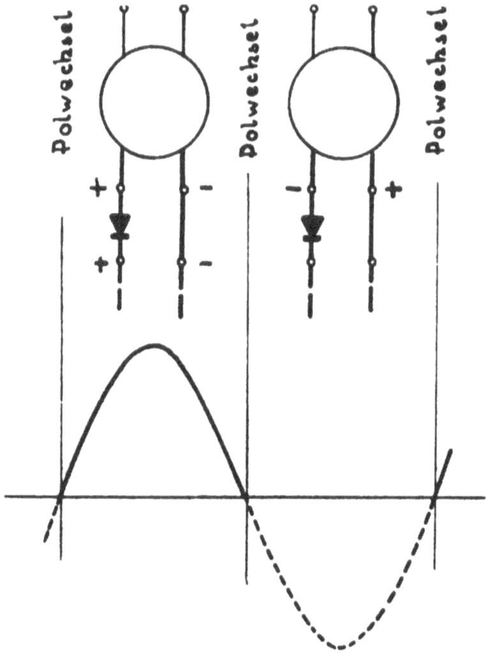

Abb. 26. Der vom Einweg-Gleichrichter »unterdrückte« Teil der »Wechselstromwelle« ist strichliert gezeichnet.

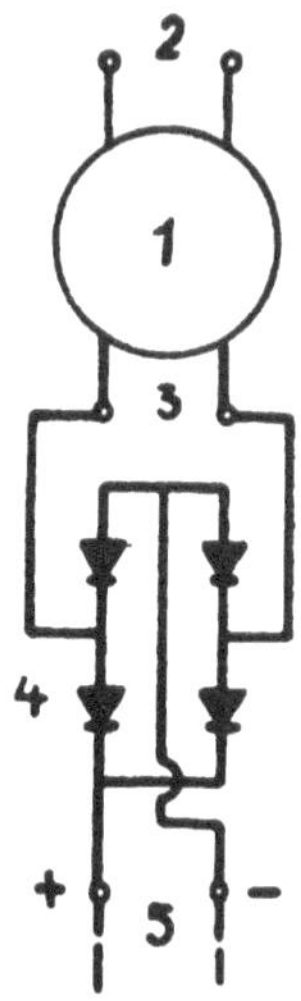

Abb. 27. Bedeutung der Ziffern die gleiche wie in Abb. 24.

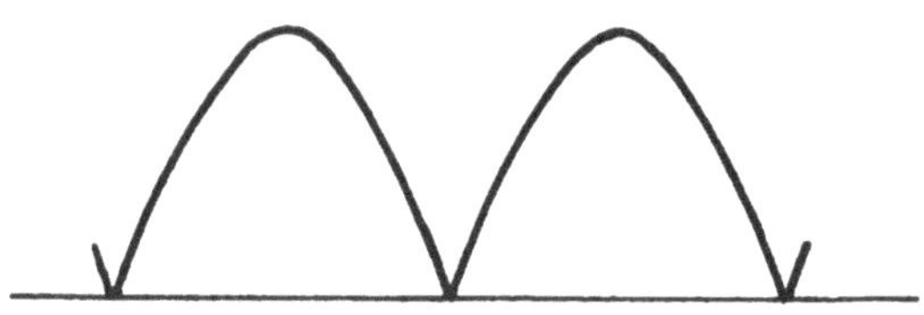

Abb. 28.

und deren Richtplatten im Sinne der Abb. 29 geschaltet sind. Der Nutzstrom schwankt, dank dem Zusammenwirken der gleichgerichteten Ströme der drei »Phasen« (S. 49) nur mehr ziemlich wenig um einen Mittelwert.

Die in der passenden Art geschalteten Sätze von Richtplatten bringt man bei Trockengleichrichtern für kleine und mittlere Stromleistungen, zusammen mit ihrem Transformator in Blechgehäusen unter (Abb. 30), durch die man, wenn nötig, einen kühlenden Luftstrom saugt. Bei Großgeräten stellt man jedoch die eigentlichen Gleichrichter in ihren Schränken und die Transformatoren, wie es Abb. 31 zeigt, gesondert auf. Die Spannung an den Klemmen größerer Apparate, etwa solcher zum Betrieb von Chrombädern, regelt man, indem man die Länge der Niederspannungswicklung des Transformators mit einer Schalteinrichtung ändert. Solchermaßen ist es mit einer Anordnung, wie sie die »Elin« A.G. für elektrische Industrie in Wien ausführt, möglich, rasch und sicher vierundsechzig Spannungsstufen einzustellen.

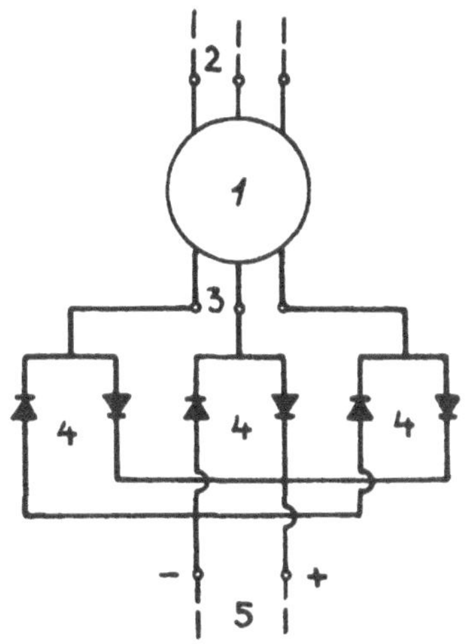

Abb. 29. Grätz-Schaltung eines Dreiphasen - Gleichrichtergerätes. Bedeutung der Ziffern die gleiche wie in Abb. 24.

Der »Wirkungsgrad« (vgl. S. 238) eines guten Trockengleichrichters ist

Abb. 30.

Abb. 31.

Abb. 30. Galvanotechnisches Kleingleichrichtergerät der »Elin« A.-G. für elektr. Industrie, Wien. Oben der Transformator, darunter die aus ringförmigen Richtplatten, Zwischenstücken und Kühlblechen gebildeten »Gleichrichterpatronen«.

Abb. 31. Galvanotechnischer Großgleichrichter für 5000 A bei 6 V Klemmenspannung. Links die eigentlichen Gleichrichter in ihren Blechschränken, auf denen man die Schornsteine der Kühlventilatoren sieht, rechts der Regeltransformator.

bei allen ihm angemessenen Belastungen um 0,8, also höher als der eines Aggregates. Diesen darf man, auch wenn der Generator und der Motor gut zusammenpassen, höchstens zu 0,67 annehmen. Bei einer Kostenrechnung nehme man ihn, um sicher zu gehen, zu 0,5 an.

Was die Leitungen anbelangt, welche die Stromquellen mit den Bädern verbinden, verwendet man zur Herstellung der fest verlegten Teile blankes, von passenden Porzellanisolatoren getragenes Rund- oder Flachkupfer solchen Querschnittes, daß auch bei der höchsten Belastung nicht mehr als ungefähr 1 Ampere auf 1 mm² kommt. Wohl zu beachten ist, daß alle Verbindungen zur Vermeidung von »Übergangswiderständen« recht sorgsam ausgeführt werden (Abb. 32 u. 33);

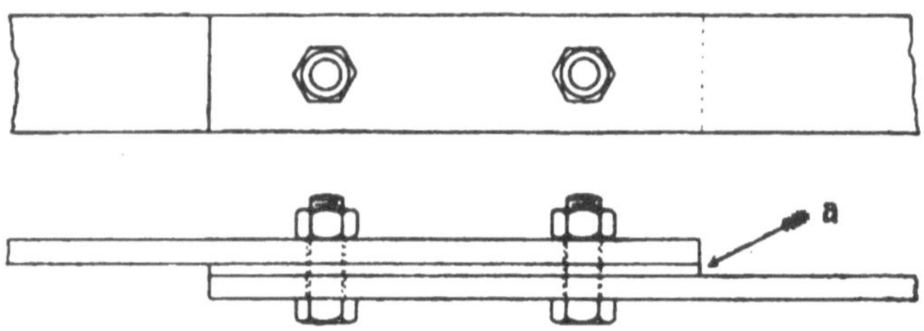

Abb. 32. Verbindung flacher Leitungsschienen durch Verschraubung. a zwischengelegter Bleistreifen.

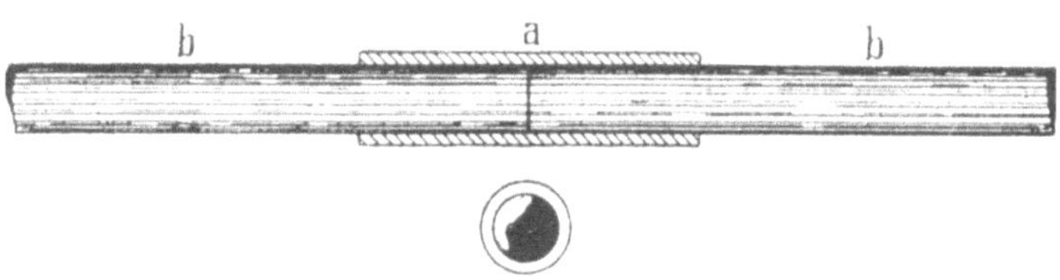

Abb. 33. Verbindung runder Schienen durch übergelötete Hülsen. a Hülse, b Stäbe.

die Verwendung von Schraubenklemmen ist im allgemeinen nicht zu empfehlen. Zum Anschluß der Bäder und der Stromquellen an die fest verlegten Leitungsstücke dienen biegsame Kabel, deren Enden in Kabelschuhe mit Ösen eingelötet sind. Meist genügt es, den Querschnitt dieser Kabel so anzunehmen, daß bei der Höchstbelastung nicht mehr als 2 Ampere auf 1 mm² kommen. Hält man sich an diese Faustregeln für die Bemessung der Querschnitte unserer Leitungen, dann übersteigt der Spannungsabfall in ihnen (vgl. S. 34) nirgends das zulässige Maß. Wir wollen uns übrigens an einem Beispiel klar machen, wie man bei einer Leitung rechnet, die mehrere Bäder mit einer gemeinschaftlichen Stromquelle verbindet.

Beispiel.

In einer Werkstätte speist, so wie es Abb. 34a weist, eine Stromquelle I vier Bäder II, III, IV und V, von denen II und III bei vollem Behang Ströme von je 30 A Stärke brauchen, IV und V jedoch Ströme von 60 A Stärke. Aus der Abbildung ersehen wir auch die Belastung der einzelnen Leitungsteile bei Vollbetrieb. Die Abmessungen der Hauptleitung, sowie der Anschlußleitungen 1—I, 2—II, 3—III, 4—IV, 5—V zeigt Abb. 34b, in der ebenfalls die zusammengehörigen Hin- und Rückleitungen durch bloß einen Strich dargestellt sind. Man darf es daher nicht übersehen, bei der nun folgenden Rechnung das Doppelte der

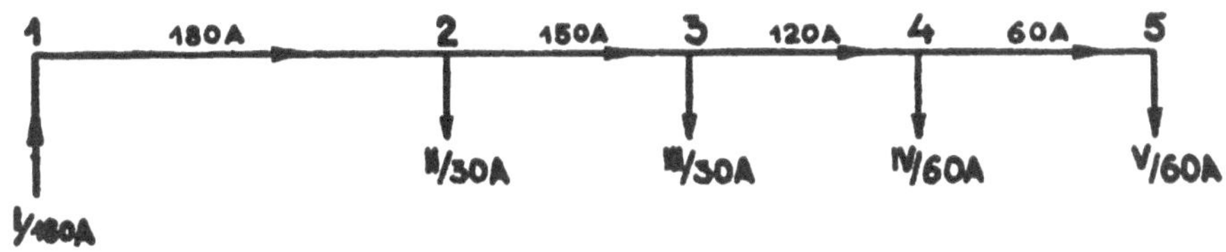

Abb. 34a.

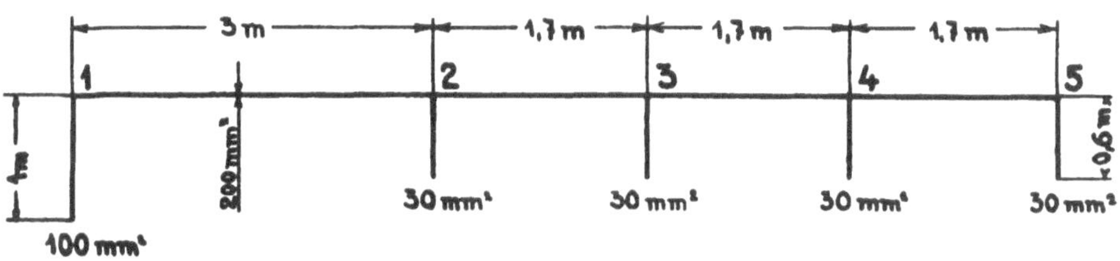

Abb. 34b.

angegebenen Längen in Metern einzusetzen. Wenn wir den spezifischen Widerstand des Leitungskupfers (vgl. S. 35) zu 0,0175 O annehmen, ist also laut Formel 5), S. 35:

Der Widerstand 1—2 . . . . . $\frac{0{,}0175\ \text{O}}{200} \times 6 = 0{,}000525\ \text{O}$

" " 2—3, 3—4, 4—5 . . . . $\frac{0{,}0175\ \text{O}}{200} \times 3{,}4 = 0{,}000298\ \text{O}$

" " 1—I . . . . $\frac{0{,}0175\ \text{O}}{100} \times 2 = 0{,}00035\ \text{O}$

" " 2—II, 3—III, 4—IV, 5—V . . . . $\frac{0{,}0175\ \text{O}}{30} \times 1{,}2 = 0{,}0007\ \text{O}$

Daher ist laut der Formel 3), S. 33:

Der Spannungsabfall	1—2:	0,000525 O × 180 A =	rund 0,095 V
,, ,,	2—3:	0,000298 O × 150 A =	,, 0,045 V
,, ,,	3—4:	0,000298 O × 120 A =	,, 0,036 V
,, ,,	4—5:	0,000298 O × 60 A =	,, 0,018 V
,, ,,	1—I:	0,00035 O × 180 A =	,, 0,063 V
,, ,,	2—II, 3—III:	0,0007 O × 30 A =	,, 0,021 V
,, ,,	4—IV, 5—V:	0,0007 O × 60 A =	,, 0,042 V

Somit ist z. B. der Spannungsabfall I—1—2—II von der Stromquelle bis zum Bad II:

0,063 V + 0,095 V + 0,021 V = rund 0,18 V

und der Spannungsabfall I—1—2—3—4—5—V von der Stromquelle bis zum letzten Bad V:

0,063 V + 0,095 V + 0,045 V + 0,036 V
0,018 V + 0,042 V = rund 0,3 V.

Zur elektrischen Ausrüstung des Galvanotechnikers gehören weiter Meßinstrumente zur Bestimmung von Spannungen und Stromstärken — Voltmeter und Amperemeter — sowie die Badstromregler. Es sind dies Widerstandsapparate, mit denen wir die Spannung an den Badklemmen bei verschiedenen Stromstärken abgleichen können und mit denen wir uns eingehender befassen müssen, ebenso wie mit den soeben erwähnten Meßinstrumenten. Bevor wir aber dies tun, wollen wir vor-

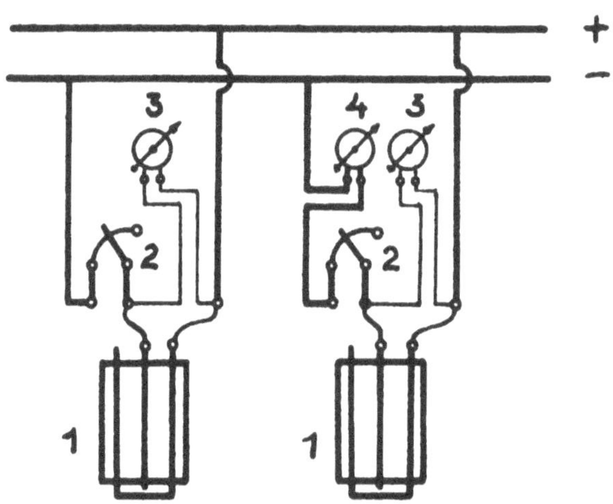

Abb. 35. 1 Bäder, 2 Badstromregler, 3 Voltmeter, 4 Amperemeter.

erst die Schaltung galvanotechnischer Anlagen mit allem ihrem Zubehör besprechen.

Wir merken uns die folgenden Regeln:

Wenn eine gemeinschaftliche Stromquelle mehrere Bäder speist, muß jedes von ihnen mit einem Badstromregler und zumindesten einem Voltmeter versehen sein (Abb. 35); besser ist es, bei jedem Bad auch ein passendes Amperemeter anzubringen. Unbedingt notwendig ist ein Amperemeter dann, wenn man, wie beim Versilbern von Löffeln, für ein bestimmtes Gewicht oder, wie bei der Herstellung besonders solider Vernickelungen, für eine bestimmte durchschnittliche Dicke des Niederschlages Gewähr leisten muß.

Sind in einer Werkstätte mehrere Bäder oder Badgeräte mit Klemmenspannungen zu betreiben, die nach den Begriffen des Galvanotechnikers weit auseinanderliegen, dann tut man gut daran, Bädergruppen zu bilden und jeder von ihnen eine besondere für sie passende Stromquelle zu geben. Nehmen wir z. B. an, es seien zwei ruhende Nickelbäder, ein ruhendes Kupferbad und ein ruhendes Messingbad mit einem ungefähren Strombedarf von 30 Ampere je Bad vorhanden und ferner 4 Faßapparate (vgl. S. 76) mit einem Strombedarf von 60 A je Apparat. Dann wird man eine Gruppe »ruhende Bäder« bilden, mit einer Stromquelle, die bei einer Klemmenspannung von 4 V einen Strom von 150 A Stärke liefern kann und eine Gruppe »Massengalvanisiermaschinen« mit einer Stromquelle, der man bei 10 V Klemmenspannung einen Strom von 300 A Stärke entnehmen mag.

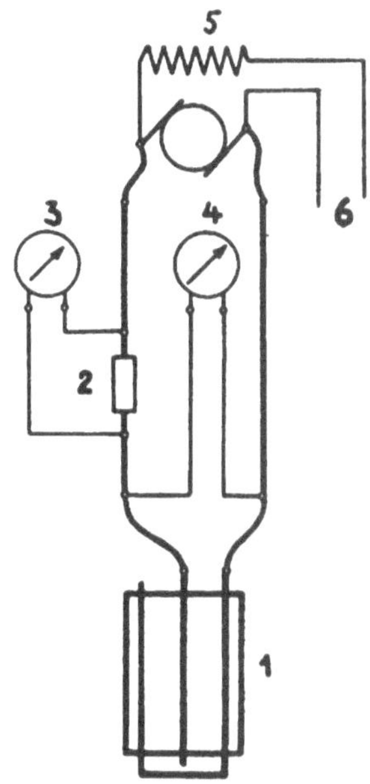

Abb. 36. 1 Bad, 2 »Nebenschluß« des Amperemeters 3, ferner 4 Voltmeter, 5 Magnetwicklung der Dynamo, 6 zum Nebenschlußregler.

Nur einigermaßen größere Chrombäder, und ebenso Ring- und Wanderbäder (vgl. S. 77) für Hochleistungen, stattet man, wenn irgend möglich, stets mit einer besonderen Stromquelle aus. Bei dieser Anordnung (Abb. 36), bei der also die richtig gewählte Stromquelle nur ein einziges Bad zu speisen hat, entfällt der Badstromregler, da man ja die Spannung an den Klemmen des Bades durch Abgleichen der Klemmenspannung der Stromquelle einstellen kann. Bei einer Dynamomaschine geschieht es mit Hilfe des Nebenschlußreglers (vgl. S. 47), bei einem Trockengleichrichter in der auf S. 61 erläuterten Art.

Und nun wenden wir uns zu den Badstromreglern, Widerstandsapparaten, ähnlich denen, die wir schon bei der Besprechung der Nebenschlußregler von Dynamomaschinen und der Anlasser von Elektromotoren kennengelernt haben.

Nehmen wir z. B. an, ein Silberbad, dessen Strombedarf von 2 bis 20 Ampere beträgt, und zwar bei einer Spannung von etwa 0,8 V an den Badklemmen, soll an eine Leitung angeschlossen werden, in der die Spannung an der Anschlußstelle des Bades ungefähr 3,8 V ist. Man muß dann vor das Bad einen Badstromregler legen, in dem ein Spannungsabfall von:

3 V	=	3,8 V	—	0,8 V,
		Spannung an der Anschlußstelle des Bades		Klemmenspannung des Bades

stattfindet und zwar bei Stromstärken von 2 bis 20 A. Sein Widerstand muß laut der Formel 2) S. 33, somit

$$\text{von } \frac{3{,}0 \text{ V}}{2 \text{ A}} = 1{,}5\ \text{O}$$

$$\text{bis } \frac{3{,}0 \text{ V}}{20 \text{ A}} = 0{,}15\ \text{O}$$

verstellbar sein[1]). Es gibt nun drei Arten von Badstromreglern. Die der ersten Art sind die sogenannten »Gleitdraht-Widerstände«, deren Wirkungsweise das Schema der Abb. 37 erläutert. Dadurch, daß wir den Gleitkontakt verschieben, schalten wir einen größeren oder kleineren Teil der auf einen isolierenden Kern gewickelten Drahtspirale in den Stromkreis ein und verändern so den Widerstand des Apparates. Richtig gebaute Gleitdraht-Widerstände gestatten eine sehr genaue Einstellung der gewünschten Stromstärke, die jedoch nicht allzu hoch sein darf.

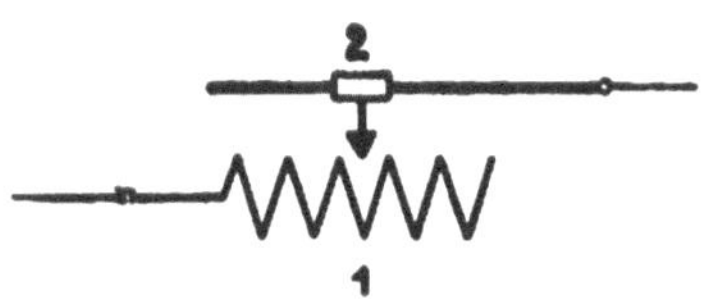

Abb. 37. Das auf einer den Strom leitenden Führung verschiebbare Kontaktstück 2 gleitet auf der Widerstandsspirale 1.

---

[1]) Die in dem Badstromregler zum Beispiel in einem Arbeitstag zu 8 Std. in Wärme umgesetzte elektrische Arbeit ist (vgl. S. 238):

$$3 \text{ V} \times 2 \text{ A} \times 8 \text{ Std.} = 48 \text{ WStd.}$$

bis:

$$3 \text{ V} \times 20 \text{ A} \times 8 \text{ Std.} = 480 \text{ WStd.}$$

gleich rund 41,2 bis 412,3 Kalorien.

Sie eignen sich daher insbesondere für Edelmetallbäder mit einem Strombedarf von höchstens etwa 20 A. Bei der zweiten Art von Badstromreglern sind, wie es das Schema der Abb. 38 zeigt, Kontaktstellen durch Drahtspiralen miteinander verbunden. Je weiter wir den Kontakthebel nach links drehen, desto kürzer ist der Weg des Stromes durch Drahtspiralen, desto weniger Widerstand findet er auf diesem Weg. Die Veränderung des im Stromkreis liegenden Widerstandes geschieht bei solchen Apparaten offenbar in Sprüngen; je größer die Zahl der durch Drahtspiralen verbundenen Kontaktstellen, das heißt, je »feinstufiger« ein Gerät ist, desto kleiner sind diese Sprünge, desto genauer kann man eine bestimmte Stromstärke einstellen. Wie ein Badstromregler der dritten Art eingerichtet ist, ersehen wir schließlich aus der Abb. 39. Regler dieser Bauart verwendet man bei Bädern, die hohe Stromstärken zu ihrem Betrieb brauchen, sofern man ihnen nicht eine eigene Stromquelle zuweist (S. 65). Je weiter wir das Kontaktstück mittels des Griffes nach links drehen, desto mehr Wege öffnen wir dem Strom, desto mehr verringern wir also den im Regler eingeschalteten Widerstand durch Vergrößerung des gesamten Querschnittes der leitenden Verbindung zwischen der oberen Schiene und dem Kontaktstück.

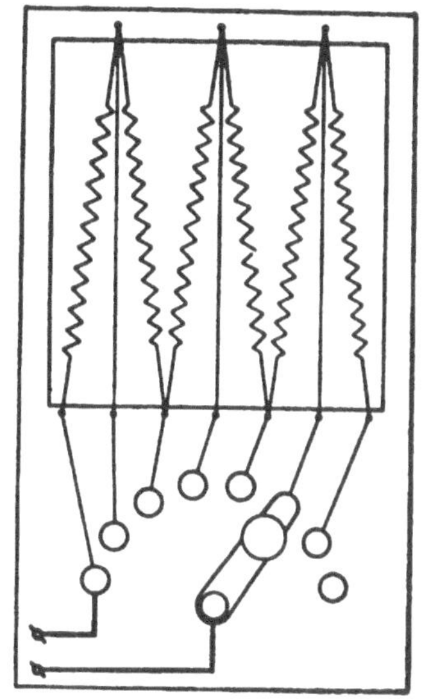

Abb. 38.

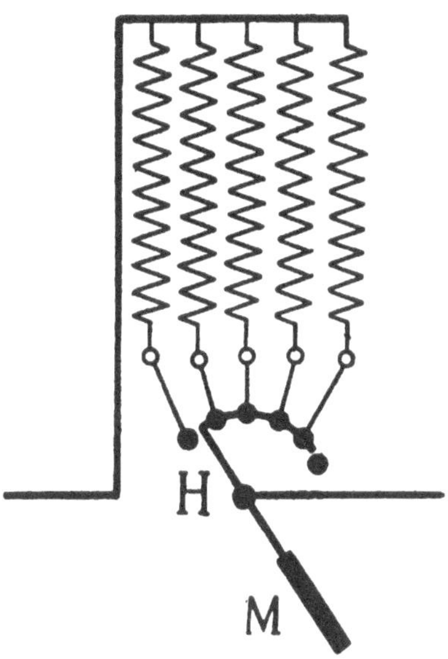

Abb. 39.

Von den Meßinstrumenten, deren sich der Galvanotechniker bedient, wollen wir zunächst die Spannungszeiger oder Voltmeter und die Strommesser oder Amperemeter besprechen.

Unter den Voltmetern, die für uns in Betracht kommen, unterscheiden wir zwei Arten, nämlich elektromagnetische und Drehspulenapparate. Abb. 40 erläutert uns zunächst die Einrichtung eines ganz einfachen elektromagnetischen Instrumentes. Wird die Spule a von Strom durchflossen, so zieht sie den Eisenanker b gegen ihre Wand, und zwar um so weiter, je stärker

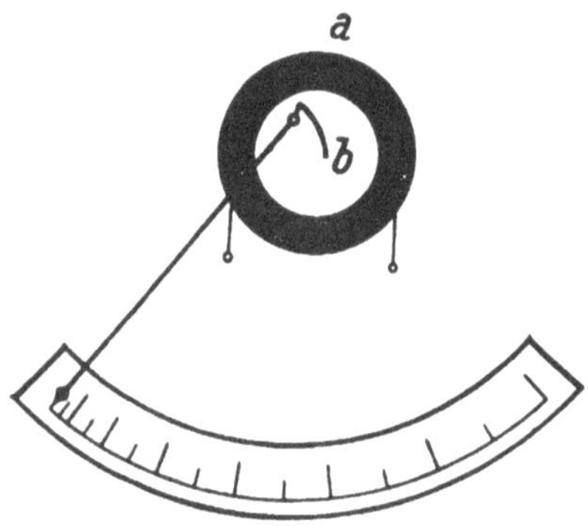

Abb. 40.

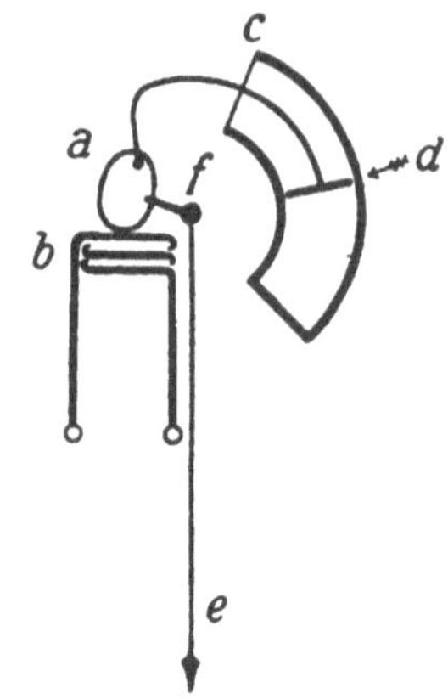

Abb. 41.

der Strom in der Bewicklung der Spule, das heißt je höher die Spannung an ihren Anschlußklemmen ist. Die Einteilung der Skala wird durch praktische Versuche ermittelt und ist eine ungleichförmige; an ihrem Ende liegen die Teilstriche weiter auseinander, als in der Mitte und am Beginn, wo sie am engsten beisammenstehen. Ein Voltmeter solcher Art leidet aber an dem Übelstande, daß es nicht »gedämpft« ist, das heißt, der Zeiger stellt sich nicht sofort ruhig auf Punkt ein, sondern pendelt eine Weile hin und her. Dies wird z. B. bei einem Voltmeter nach Siemens & Halske vermieden, dessen Einrichtung Abb. 41 weist. Die Spule b hat einen Spalt, in den das Eisenblech a um so mehr eintaucht, je stärker der Strom in der Spule, also wiederum die Spannung zwischen ihren Anschlußklemmen ist und der Zeiger e kommt rasch zur Ruhe, weil bei seiner Bewegung sich das Stück d in dem gebogenen, unten geschlossenen Rohre c mitbewegen muß, wobei es einen beträchtlichen Luftwiderstand findet. Jedoch auch dieses Instrument ist noch ziemlich wenig empfindlich und verbraucht unter Umständen zuviel Strom. Wir dürfen ja nicht vergessen, daß wir bei der Messung der Spannung zwischen zwei Punkten eines

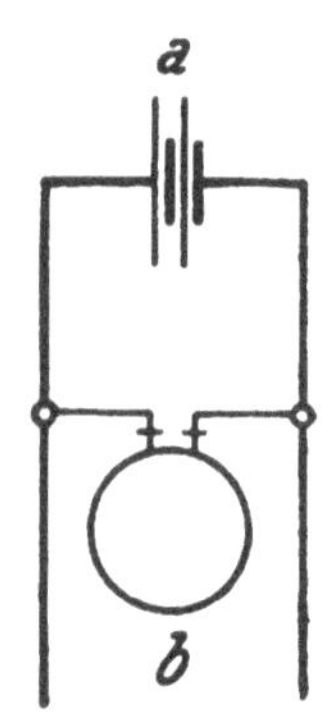

Abb. 42. Anschluß des Voltmeters b zur Messung der Spannung der Stromquelle a.

Leitungskreises (Abb. 42) dem Strome einen neuen Weg durch das Meßgerät öffnen, den er früher nicht hatte; wenn dies nicht zu einer Änderung der ganzen Verhältnisse und zu groben Irrtümern führen soll, darf der Teil des Stromes, den das Voltmeter selbst »verbraucht«, nur ein verschwindend geringer Anteil des ganzen in Betracht kommenden Stromes sein. Diese Erwägungen haben zur Schaffung der »Drehspulen«-Instrumente geführt, deren Bau uns die Abb. 43 zeigt. Der Strom führende Teil, die Spule b, ist zwischen den Polen eines starken Stahlmagneten drehbar gelagert. Die Zuleitung des Stromes zu ihr vermitteln die Spiralfedern c, welche die Spule auch in die Ruhelage zurückzudrehen streben, aus der sie durch das Zusammenwirken der Kraftlinien abgelenkt wird, die einerseits von dem Stahlmagneten und anderseits von der von Strom durchflossenen Drehspule ausgehen.

Abb. 43. Drehspuleninstrument. Links die Enden des Stahlmagneten, a feststehender eiserner Kern, b die Drehspule, c Spiralfedern.

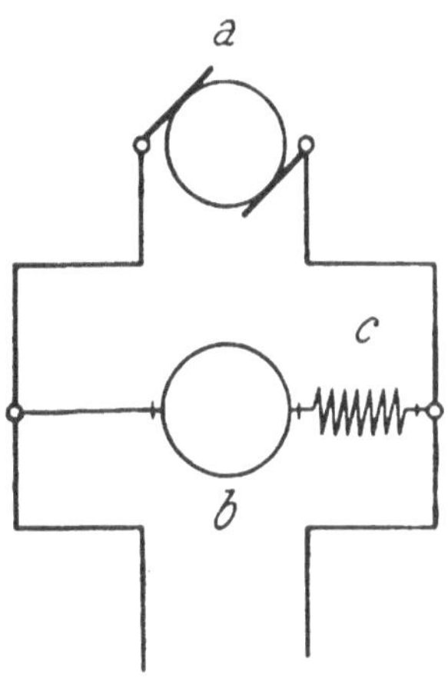

Abb. 44. Anschluß des Voltmeters b mit Vorschaltwiderstand c zur Messung der Spannung der Stromquelle a.

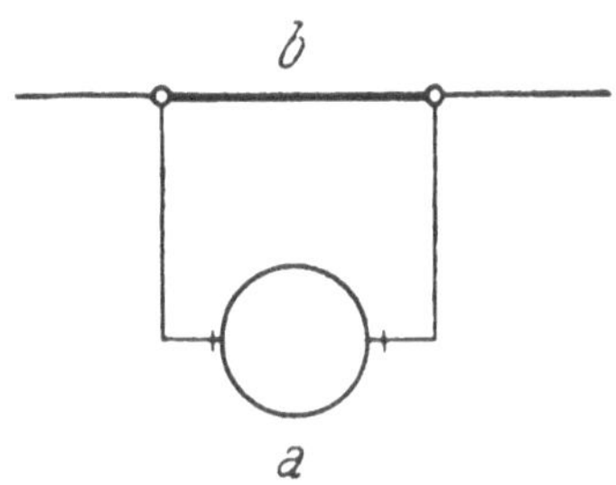

Abb. 45. a Amperemeter, b dessen »Nebenschluß«.

Diese Ablenkung ist um so größer, je stärker der Strom in der Drehspule, das heißt je höher die Spannung zwischen den Klemmen des Voltmeters ist. Die Instrumente sind sehr empfindlich und außerdem ist ihre Skala eine gleichförmige, die Entfernung aller Teilstriche voneinander dieselbe. Den »Meßbereich« von Voltmetern erweitert man mit Hilfe von sogenannten »Vorschaltwiderständen«. Nehmen wir z. B. an, die Skala eines Drehspuleninstrumentes reiche bis 5 Volt, habe 50 Teile, so daß also jeder von ihnen 0,1 Volt bedeutet, und der eigene Widerstand des Apparates sei W. Geben wir ihm nun einen Vorschaltwiderstand von der Größe 4 W, so ist (Abb. 44) der gesamte Widerstand der Meßanordnung jetzt 5 W, das heißt jeder Teil der Skala

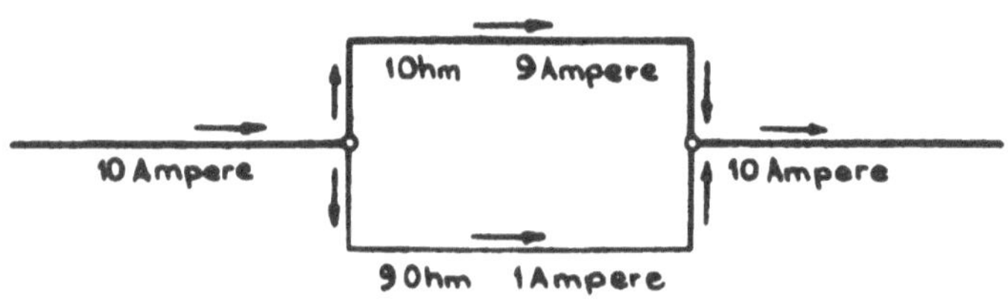

Abb. 46.

entspricht jetzt 0,1 Volt $\times$ 5 = 0,5 Volt und ihr Ende nicht mehr 5 Volt, sondern 5 Volt $\times$ 5 = 25 Volt.

Auch bei den Amperemetern, mit denen wir uns befassen, unterscheiden wir elektromagnetische und Drehspulenapparate.

Läßt man den gesamten zu messenden Strom durch das Instrument gehen, so müssen selbstverständlich dessen Teile der ihnen zugemuteten Belastung entsprechend stark sein. Die Magnetspule eines elektromagnetischen Amperemeters wird also mit einem Drahte solchen Durchmessers bewickelt, daß die ihn durchfließenden Ströme ihn nicht zu stark erwärmen, ja bei solchen Amperemetern für größere Stromstärken mag die Bewicklung der Spule aus nur ganz wenigen Windungen dicken Kupferdrahtes oder Bandes bestehen. Daß Drehspuleninstrumente also unmittelbar nur zur Messung ganz geringer Stromstärken verwendet werden können, leuchtet wohl ein. Man kann jedoch ihre Meßbereiche, und innerhalb gewisser Grenzen auch die Meßbereiche elektromagnetischer Amperemeter, wiederum leicht erweitern, indem man sie mit »Nebenschlüssen« versieht, das heißt nur einen bestimmten, dem Bau des Instruments zusagenden Teil des zu messenden Stromes durch das Ampermeter gehen läßt, während der andere Teil seinen Weg durch den Nebenschluß[1]) nimmt (Abb. 45). Gabelt sich nämlich der Weg

[1]) Das englische Fremdwort »shunt« sollen wir Deutsche nicht gebrauchen.

eines Stromes (Abb. 46), so stehen die Stärken der in den Leitungszweigen fließenden Ströme im umgekehrten Verhältnisse wie die Widerstände der Leitungszweige. Ist daher der Widerstand eines Amperemeters etwa neunmal größer als der Widerstand seines Nebenschlusses, so gehen durch diesen Nebenschluß 0,9 des zu messenden Stromes, während durch den eigentlichen Meßapparat bloß 0,1 fließt. Was man dann auf dessen Skala abliest, ist ja allerdings die Stärke dieses Zweigstromes. Wir brauchen sie aber nur mit 10 zu multiplizieren, um die Stärke des gesamten zu messenden Stromes zu wissen. Zur Herstellung der

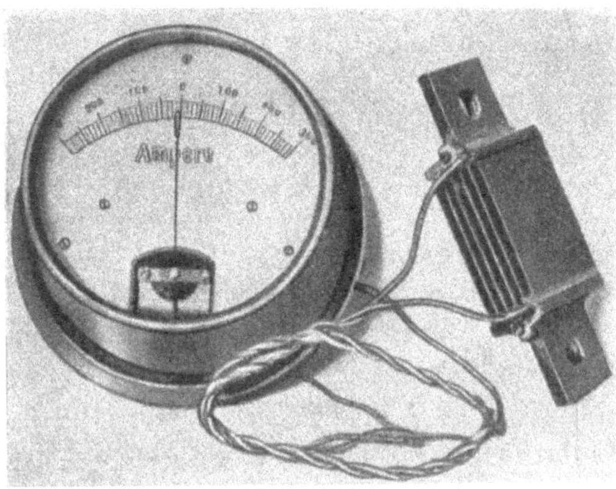

Abb. 47. Schalttafel-Drehspulenamperemeter; rechts liegt sein »Nebenschluß«.

Nebenschlüsse für Amperemeter dienen Bänder oder Streifen aus Metalllegierungen, deren Widerstand möglichst unabhängig von ihrer Temperatur ist, und zwar verwendet man bei Nebenschlüssen für hohe Stromstärken Bündel nebeneinander geschalteter Streifen oder Bänder solcher Art (Abb. 47). Die Nebenschlüsse können in das Gehäuse des eigentlichen Meßinstrumentes eingebaut werden oder, getrennt von ihm, in die Leitung gelegt werden.

Hier müssen wir aber auch noch einige Worte über die Messung der Stärke von Strömen aus Gleichrichtern sagen, deren Verlauf uns z. B. Abb. 28 erläutert.

Es ist von vornherein klar, daß weder bei einem elektromagnetischen, noch bei einem Drehspulenamperemeter der bewegliche Teil dem raschen Auf- und Abwogen der Stärke des Stromes folgen kann, der das Instrument gerade durchfließt. Der Zeiger stellt sich vielmehr, leise zitternd, auf einen Wert ein, der geringer ist als die größte Stärke, die der Strom bei seinem regelmäßigen An- und Abschwellen erreicht. Welche Bedeutung dieser Einstellung für uns zukommt, ermittelt man nun durch einen Versuch, der uns aufzeigt, welche Stärke ein gewöhnlicher Gleichstrom haben müßte, um — etwa aus einem galvanoplastischen Kupferbade — in der gleichen Zeit dieselbe Metallmenge abzuscheiden wie unser »Wellenstrom«. Mit der Stärke dieses gewöhnlichen Gleichstromes bezeichnet man den Punkt des Zifferblattes unseres Apparates, auf den sich sein Zeiger eingestellt hat. Solchermaßen führt man noch eine Reihe weiterer Eichversuche durch und teilt schließlich die Skala ein, die aber dann — wohlgemerkt — nur für Wellenströme ganz richtig ist, die ebenso oft und in gleicher Art je Sekunde ab- und zunehmen, wie derjenige, für den wir geeicht haben.

Abb. 49.

Das soeben Gesagte gilt selbstverständlich auch von einem Voltmeter, das zum Gebrauche bei einem Gleichrichter besonders geeicht ist[1]). Nun wollen wir schließlich noch Geräte besprechen, die oft sehr nützlich sind, nämlich die »Gewichtszähler« und die »Bäderuhren«.

Eine Bäderuhr (Abb. 49) ist so eingerichtet, daß sie es uns durch Klingeln oder durch ein Lichtsignal anzeigt, wenn eine bestimmte Zeit seit dem Einbringen der Ware in ein Bad verflossen ist. Die Abb. 49 zeigt uns z. B. eine Bäderuhr für den Bereich von 60 Minuten. Sollen Gegenstände beim Glanzverchromen 4 Minuten im Bad verbleiben, dann rückt man den Zeiger nach dem Einhängen der Stücke auf 4; er geht über 3, 2 und 1 in die Ruhestellung zurück. Wenn er in der Ruhestellung bei 60 angelangt ist, ertönt die Klingel unter der Uhr. Eine solche Bäderuhr für eine ausreichende Zeitspanne leistet uns auch bei einem Silberbad gute Dienste. Wollen wir eine bestimmte Gewichtsmenge Silber niederschlagen, so müssen wir dem Bad die entsprechende Anzahl Amperestunden zuführen (S. 37 und 235). Wir brauchen also außer dem Amperemeter einen Zeitweiser. Bequemer machen wir uns es aber, wenn wir gleich einen Amperestundenzähler in den Stromkreis einschalten, etwa einen sogenannten »Stia-Zähler«. Einrichtung und Wirkungsweise

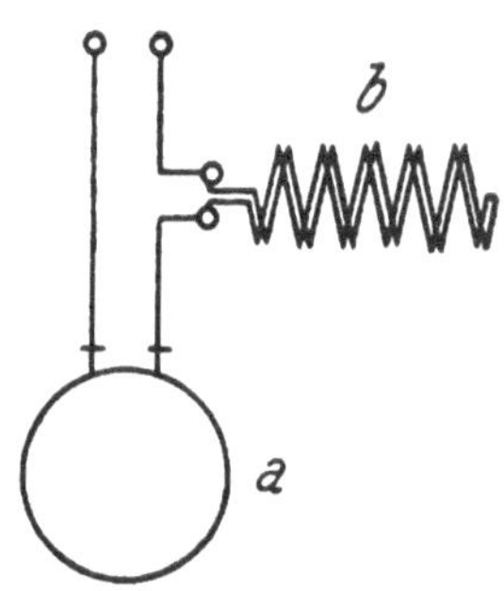

Abb. 48. a Voltmeter, b »bifilar« gewickelter Vorschaltwiderstand.

[1]) Vorschaltwiderstände für die Erweiterung des Meßbereiches von Voltmetern für Messungen solcher Art pflegt man »bifilar« zu wickeln (Abb. 48), um sie so frei von »Selbstinduktion« zu machen.

dieser heute so verbreiteten Geräte (Abb. 50) dürfen wir als bekannt annehmen. Naheliegend ist es, dann noch einen Schritt weiterzugehen und neben die Teilstriche der Skala des Zählers gleich hinzuschreiben, welchen Mengen niedergeschlagenen Silbers die bei diesen Teilstrichen vermerkten Amperestunden entsprechen oder auf der Skala für unsere Zwecke überhaupt nur mehr Metallmengen anzugeben. Damit sind wir aber beim »Gewichtszähler« angelangt. Be-

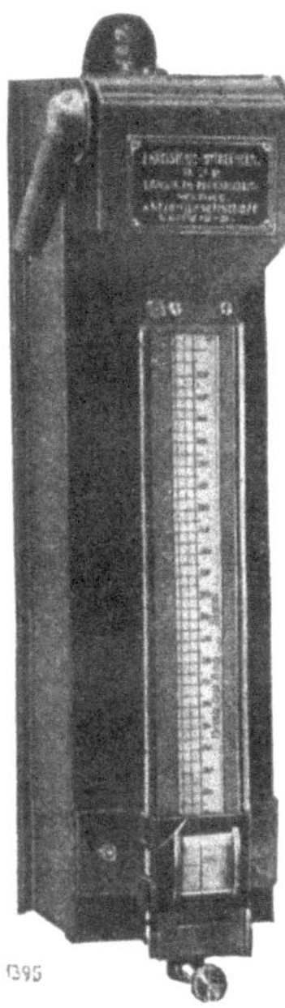

Abb. 50.

Abb. 51.

sonders elegant ist eine Anordnung der Langbein-Pfanhauser-Werke A.-G., Leipzig-Wien, die mit einem »Motorzähler« ausgestattet ist. Er ist (Abb. 51) so eingerichtet, daß man vor Beginn der Arbeit das Gewicht des Silbers einstellen kann, das man auf einem Warenposten abscheiden will, worauf er, wenn diese Metallmenge niedergeschlagen ist, selbsttätig den Strom zum Bade unterbricht. Gleichzeitig ertönt eine Glocke und leuchtet eine Signallampe auf. Außerdem registriert das Instrument noch die gesamte Silbermenge, die während einer bestimmten Zeit, etwa während eines Monates, gefällt worden ist. Diese Angabe, zusammengehalten mit dem Gewichte der Anoden zu Beginn und zu Ende des Monates, sowie den Silbergehalten des Bades zu diesen Zeiten, gibt uns einen vollständigen Überblick, ob denn auch alles mit rechten Dingen zugegangen ist.

Und nun wenden wir uns zu den Gefäßen zur Aufnahme der Bäder. Die einfachsten sind »Wannen«, bei kleineren Bädern wohl auch Schalen oder Töpfe. Auf ihrem Rand liegen die flachen oder runden Stangen, allenfalls Rohre aus Kupfer, Messing, manchmal Aluminium, an welche man die Waren und die ihnen gegenüberstehenden Elektroden hängt. Bei den gewöhnlichen galvanostegischen und galvano-

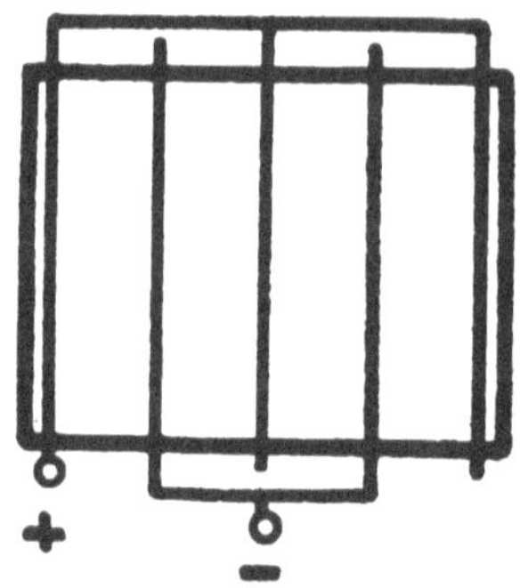

Abb. 52. Dreiteilige Armatur mit 2 miteinander verbundenen Anodenstangen (+) und 1 Warenstange (—).

Abb. 53. Fünfteilige Armatur mit 3 miteinander verbundenen Anodenstangen (+) und 2 miteinander verbundenen Warenstangen.

plastischen Bädern sind es die Anoden. Die Abbildungen 52 bis 55 zeigen verschiedene Anordnungen der »Armatur«; sie muß stets sauber und blank sein, damit an ihr keine Übergangswiderstände auftreten. Zur Verbindung der Stangen miteinander und mit den biegsamen Kabeln zum Anschluß an die Leitung dienen Schraubenklemmen, wie sie bei den Fabriken, welche die galvanotechnischen Betriebe beliefern,

Abb. 54. Armatur mit 1 Waren- und 1 Anodenstange, eine der »Abformungs«-Galvanoplastik geläufige Schaltung. Die Formen kehren den Anoden das »Gesicht« zu.

Abb. 55. Armatur mit 2 miteinander verbundenen Warenstangen (—) und 1 Anodenstange (+). Wiederum eine Schaltung der Galvanoplastik, bei der die Formen den Anoden das »Gesicht« zuwenden.

zu haben sind. Bei Anodenplatten, die nicht schon »Laschen«, das heißt angenietete Blechstreifen zum Anhängen an ihre Stangen haben, besorgt man dies mit Haken aus halbrundem Messing- oder Kupferdraht passender Stärke (Abb. 56). Solche Haken aus halbrundem Draht sichern eine gute Verbindung der Anodenstangen mit den Anoden und gestatten ein öfteres Umhängen der Metallplatten in der Art, daß die früher unten befindliche Kante wieder eine Zeitlang nach oben gekehrt ist und so eine gleichmäßige Abnützung stattfindet. Die Waren werden an Drähten eingehängt, deren Enden man um die Warenstangen zu schlagen pflegt. Bei leichten Gegenständen ist es gut, das Drahtende hakenförmig zu biegen und sattelförmig auf die Stange zu geben; man erhält damit einen besseren Kontakt, als wenn der Draht rund um die Stange gebogen wird und dann bei der geringen Belastung an keiner Stelle fest aufliegt. Die Drähte müssen sauber sein, damit das auch auf ihnen niedergeschlagene Metall festhafte, bei Silber nicht durch Abbröckeln verloren gehe und mit dem Draht Kontakt halte. Drähte, die bei Versilberungsarbeiten dienen, werden übrigens zweimal (oben und unten) gebraucht, dann abgesilbert, ausgeglüht, mit Flachzangen gestreckt und nach der Reinigung durch Abbrennen wieder verwendet. Am besten ist es, Drahtstücke in einigen bestimmten Längen in genügender Anzahl vorrätig zu halten. Bei der Bearbeitung von Gegenständen, die postenweise auszufertigen sind, bedient man sich geeigneter Gestelle zum Einhängen. Besonders fester Verbindungen zwischen der Armatur und den Zuleitungen zu den Waren, sowie den Gegenelektroden durch Flügelmuttern, wie sie z. B. bei Chrombädern nötig sind, werden wir später gedenken, ebenso der bei Chrombädern in Betracht kommenden Warenträger.

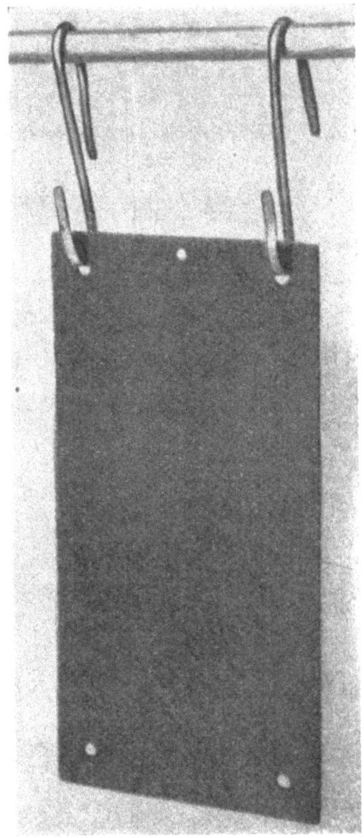

Abb. 56.

Über die Baustoffe für die Badgefäße ist noch folgendes zu sagen. Für nicht erwärmte Nickelbäder, saure Zinkbäder, sowie für cyanalkalische Zink-, Kupfer- und Messingbäder verwendet man entweder die bekannten Wannen aus echtem Steinzeug oder Tröge aus gründlich gedämpftem Lärchenholz. Zur Aufnahme saurer Kupferbäder und erwärmter Nickelbäder dienen mit Bleiblech ausgeschlagene Kästen aus Holz, für Chrom- und Cadmiumbäder geschweißte Eisenwannen, deren Wände und Böden man mit Platten aus Drahtglas abschirmt. Silber- und Goldbäder bringt man in Wannen aus Steinzeug unter oder

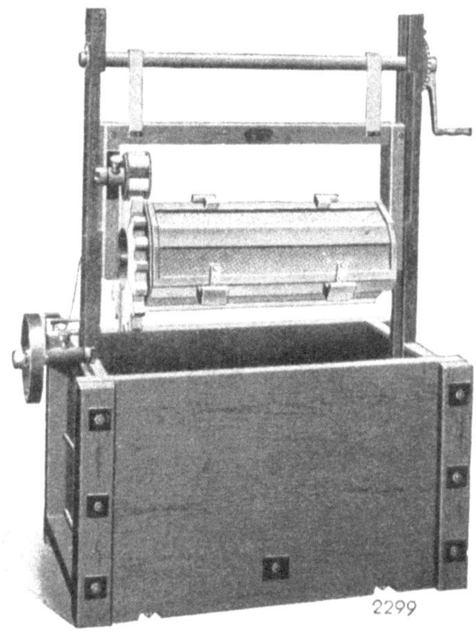

Abb. 57. Trommelapparat.

Abb 58. Faßapparat mit angebautem Elektromotor.

in Eisengefäßen, die mit bestem Geschirremail überzogen sind und schließlich Platinmetallbäder in kleinen Wannen, Töpfen oder Schalen aus Glas, Porzellan oder Steinzeug. Sehr praktisch und gefällig, allerdings teuer, sind Wannen aus mit Hartgummi überkleidetem Eisen. Sie eignen sich fast für alle Bäder, nur nicht für Chrom und für Cadmiumbäder.

Selbstverstandlich trachtete man immer, bei kleinstückigen Massenwaren das zeitraubende »Anfädeln« an Drähte zu umgehen. So brachte man z. B. Knöpfe, Schrauben und ähnliche Gegenstände in flachen Siebkörben, die man an die Warenstangen hing, in die Bäder. Heute verwendet man bei der galvanotechnischen Ausfertigung solcher Güter, wo dies angeht, »Massenapparate«, nämlich »Faßapparate« oder »Glokken« und »Trommeln«. Abb. 57 zeigt einen Trommelapparat für

Riemenantrieb mit hochgezogener Trommel, die aus hölzernen Stirnwänden, Holzleisten und durchlöcherten Zellonplatten aufgebaut ist. Im Inneren der Trommel, mit deren starken Verschleiß man rechnen muß, an den Stirnwänden und den sie verbindenden Holzleisten, liegen die Kontakte, welche die Zuleitung des Stromes zur Ware vermitteln. Die Anoden hängen zu beiden Seiten der Trommel. Bei den Faßapparaten befinden sich die Kontakte am Boden des Fasses; die Anode trägt, wie es Abb. 58 zeigt, ein auf einer Stange verschiebbarer Arm, die Drehung des Fasses besorgt bei dem dargestellten Gerät ein angebauter Elektromotor. Tischglocken sind kleine, zur Aufstellung auf einem Tisch geeignete Faßapparate. Mit den eben erwähnten Vorrichtungen arbeitet man am besten so, daß man nach Fertigstellung eines Postens das Gut aus dem Behälter des Massenapparates auf ein Sieb fallen läßt, auf dem es liegen bleibt, während der Elektrolyt durch seine Maschen abläuft, um wieder verwendet zu werden. Bei einem Trommelapparate wird man also z. B. das Sieb unter die hochgezogene Trommel gleich auf den Badtrog selbst setzen, die Trommel dann so drehen, daß ihre Öffnung über dem Siebe steht, ihren Deckel entfernen und sie ausräumen. Bei Faßapparaten dagegen kommt das Sieb auf ein Vorratsgefäß für den Elektrolyten, das vor dem Apparate steht, so daß beim Neigen seines Behälters dessen Inhalt auf das Sieb rollt und fließt; bei den Tischglockenapparaten hebt man den Behälter aus seinem Sitze und entleert ihn von Hand auf das Sieb. In ihm kann man die Ware auch gleich ein erstes Mal gründlich spülen, bevor man sie weiter verarbeitet.

Während die soeben erläuterten Trommeln, Glocken und Fässer vor allem der Elektroplattierung kleinstückiger Gegenstände dienen, verwendet man dort, wo es sich um das Vernickeln bedeutender Mengen größerer Stücke handelt, also etwa von Teilen von Fahrrädern oder von Kraftfahrzeugen, heute gerne sogenannte »Wanderbäder« oder auch »Ringbäder«. Ein Wanderbad besteht aus einem Badtrog von 3 bis 15 m Länge, über dem sich eine Förderkette befindet, so zwar, daß die Waren zwischen drei Reihen von Anoden durch die Badflüssigkeit geführt werden, wie es Abb. 59 erläutert. Der Bedienungsmann steht an der Stelle a vor dem Bade und nimmt ständig die nach einem Umgange fertige Ware von den Haken der Förderkette ab, um an die freigewordene Stelle gleich andere zu hängen. Solchermaßen fügt sich das Wanderbad als eine Schleife in den Arbeitsgang ein, in dem die Ware an anderen Stellen vorbereitet und nachbehandelt wird. Ganz ebenso ist es bei einem Ringbad. Das Badgefäß hat, worauf der Name hinweist, die Form eines Ringes. In ihm hängen zwei Kränze von

Anoden, zwischen denen die Warenstücke einen Kreislauf machen. Sie hängen nämlich ihrerseits an einem sich drehenden Ring, den Speichen mit dem Ständer in der Mitte des Apparates verbinden. In ihren Einzelheiten entsprechend ausgebilde teRingbäder verwendet man auch beim Verchromen; selbstverständlich kann man auch Dekapierbäder zu Ring- oder Wanderbädern ausgestalten. Ob beim Vernickeln ein Wanderbad oder ein Ringbad vorzuziehen ist, darüber entscheiden oft bloß die Raumverhältnisse einer Werkstätte.

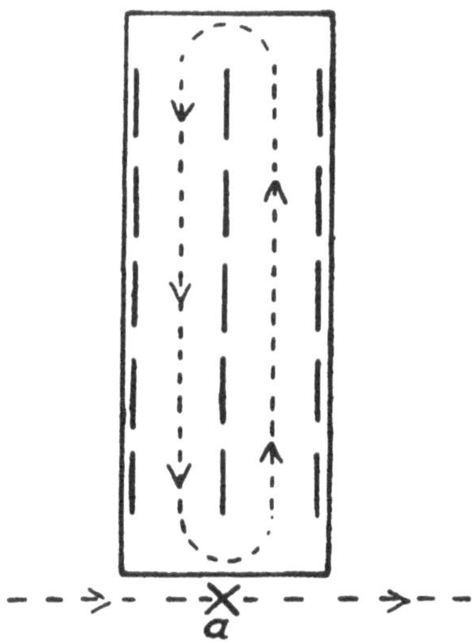

Abb. 59.

Das Streben nach »Rationalisierung« der Arbeit hat aber schließlich noch weiter geführt, nämlich zur Schaffung von galvanotechnischen »Fließanlagen«, von sogenannten »Vollautomaten«, welche die Vorbereitungsarbeit, das Elektroplattieren, sowie die Vollendungsarbeit bis zum Trocknen der Ware in einem Zug selbsttätig erledigen. Auf eine Besprechung solcher Einrichtungen, deren Aufstellung bloß dann in Betracht kommt, wenn dauernd ganz große Warenposten gleicher Art zu bewältigen sind, brauchen wir nicht einzugehen.

Sowohl bei den Wanderbädern, wie auch bei den Fließanlagen darf nun das Elektroplattieren selbst höchstens etwa 30 Minuten dauern, denn sonst würde man ja ganz unverhältnismäßig lange Bäder brauchen. Man muß daher mit bedeutend höheren Stromdichten arbeiten als den in »ruhenden« Bädern gebräuchlichen. In Wanderbädern und Fließanlagen und selbst in den sogenannten »Hochleistungsbädern« ohne Fördereinrichtungen, also für postenweise Beschickung, geht man heute beim Vernickeln auf Stromdichten von 1 bis 3 Ampere, was durch die Verwendung besonders zubereiteter, erwärmter, ständig bewegter und ständig oder zum mindesten in kurzen Zeitabständen filtrierter Elektrolyte möglich geworden ist. Die Filtration soll aus der Lösung alle mechanischen Verunreinigungen entfernen, die allenfalls die Bildung rauher Niederschläge verursachen, und die ständige Bewegung soll für eine

Abb. 60. Vernicklungsapparat für Felgen, Bauart Langbein-Pfanhauser-Werke A. G.

stete Durchmischung sorgen, so daß in der Umgebung der Ware niemals eine Verarmung an Metall eintreten kann. Wie wichtig dies ist, haben ja auch die älteren Galvanotechniker erkannt. Deshalb ließ bereits v. Hübl, der berühmte Direktor des K. K. militärgeographischen Institutes in Wien, in den galvanoplastischen Kupferbädern der Anstalt zwischen den Formen und den Anoden Glasstäbe schwingen. Diese einfache Rührvorrichtung hat sich stets bewährt. Sie wird heute noch in Druckereien für Banknoten und Wertpapiere gerne gebraucht, ebenso wie der von Roseleur eingeführte bewegliche Rahmenträger für die Warenstangen von Silberbädern, der samt ihnen und den ihnen anhängenden Stücken langsam hin und her rückt. Auch beim Vernickelungsapparat der Langbein-Pfanhauser-Werke A. G. (Abb.60) für die Felgen von Fahrrädern bewegt sich übrigens die Ware in der Badflüssigkeit. Die Felgen ruhen, wie es die Abbildung zeigt, auf den Dornen des mit einer kleinen Winde auszuhebenden, drehbaren Traggestelles. Was das Durchrühren eines Nickelbades durch das Einblasen von Luft anbelangt, ist es gut mit einer solchen Maßnahme recht vorsichtig zu sein.

Zur Erwärmung kleinerer Bäder dienen elektrische Badwärmer (Abb. 61), »Tauchsieder« passender Länge. Der Mantel eines solchen

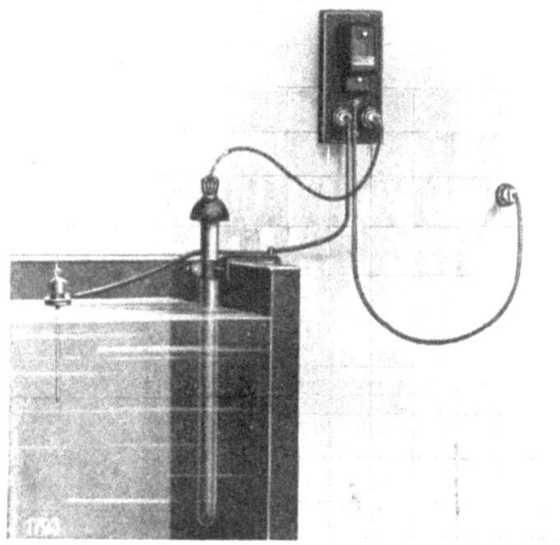

Abb. 61. Elektrischer Badwärmer mit Einrichtung für die selbsttätige Regelung der Temperatur des Bades.

Gerätes darf selbstverständlich durch den ihn umspülenden Elektrolyten nicht angegriffen werden. Größere Bäder pflegt man mit Dampfschlangen auszustatten. Den nötigen Dampf mögen Zwergkessel liefern, die man entweder mit Kohle oder mit Leuchtgas betreibt oder auch mit Ölfeuerungen. Wo billiges Leuchtgas zur Verfügung steht, kommt auch die Heizung von Bädern mit Rohrschlangen, die von heißem Wasser durchflossen werden, in Betracht, wobei man das heiße Wasser Apparaten, ähnlich den bekannten Gasbadeöfen entnimmt. Dampfschlangen und Heißwasserschlangen müssen, so wie die Tauchsieder, jedenfalls gegen einen Angriff durch die Lösungen, welche sie erwärmen, genügend widerstandsfähig und ferner so angeordnet sein, daß sie beim Ein- und Aushängen von Waren und Anoden nicht beschädigt werden. Für Nickelbäder z. B. wird man deshalb wohl stets Schlangen aus Blei oder »Hartblei«, einer Legierung von Blei mit Antimon, verwenden, für stark alkalische Elektrolyte dagegen solche aus Eisen. Schließlich darf man nicht vergessen, in diese Schlangen, dort wo sie in die Bäder ein- und austreten, Stücke einzusetzen, die den Strom nicht leiten, da dieser sich sonst Nebenwege sucht, auf denen er uns recht lästig wird. Für gewöhnlich wird man mit Abschnitten eines mit Leinwand verstärkten Gummischlauches passender Weite das Auslangen finden.

Was schließlich die Filtration galvanotechnischer Elektrolyte an-

Abb. 62. Links der Behälter mit dem Filter, durch welches der Bedienungsmann mit der Flügelpumpe das Bad treibt.

belangt, verwendet man für diese Arbeit in der Regel Filter aus geeigneten Zeugstoffen, manchmal auch »keramische« Filter. Sie müssen die Sinkstoffe vollständig zurückhalten, so daß von ihnen blanke Lösungen abfließen. Ist dies nicht der Fall, dann sind sie ganz wertlos, und, wenn auch noch so billig, doch noch immer zu teuer. Die richtige Anordnung von Filtriereinrichtungen, die, entweder nach angemessenen Pausen betätigt, oder ununterbrochen arbeitend, wirklich das leisten, was man von ihnen verlangen muß, ist nicht immer leicht. Man tut daher gut, wenn man sie einem erfahrenen Fachmann überläßt. Abb. 62 zeigt z. B. ein von Hand zu bedienendes Gerät, bei dem man das zu reinigende Bad mit einer Flügelpumpe durch das Filter treibt. Daß alle Teile einer Filtrationseinrichtung gegen die durchgehende Flüssigkeit beständig sein müssen, ist wohl selbstverständlich. Chrombäder pflegt man überhaupt nicht zu filtrieren, sondern zu warten, bis sie sich durch Absitzen der Sinkstoffe, die man entfernen will, geklärt haben, um sie dann vom Bodensatz abzuziehen. Als Heber zu diesem Zweck mag ein Gummischlauch dienen. Zum Wegbringen starken Bodenschlammes eignen sich übrigens auch die sogenannten »Schlammheber«, die wir bloß erwähnen.

Galvanostegie

Die Vorbereitungsarbeit für die gewöhnlichen galvanostegischen Verfahren

Der Zweck jeglichen galvanostegischen Verfahren ist es, metallenen Werkstücken einen schützenden oder verschönernden Überzug zu geben. Er genügt aber nur dann den Anforderungen beim Gebrauch dieser Gegenstände, wenn deren Oberfläche, bevor sie in das Bad kamen, die richtige Beschaffenheit hatte und genügend rein war.

Dies sicherzustellen ist der Zweck der vorbereitenden Arbeit.

Zur Erreichung ihres Zieles bedient sie sich chemischer und mechanischer Verfahren. Von ersteren erwähnen wir das Beizen der Werkstücke in passenden Lösungen, das »Brennen« in Säuremischungen, sowie das Entfetten der Waren mit Petroleum, Benzin, Trichloräthylen, mit Kalkbrei, in laugenhaften Flüssigkeiten und in sogenannten »Dekapierbädern«. Zu den letzteren zählen die dem ehrsamen Gewerbe der Stahl- und Metallschleifer zugehörigen Verrichtungen, ferner das Rollen der Gegenstände in trockenen und angenetzten Scheuermitteln, als welche auch Stahlkugeln und Stahlstifte dienen mögen, und schließlich das »Mattieren« im Sandstrahlgebläse.

Selbstverständlich beschränken wir uns auf die Besprechung jener Verfahren, die Vorbereitungsarbeiten für die Galvanostegie sind. Mit der »Scharfschleiferei« befaßten wir uns nicht, auch nicht mit jenen Arbeiten, die man vielleicht mit dem Namen »Spezialschleiferei« bezeichnen kann. Zu ihr rechnen wir die Behandlung der bei der Metallbearbeitung gebrauchten Fräser, Reibahlen und Spiralbohrer auf zuerst aus Amerika gebrachten, nunmehr jedoch auch bei uns in großer Vollkommenheit hergestellten, meist selbsttätig arbeitenden Maschinen, welche die genannten Werkzeuge mit Schleifscheiben aus Karborundum oder Schmirgel mit der höchsten Genauigkeit ausfertigen. Ferner gehört zur Spezialschleiferei auch die Bearbeitung von Maschinen- und Apparateteilen mit den Plan-, Rund- und Flächenschleifmaschinen, zum Teil recht komplizierten Geräten, sowie das Schleifen der Metallplatten und Walzen für die Graphik und den Zeugdruck. Weiter wollen wir die für uns in Frage kommenden Verfahren auch nicht einzeln für sich besprechen, obwohl sie zum Teil auch ohne Zusammenhang mit der Galvanostegie geübt werden. So dient zum Beispiel in größeren Gießereien ein Sandstrahlgebläse häufig zum »Gußputzen«, zum Entfernen der Gußhaut von den Erzeugnissen und auch die Stahl- und Metallschleiferei hat als selbständiges Gewerbe nicht geringe Bedeutung. Am besten ist es wohl, an einer Reihe von Beispielen aus der Praxis zu erläutern, wie man bei der vorbereitenden Arbeit verfahren mag, wie es gemacht werden kann. Unmöglich und ganz überflüssig wäre es, alle Möglichkeiten zu erwägen, wie es in einem bestimmten Fall auch noch anders ginge. Unsere Erläuterungen sollen dem Leser ja bloß Anhaltspunkte geben, nach denen er sich zunächst richten kann; mit zunehmender Erfahrung wird er sich sicherlich seine besonderen Methoden und Kunstgriffe zurechtlegen. Dabei wollen wir es nicht unterlassen, nochmals daran zu erinnern, daß die Stahl- und Metallschleiferei ein Handwerk ist, welches wie jedes andere erlernt werden muß.

Nehmen wir z. B. an, es kämen die Teile eines gußeisernen Ofenvorsetzers aus der Gießerei und sie sollen nun für die Herstellung eines starken, glänzenden Nickelniederschlages vorbereitet werden. Wir sehen an den Werkstücken noch die Vorsprünge, die den Eingußöffnungen der Formen entsprechen, sowie die Gußnähte und finden sie außerdem mit einer ziemlich grobkörnigen, dunklen Schicht, der sogenannten Gußhaut, bedeckt. Um nun diese Gußhaut aufzulockern und ihre spätere mechanische Entfernung zu erleichtern, bringen wir die Werkstücke zunächst in die Beize, nämlich eine Mischung von 1 bis 2 Teilen konz. technischer Schwefelsäure[1]) mit 8 bis 9 Teilen Wasser. Die Beize wird, da sie eiserne Gefäße angreift und kupferne zu teuer sind, in Steinzeugwannen oder verbleiten Eisengefäßen und Holztrögen verwendet und zwar in kleineren Betrieben meist kalt. Steht Heizdampf zur Verfügung, so kann man die Beize aber zur Beschleunigung ihrer Wirkung auch erwärmen, indem man den Heizdampf durch ein am Boden des Troges liegendes Schlangenrohr aus Blei streichen läßt. Bei Verwendung von Gefäßen aus Steinzeug muß man bedenken, daß sie ein auf den Boden fallendes oder derb an die Wand schlagendes Werk-

[1]) Sehr zu empfehlen ist es, solchen und ähnlichen Beizen einen »Sparbeizzusatz« zu geben, wie ihn zuerst Vogel empfohlen und eingeführt hat. Die Wirkung eines solchen Zusatzes beruht darauf, daß er die Lösungsgeschwindigkeit des Eisens vermindert, die des Zunders aber nicht. Die Auffrischung von Beizflüssigkeiten, etwa nach dem Verfahren von Agede, kommt für galvanotechnische Betriebe wohl nicht in Betracht. Eine selbstverständliche Pflicht der Betriebsführung ist es, Gefolgsleuten, die an Beizen tätig sind, ebenso wie denen, die sich mit Dekapierarbeiten (S. 89ff.) oder dem Gelbbrennen (S. 98ff.) befassen, Gummihandschuhe zu geben.

stück zertrümmern würde und auch die Verbleiung eines eisernen oder hölzernen Troges könnte bei einem solchen Unfall leiden. Man tut deshalb gut daran, Boden und Wände des Beiztroges durch Lattenroste aus einem harzreichen Holz (Lärche, Pitchpine) zu schützen. Ferner ist zu erwägen, daß sich bei der Behandlung von eisernen Waren Wasserstoffgas entwickelt. Man braucht zwar kaum zu befürchten, daß dieses Gas sich in einem Arbeitsraum in einer solchen Menge ansammeln

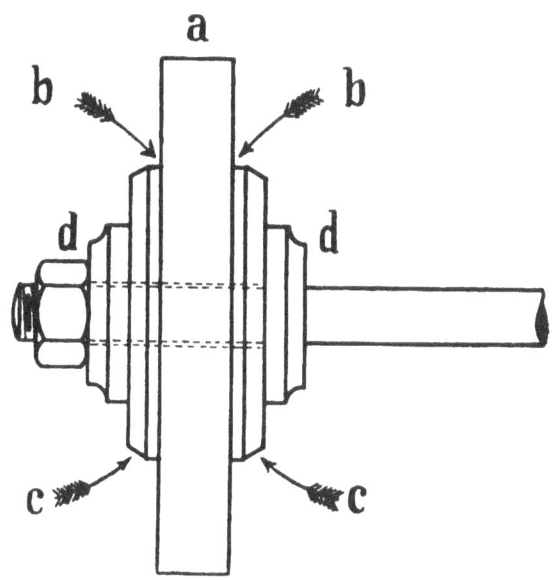

Abb. 63. a Schmirgelscheibe, b Linoleum-Zwischenlage, c Beilagscheiben, d Flanschen.

kann, daß es zu Explosionen kommt, dagegen machen sich mit dem Wasserstoff entweichende Stoffe durch üblen Geruch unangenehm bemerkbar. Man ordnet deshalb die Beizgefäße unter einen guten Dunstabzug an oder noch besser unter einem kleinen Vordach in einem Hof.

Hat nun die Beize eine entsprechende Zeit eingewirkt — meist genügt eine zehn bis dreißig Minuten dauernde Behandlung — so entnimmt man ihr die Werkstücke, spült sie gründlich mit fließendem Wasser ab und entfernt durch Bearbeitung mit einem geeigneten Schleifstein, der aus einer harten Schmirgelmasse hergestellt ist, die oben erwähnten Vorsprünge und die Gußnähte. Auf den ebenen Flächen des Gegenstandes wird ein gewandter Schleifer mit dem Stein auch gleich die Gußhaut wegnehmen und sich so die spätere Arbeit erleichtern. Wie die Schmirgelscheibe zwischen den Flanschen der Schleifmaschine einzuspannen ist, zeigt Abb. 63. Die Scheibe ohne eine Zwischenlage unmittelbar von den Flanschen fassen zu lassen, wäre bedenklich und würde auch vom Gewerbeinspektor beanständet werden, da durch den harten Druck des Eisens der Stein leicht reißen kann. Das Springen oder Reißen eines solchen Steines, während die Spindel der Schleifmaschine ungefähr 1000 bis 1500 Umdrehungen in der Minute macht, ist aber höchst gefährlich. Selbst ein kleineres, weggeschleudertes Bruchstück genügt meist, um einem Menschen schwere, wenn nicht gar tödliche Verletzungen beizubringen. Aus dem eben erläuterten Grunde muß eine solche Maschine auch immer mit geeigneten Schutz-

Abb. 64. Spindel für Riemenantrieb.

hauben versehen sein, die stark genug sind, die Trümmer eines brechenden Steines aufzufangen. Am besten sind schmiedeeiserne Hauben. Gußeiserne Schutzvorrichtungen sind weniger geeignet, da sie wegen ihrer Sprödigkeit bei einem Unfall meist zerschlagen werden. Ganz wertlos sind Hauben aus dünnem Blech, die viel zu schwach sind, um der Wucht wegfliegender Trümmer Widerstand zu leisten. Schließlich sollen bei den hier in Rede stehenden Maschinen, wie überhaupt bei allen Schleifvorrichtungen, auf denen »trocken« geschliffen wird, wenn irgend möglich, auch Vorrichtungen zum Absaugen des entstehenden Staubes angeordnet werden, da dieser für die Atmungsorgane und die Augen sehr schädlich ist.

Ist nun die Bearbeitung der Warenstücke im erläuterten Sinn beendigt, so werden sie einer weiteren Behandlung mit den sogenannten »Feuerscheiben« unterzogen. Diese Feuerscheiben — woher sie ihren Namen haben, das werden wir gleich hören — stellte sich früher ein tüchtiger Schleifer stets selbst her, und zwar folgendermaßen.

Holzscheiben aus kreuzweise verleimten Weichholzbrettern wurden möglichst genau in der Mitte mit einem Loch versehen, auf die Welle einer Schleifspindel (Abb. 64 u. 65) aufgesteckt und nun mit einem Drehstahl, wie ihn die Drechsler führen, überdreht, so daß sie, ohne zu schlagen, vollkommen »rund liefen«. Wenn dies erreicht war, wurden sie von der Spindel abgenommen und beledert. Dazu wurde ein vorher in Wasser eingeweichter Lederstreifen durch Einschlagen zweier Tapeziernägel am Umfang der Scheibe befestigt, ein Stück des Umfanges mit Kölner Leim bestrichen, der Lederstreifen über das beleimte Stück

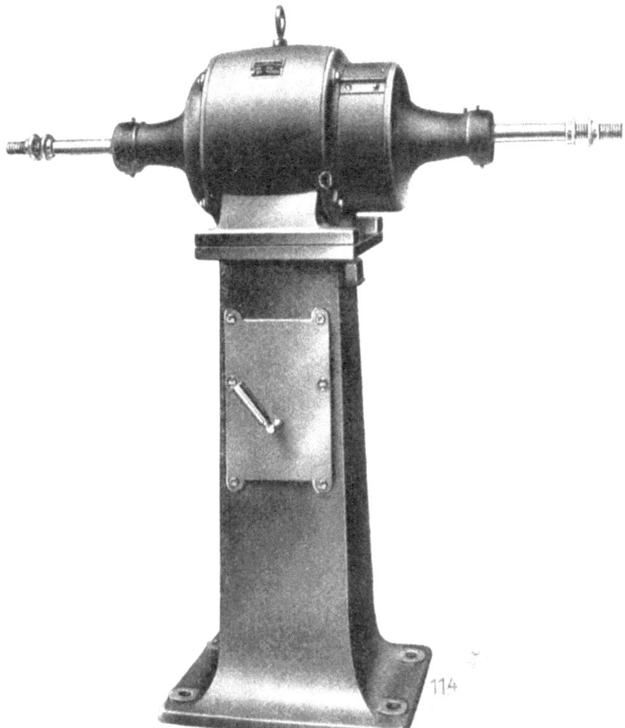

Abb. 65. Motorspindel.

angespannt und am Ende dieses Stückes wieder mit zwei Tapeziernägeln festgelegt. So schritt man immer weiter fort, bis man die beiden Enden des Lederstreifens scharf aneinander stoßen konnte. Dann ließ man die Scheibe trocknen, entfernte alle Nägel mit der Zange und begann mit dem Auftragen des Schmirgels. Man breitete Schmirgel von geeigneter Körnung auf einem Stück Papier aus, bestrich die belederte Scheibe auf ihren Umfang dick mit Kölnischem Leim und rollte sie im ausgebreiteten Schmirgel hin und her. Heute jedoch verwendet man statt der belederten Holzscheiben meist Filzscheiben, die man ebenso zurichtet wie erstere.

Mit so vorbereiteten Scheiben, die auf der Spindel des Schleifstandes [1]) 1200 bis 2000 Umdrehungen in der Minute machen, werden nun die Werkstücke weiter bearbeitet und alle Flächen sorgfältig bloßgelegt, bei welcher Arbeit vom Umfang der Scheiben eine Garbe von Funken wegschießt, daher sie denn auch den Namen »Feuerscheiben« führen. Gewöhnlich beginnt man mit einer Scheibe, die mit gröberen Schmirgel beleimt wurde und greift dann zu einer feineren; meist ist man aber auch deshalb zu einem mehrfachen Wechsel der vorhandenen Feuerscheiben gezwungen, um alle Teile des Gegenstandes gründlich bearbeiten zu können. So kommt es z. B. vor, daß schmale und kleine Scheiben aus Leder oder Filz, die mit Schmirgel beleimt sind, gebraucht werden, um in alle Ecken und Winkel des Werkstückes zu gelangen. Um etwa ein Gußstück, das ein Flachrelief trägt, auch im Grund des Reliefs ausarbeiten zu können, beleimt man häufig eine Tuchscheibe, die sich wegen ihrer Nachgiebigkeit auch in die Vertiefungen hineinschmiegt, mit grobem Schmirgel und benützt sie wie eine Feuerscheibe.

---

[1]) Es dürfte nicht überflüssig sein, nebenbei einige Worte über die Schleifspindeln zu sagen, welche die Abb. 64 und 65 zeigen.

Spindeln (Abb. 65), bei denen die Enden der verlängerten Welle eines Elektromotors die Scheiben tragen, sogenannte »Motorspindeln«, sind gewiß sehr praktisch; dennoch wird der Besitzer einer größeren Werkstätte gut daran tun, es sich sehr wohl zu überlegen und einen gewiegten Fachmann um seinen Rat zu bitten, bevor er eine Transmissionsanlage abschafft, die alle Schleifstände betreibt und Motorspindeln einstellt, d. h. zum Einzelantrieb seiner Arbeitsmaschinen in der Schleiferei übergeht. Übereilung und Überschätzung des eigenen Wissens bei solchen Änderungen können recht peinliche Überraschungen bringen, die bitteres Lehrgeld kosten. Das gleiche gilt von neuerdings eingeführten Geräten, bei denen jeder Stand seinen eigenen Motor hat, der mit kurzen, entsprechend ausgebildeten Riemenzügen die Spindel antreibt. Sie haben deshalb rasch Eingang gefunden, weil es oft nicht angeht, Spindeln zu benützen, bei denen die Scheiben auf den Enden der verlängerten Wellen von Drehstrommotoren stecken; »vierpolige« würden zu langsam, »zweipolige« dagegen zu schnell »laufen« (vgl. S. 49). Ferner bemerken wir folgendes. Das Schleifen, Polieren und Glänzen geht, wenigstens in Handwerksbetrieben, meist nicht so vor sich, daß ein Gefolgsmann die Werkstücke nur mit Feuerscheiben bearbeitet, sie dann einem zweiten gibt, der mit Polierscheiben weiterarbeitet und so fort, sondern jeder Schleifer stellt in der Regel die ihm übergebenen Gegenstände fertig. Er will daher die Scheiben, die er sich vorbereitet hat, rasch wechseln können. Dies ist aber bei einer Spindel, wie sie Abb. 64 darstellt, weit rascher möglich, als bei einer solchen, bei welcher (Abb. 65) die Scheiben von Flanschen gefaßt werden, die auf Schraubengewinden gehen. Die abzunehmende Scheibe wird mit einem Hammerschlag von dem vierkantigen, gegen das Ende verjüngten Wellenende gelöst, abgezogen, die neue aufgesteckt und mit einem Hammerschlag angetrieben, und schon geht die Arbeit wieder weiter.

Haben wir nun die Gußhaut überall weggeschliffen und das Metall blank gelegt, so müssen wir die Striche entfernen, welche die Feuerscheiben gemacht haben und dies geschieht mit den Polierscheiben. Als solche dienen wiederum belederte Holzscheiben oder Filzscheiben. Auf ihre Bahn trägt man aber nicht in der geschilderten Art eine Schicht von Schmirgel auf, sondern man bestreicht sie mit einer Mischung aus heißem Kölnischen Leim und Schmirgel von entsprechend feiner Körnung. Ferner wird mit den Polierscheiben auch nicht trocken gearbeitet, sondern die Gegenstände werden an den zu bearbeitenden Stellen mit einem Brei von Stearinöl und Schmirgel benetzt. Beim Polieren verschwinden die »Feuerrisse« und die Waren nehmen ein gleichmäßiges Grau an. Dessen Herstellung versteht nämlich der Schleifer unter »Polieren«, während er die Herstellung glänzender Flächen mit den Ausdrücken »Aufglänzen« und, wenn es mit pulverförmigem Wiener Kalk geschieht, auch mit dem Wort »Abstauben« bezeichnet.

Ist auch das Polieren beendet, so werden runde Bürsten, deren Borsten aus Fiber bestehen, auf die Schleifspindel aufgesteckt und mit ihnen die Werkstücke in allen Teilen noch gründlich überbürstet, wobei man wiederum an den zu bearbeitenden Stellen eine Mischung aus Leinöl und Schmirgel aufträgt.

Nun haben die Waren jene Beschaffenheit der Oberflächen, daß auf ihnen ein festhaftender starker Nickelniederschlag den nötigen Halt findet. Er fällt, da ja seine Grundlage matt ist, ebenfalls matt aus und er muß daher, wie wir später sehen werden, noch einer weiteren Bearbeitung unterzogen werden, um ihm Glanz zu verleihen. Bevor wir jedoch zur Herstellung dieses Niederschlages schreiten können, sind die Arbeitsstücke noch in allen Teilen einer sorgfältigen Reinigung zu unterziehen, denn selbst auf noch so gut geschliffenen und gebürsteten Flächen würde kein Metall haften, wenn auch nur Spuren von Fett vorhanden wären. Man wäscht deshalb, um zunächst den ärgsten Schmutz zu beseitigen, die Werkstücke mit Petroleum und reibt sie mit groben Sägespänen ab. Dann kann man sie einer weiteren Reinigung in Benzin unterziehen, wiederum mit Sägespänen trocknen und an den Drähten oder Trägern befestigen, an denen sie in die Bäder eingehängt werden sollen, um sie schließlich zu »dekapieren«, das heißt, den Fetthauch zu entfernen, der noch immer vorhanden ist. Dieses Dekapieren besteht in einem ebenso gründlichen, wie nachdrücklichen Abbürsten der Stücke mit einem wäßrigen Brei von Wienerkalk, dem man feines Bimssteinpulver zusetzen mag oder mit einem der käuflichen Dekapiermittel; es ist gelungen, wenn nach dem nun folgenden

Spülen unter einer scharfen Brause die Wasserhaut auf der Oberfläche der Gegenstände nirgends zerreißt, nirgendwo »Inseln« entstehen. Nun darf man aber nicht vergessen, daß Benzin ein sehr feuergefährlicher Stoff ist und soll sich daher zum mindesten der Waschtische bedienen, die namhafte Fabriken anbieten; dank ihrer besonderen Einrichtung kann nur ein Teil des in ihnen verwahrten Benzins in Brand geraten. Noch besser ist es, ihm überhaupt aus dem Weg zu gehen. Dies mag

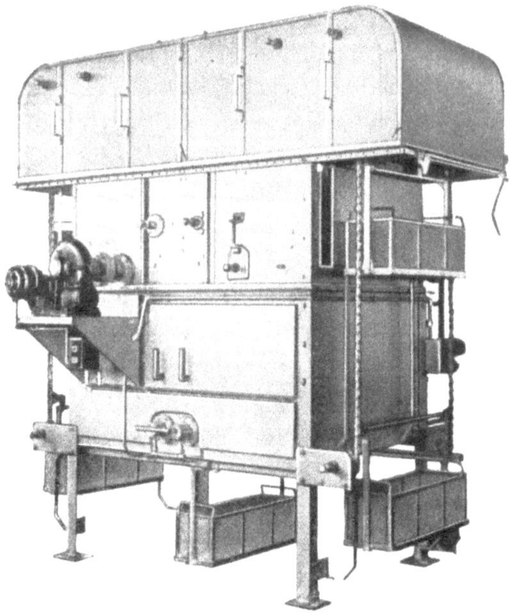

Abb. 66. Tauchmetallreiniger Bauart »Wacker«, mit selbsttätiger Kettenförderung von Tauchkörben, in welche man die Ware schlichtet. Man sieht sie unter dem Apparat und rechts von ihm an den Förderketten.

dadurch geschehen, daß man statt seiner das nicht brennbare Trichloräthylen, im Handel kurz »Tri« genannt, verwendet, sowie dadurch, daß man die Stücke in heißen, laugenhaften Entfettungslösungen oder in elektrolytischen »Dekapierbädern« behandelt. Das Tri ist, wie gesagt, nicht brennbar, »schwerer« als Wasser, mit dem es sich nicht mischt, und eines der besten Lösungsmittel für Fette und Öle, das wir kennen. Auch Paraffin, Zeresine, Asphalt, Pech und ähnliche Stoffe, sowie viele Harze und Lacke löst es. Wichtig ist, daß man es von den Substanzen, die es als Reinigungsmittel aufgenommen hat, durch Destillation leicht wieder trennen und so zurückgewinnen kann. Unangenehm ist bloß sein betäubender Geruch, der an den des Chloroforms erinnert. Man tut deshalb gut daran, die von der Dr. Alexander Wacker-Gesellschaft für elektrochemische Industrie G. m. b. H. in München gebauten Sondergeräte zu benützen, welche Belästigungen der Gefolgschaft durch besagten Geruch fast ganz ausschließen und auch die Verluste durch Verdampfen des leicht flüchtigen Tris sehr verringern. Neben den Geräten für das Entfetten durch Tauchen der Waren von Hand gibt es selbsttätige Apparate (Abb. 66), die allenfalls gleich mit einer Destilliereinrichtung zur Wiedergewinnung reinen Tris aus dem verschmutzten verbunden sind. Schließlich verfertigt die Wacker-Gesellschaft Apparate, bei denen die zu entfettenden Waren nicht getaucht werden, sondern bei denen sich verdampfendes Tri in Tropfen auf ihnen niederschlägt und, von ihnen abrinnend, sie vollständig säubert, sowie Geräte für das Reinigen mit Emulsionen von Tri [1]).

Was die Entfettungslaugen anbelangt, leistet schon eine 10% wäßrige Lösung von Laugenstein, die man in eisernem Gefäß auf ungefähr 60° erwärmt, und in die man die Gegenstände in Siebkörben oder an Drähten bringt, gute Dienste. Besser ist es, beim Ansetzen von Entfettungslaugen zu den unter verschiedenen Phantasienamen von verläßlichen Stellen zu billigen Preisen angebotenen Präparaten zu greifen, die durchwegs das leisten, was ihnen die Erzeuger nachrühmen. Sie enthalten Zusätze, welche durch Lauge nicht »verseifbare« fettige Stoffe, wie Paraffinöl, Paraffin und Zeresine »emulgieren«. Noch besser ist es aber meist, sich der erwähnten elektrolytischen Dekapierbäder zu bedienen, in denen die Waren, verbunden mit dem — Pol der Stromquelle hängen, und als Anoden gewöhnlicher oder vernickelter Eisenbleche. Schon eine 10% wäßrige Lösung von Natriumcarbonat wäre z. B. ein für ein Dekapierbad immerhin brauchbarer Elektrolyt, dessen Wirkungsweise die Darlegungen auf S. 92 erläutern und recht gut verwendbar ist ein solcher, den man erhält, wenn man je 100 l des Bades 5 kg Soda, 2 kg Laugenstein, 1 kg Wasserglas und 1 kg Natriumcyanid löst. Auch bei Dekapierbädern ist es jedoch ratsam, sie aus den von den Fachfirmen dazu angebotenen Präparaten zu bereiten, die dem besonderen Zweck entsprechend aufgebaut und durch eingehende Versuche erprobt sind. Es gibt nämlich nicht nur Dekapierbäder für eiserne Waren, sondern auch für Teile aus Kupfer- und Nickellegierungen und unter ihnen wiederum solche, aus denen sich auf den eingehängten Stücken ein Hauch von Kupfer

[1]) Da bei der Reinigung von Werkstücken aus Aluminium und dessen Legierungen mit Tri unter Umständen eine Zersetzung dieses Stoffes eintreten kann, verwendet man statt seiner bei der Entfettung von Waren aus Leichtmetallen Perchloräthylen, kurz »Per« genannt, oder aus ihm bereitete Emulsionen.

oder Eisen niederschlägt[1]). Haftet er fest und ist er lückenlos geschlossen, dann weiß man, daß das Dekapierbad seine Schuldigkeit getan hat. Auf jeden Fall arbeitet man mit solchen Stromdichten, daß sich an der Ware reichlich Gas entwickelt, das heißt, mit ungefähr 3 bis 10 A. Die aufperlenden Gasblasen unterstützen nämlich kräftig die Wirkung der laugenhaften Flüssigkeit, indem sie den Fettfilm abheben. Die Drähte zum Aufhängen der Werkstücke an den Warenstangen muß man so stark wählen, daß sie bei den ihnen zugemuteten Strombelastungen nicht allzu warm werden. Ferner muß man, zum mindesten bei größeren Dekapierbädern, die man mit hohem Stromdichten betreibt, dafür sorgen, daß die Wolken zerstäubter Flüssigkeit, die sich durch das Platzen der Gasblasen über ihrer Oberfläche erheben, die Gefolgschaft nicht belästigen. Man kann dazu, wie bei Chrombädern (S. 107) Absaugleitungen aus Eisenblech vorsehen; nicht ratsam ist es, die Bäder, so wie es oft geschieht, unter einem Vordach im Freien aufzustellen, da sie dann im Winter stets zu kalt werden und schlecht ansprechen. Lästig ist die Schmutzschicht, die sich auf der Oberfläche von Dekapierbädern ansammelt. Man muß sie zeitgerecht abschöpfen oder sich besonderer Wannen bedienen, bei denen man sie über den Rand einer Zwischenwand wegschwemmen kann.

Fassen wir also die vorstehenden Ausführungen zusammen, so kann man sagen, daß für eiserne Gußstücke folgender Gang der Vorbereitungsarbeit angemessen ist:

Abbeizen der Gußhaut in verd. Schwefelsäure
Spülen, Trocknen in Sägespänen
Schleifarbeit, wenn nötig beginnend mit dem »Stein«, endigend mit dem Mattbürsten

Entfetten mit Petroleum und Benzin oder Tri Dekapieren mit Wienerkalk-Bimspulver-Brei	oder	Entfettungslösungen oder Dekapierbädern[2])

Spülen

[1]) Ein Dekapier- und Entzunderungsgang besonderer Art ist das Bullard-Dun-Verfahren, ausgearbeitet von der Bullard company, Bridgeport, Connecticut, U. S. A., bei dem man drei Bäder braucht. Das erste ist ein eigentliches Dekapierbad, das zweite ein saures Entzunderungsbad, in dem man die mit dem — Pol der Stromquelle verbundenen Waren mit sehr hohen Stromdichten behandelt. Sie bedecken sich in ihm mit einem dünnen Bleiniederschlag, den man im letzten Bad wieder abzieht. Es genügt, das wertvolle Verfahren, das unter Patentschutz steht, zu erwähnen.

[2]) Manchmal zeigt es sich, daß auf Waren aus Gußeisen, die man in einem

Selbstverständlich wird man den Gang der Beschaffenheit der Ware im besonderen Fall sinnvoll anpassen und allenfalls zur Vereinfachung der Schleifarbeit auch das Sandstrahlgebläse heranziehen, von dem noch später die Rede sein soll.

Ähnlich ist der Gang, dem man bei der Vorbereitung von Fahrradteilen, wie der Lenker, Kurbeln, Kettenräder und ähnlicher schmiedeeiserner Stücke folgen mag. Der erste Teil der Schleifarbeit entfällt, jedoch muß man dem Mattbürsten besondere Aufmerksamkeit zuwenden; an manchen Stellen hält man auf jeden Fall auch an einem gründlichen Abbürsten mit dem Wienerkalk-Bimspulver-Brei oder ähnlichen Scheuermitteln fest, um nur ja eine genügende Aufrauhung des Eisengrundes vor dem Plattieren sicherzustellen. Diesem Zweck dient auch das Anätzen der Gegenstände in passend aufgebauten Säurelösungen, in die man sie, verbunden mit dem + Pol einer geeigneten Stromquelle, also als Anoden, für kurze Zeit einhängt. Rohre für die kannten Möbel, die man solchermaßen zurichtet und dann schwer vernickelt, kann man abknicken und zusammenquetschen, ohne daß der Niederschlag abreißt.

Recht einfach ist im allgemeinen die Vorbereitungsarbeit bei Handgriffen, Auslaufhähnen und anderem Zugehör aus Messing und »Rotguß« für die Ausstattung von Badzimmern, Küchen und Werkräumen vor dem Vernickeln und Verchromen. Sie werden nämlich meist in einem solchen Zustand angeliefert, daß es genügt, wenn sie der Schleifer mit Bürsten bearbeitet, wobei er sie mit einer Mischung von Stearinöl und Bimssteinpulver zu benetzen pflegt und dann, nach dem Reinigen in Petroleum und Abreiben in Sägespänen, »aufglänzt«. Kämen nämlich die Stücke matt gebürstet in die Bäder, so würde der leichte Nickelniederschlag, mit dem man sich bei ihnen begnügt, bei der Vollendungsarbeit niemals das rechte Feuer annehmen. Zum Aufglänzen dienen »Pasten«, die man in Stangen und Stücken heute stets fertig kauft[1]),

---

Dekapierbad behandelt hat, ein Nickelniederschlag nicht haftet, weil sie zu stark mit Wasserstoff beladen sind. Man muß es dann eben beim Dekapieren mit Bürsten und dem Brei aus Wienerkalk, Bimssteinpulver und Wasser bewenden lassen.

[1]) Sie werden aus Scheuermitteln, wie feinem Schmirgelpulver, Polierrot (»Rouge«), Trippel, Schlämmkreide, Chromoxyd, Aluminiumoxyd, Ziegelmehl und Bindemitteln, als etwa Stearin, Paraffin, Zeresine, Montanwachs und ähnlichen Stoffen hergestellt. Die »weiße Paste« zum Aufglänzen von Vernickelungen enthält Wienerkalk. Es wird wohl keinem Schleifer einfallen, seine Zeit damit zu verlieren, daß er sich die Pasten, die er braucht, selbst bereitet. Übrigens bedarf es zur richtigen Herstellung der Pasten für die Bearbeitung von Gegenständen aus Aluminium, Aluminium-, sowie Magnesiumlegierungen und Legierungen der Weichmetalle Blei und Zinn immerhin einiger Erfahrung.

sowie Tuchscheiben. Sie werden aus kreisförmig zugeschnittenen Lappen durch Zusammennähen mit groben Bindfaden hergestellt. Zum Aufstecken auf die Spindeln kann man eine solche Scheibe etwa folgendermaßen zurichten. Man schlägt durch sie zunächst mit einem Locheisen zwei Löcher für die Bolzen von Eisenflanschen, spannt hierauf die Scheibe mittels der Schraubenbolzen zwischen die Flanschen ein und brennt mit einem angespitzten viereckigen Eisen, das man glühend macht, durch die Mitte der Scheibe ein Loch, und zwar so, daß man das glühende Eisen zunächst bei der Öffnung der einen Flansche hineinsteckt, dann bei der Öffnung der anderen, bis das Loch gleichmäßig ausgebrannt ist. Hierauf steckt man die Scheibe auf die Spindel der Schleifmaschine und überdreht sie mit einem Stück einer Metallsäge, das man über die volle Breite des Umfanges anhält, bis sie, ohne zu schlagen, vollkommen rund läuft. Wenn man jetzt an die laufende Scheibe ein Stück der richtigen Paste anhält und mit ihr die Messingwaren behandelt, nehmen sie in kurzer Zeit einen genügenden Glanz an. Dann kann man sie neuerdings in Petroleum, Benzin oder Tri entfetten, dekapieren, spülen und in das Nickelbad bringen.

Wir haben nunmehr erläutert, wie man Gegenstände aus Gußeisen, Schmiedeisen, Messing und Rotguß vor dem Einhängen in das Bad mit dem Handwerkszeug des Schleifers zurichten und sodann reinigen mag; was Stücke aus Weichmetallen, wie Zink, Blei, Zinn und den Leichtmetallen Aluminium und Magnesium, sowie aus Legierungen dieser Metalle anbelangt, wollen wir bloß bemerken, daß ihre Vorbereitung oft hohe Anforderungen an die Geschicklichkeit und die Erfahrung des Schleifers stellt. Ihre Einzelheiten können wir im Rahmen dieses Buches nicht mehr besprechen; Auskunft über die nötigen Scheiben aus verschiedenen Ledersorten, Zeugstoffen, sowie Wollfäden und über erprobte Pasten geben die Preislisten namhafter Fabriken. Zum Entfetten darf man stark laugenhafte Flüssigkeiten jedenfalls nicht verwenden, da sie die erwähnten Metalle angreifen — bei Bleilegierungen genügt übrigens oft schon eine Behandlung mit einer 10 bis 15% wässerigen Lösung von Natriumcyanid, die man auf 50 bis 60° erwärmt hat. Bevor wir also dazu übergehen, uns ein wenig mit dem Vorbereiten von Massegütern aus Eisen und Kupferlegierungen für das Elektroplattieren durch Scheuerverfahren zu befassen, wollen wir noch eines mechanischen Gerätes gedenken, das ebenfalls bei der vorbereitenden Arbeit der Galvanostegie und manchmal auch bei den Vollendungsarbeiten eine wichtige Rolle spielt.

Es ist dies das Sandstrahlgebläse. Mittels eines solchen Apparates wird durch einen Strom von Luft, manchmal auch von Dampf, Quarzsand oder gemahlenes Glas mit mehr oder weniger großer Gewalt auf die Flächen der zu bearbeitenden Gegenstände getrieben, wobei vollkommen metallisch reine, jedoch matte Flächen entstehen, deren »Korn« von der Körnung des verwendeten Sandes oder Glaspulvers abhängt. Die Einrichtung der Sandstrahlgebläse ist nach dem Zweck, dem sie

Abb. 67. Kleines Sandstrahlgebläse. Rechts vorne das Schaufenster und die Armlöcher, links unten das Gebläse.

dienen, eine recht verschiedene. Zum Reinigen größerer Gußstücke von der Gußhaut verwendet man häufig Freistrahlgebläse. Der Sand wird aus der Düse eines Schlauches herausgeschleudert, welchen ein Arbeiter so führt, daß er mit dem Sandstrahl nach und nach alle Teile des Werkstückes bestreicht. Solchen Freistrahlgebläsen muß die Luft unter ziemlich hohem Druck zugeführt werden, damit der in ihnen gebrauchte grobe Sand mit genügender Kraft gegen die zu bearbeitenden Flächen geworfen und die sehr widerstandsfähige Gußhaut zerstört wird. Man verwendet deshalb zu ihrem Betrieb auch meist Luftpumpen mit Kolben oder sogenannte Roots-Gebläse, die arg lärmen. Beim Betrieb von Sandstrahlgebläsen hingegen, die ein feines Matt auf Stahl-,

Kupfer- und Messingwaren erzeugen sollen, damit der auf ihnen hergestellte galvanische Metallniederschlag ebenfalls ein feines Matt aufweise, genügen zur Erzeugung der Preßluft wohl stets rotierende Gebläse jener Bauart wie sie Abb. 67 zeigt. Bei solchen Apparaten arbeiten wir auch nicht mit freiem Strahl, sondern die Waren kommen auf einen Tisch, der sich in einem abgeschlossenen Gehäuse unter der Strahldüse dreht oder sie werden innerhalb eines Gehäuses (Abb. 67) mit der durch einen Handschuh geschützten Hand im Sandstrahl so lange gewendet, bis alle Teile der Oberfläche die gewünschte Beschaffenheit haben.

Abb. 68. Zwei Scheuertrommeln.

Es ist wohl klar, daß beim Arbeiten mit einem Freistrahlgebläse eine starke Staubentwicklung eintritt und deshalb muß sie in einem abgeschlossenen Raum stattfinden, in dem die Luft durch eine Entstaubungseinrichtung nach Möglichkeit gereinigt wird. Da dies aber nur bis zu einem gewissen Grad möglich ist, soll der den Schlauch führende Mann einen Respirator und Schutzbrillen tragen. Auch die Sandstrahlgebläse für kleinere Arbeiten, bei welchen sich die Sandstrahldüse innerhalb eines geschlossenen Gehäuses befindet, lassen immerhin noch genug Staub in die Umgebung gelangen und darum ist es zweckmäßig, selbst solche Apparate in einem gesonderten, gut gelüfteten Verschlag unterzubringen.

Und nun wenden wir uns zur Erläuterung der Scheuerverfahren, die insbesondere der Vorbereitung kleinstückiger Massengüter für das Elektroplattieren dienen.

Beim Scheuern rollen und schurren die zu bearbeitenden Gegenstände in »Glocken«, »Fässern« (vgl. S. 76) und »Trommeln« (Abb. 68), eingebettet in das Scheuermittel, so lange, bis ihre Oberfläche die gewünschte Beschaffenheit hat. Solche Scheuermittel sind etwa mehr oder weniger feiner Quarzsand, »Stahlsand« nebst Wienerkalk, Sägespäne, Lederabfälle, Mischungen von Korkmehl mit Rouge, Trippel und Chromoxyd, und andere trockene oder angenetzte Werkstoffe. Zu ihrer richtigen Auswahl, die nur zu oft den Erfolg entscheidet, sowie zur richtigen Verbindung des Scheuerns mit einem ihm allenfalls vorhergehenden Beizen und einem vielleicht anschließenden »Kugelpolieren«

Abb. 69.

(vgl. weiter unten) bedarf es reicher Erfahrung, manchmal sogar längerer, planmäßiger Versuche. Für das Blankscheuern eiserner Waren eignet sich z. B. meist ein wässriger Brei aus Stahlsand und Wienerkalk. Ist es beendet, dann leert man den Inhalt der Scheuertrommel auf ein Sieb, auf dem die Ware liegen bleibt, während das Scheuermittel durch die Maschen des Siebes weggespült wird. Eine Dekapierung solchermaßen behandelter, durch den Wienerkalk vollständig entfetteter Ware ist selbstverständlich nicht nötig, sondern bloß ein gründliches Spülen vor dem Einbringen in die Bäder.

Eine besondere Art des Scheuerns ist das eben erwähnte »Kugelpolieren«, bei dem das Scheuermittel Stahlkugeln sind. Man füllt sie, zusammen mit dem zu bearbeitenden Gut und Lösungen von »Polierseifen« oder »Poliersalzen«, ebenfalls in Trommeln (Abb. 69) aus Eisen oder Holz, bei deren Drehung sie ihre Wirkung entfalten. Der Durchmesser der Stahlkugeln muß der Gestalt der zu polierenden Gegenstände entsprechen, so zwar, daß sie wirklich an allen Teilen der Oberfläche angreifen können (Abb. 70) und sich nicht festklemmen oder Löcher verschließen, aus denen sie nur schwer zu entfernen sind. Manchmal wird es am Platze sein, eine Mischung kleinerer und größerer Kugeln zu verwenden und ihnen überdies noch Stahlstifte beizugeben, deren Enden auch enge Fugen und Ecken bestreichen können (Abb. 71). Damit sich schließlich größere und daher auch schwerere Teile nicht gegenseitig zerschlagen, setzt man sie in Gestellen fest in die Trommeln ein, so daß die vorbeigleitenden Massen von Stahlkugeln und Stiften sich an ihnen reiben.

Wichtig ist, wie schon bemerkt, die treffende Wahl der Größe der Kugeln und Stifte, dann aber auch deren Härte, ferner des Verhält-

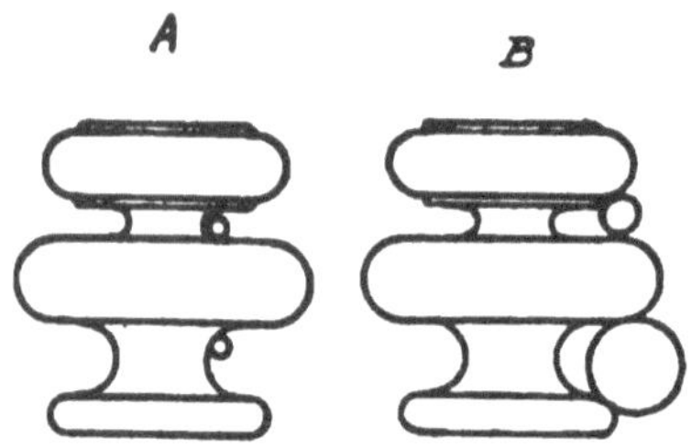

Abb. 70. Links richtig gewählte, rechts zu große Kugeln.

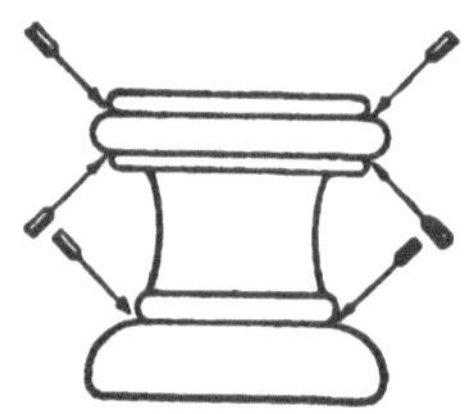

Abb. 71. Die Pfeile weisen auf die nur von Stiften zu bestreichenden Stellen.

nisses zwischen der Menge der Kugeln und der in die Trommeln eingebrachten Gegenstände und schließlich der Polierflüssigkeit. Dazu bedarf es wiederum einiger Erfahrung, und es ist sicherlich ratsamer, gleich an der richtigen Stelle anzufragen, als sein eigenes Können zu überschätzen und Anschaffungen zu machen, die dann nur Enttäuschungen bringen.

Ein rein chemisches Verfahren für die Vorbereitung von Gegenständen aus Kupfer und Kupferlegierungen wie Messing und »Rotguß« ist deren Behandlung in »Gelbbrennen« oder »Glanzbrennen« und »Mattbrennen«.

Die Gelbbrennen sind Mischungen aus technischer Schwefelsäure und Salpetersäure mit einem Zusatz von etwas Kienruß, auch Glanzruß genannt und Kochsalz, die man beim Gebrauch kühl halten soll. Gewöhnlich mischt man gleiche Raumteile konzentrierter Salpetersäure und Schwefelsäure, indem man die Schwefelsäure in die Salpetersäure gießt, trägt dann Glanzruß ein und zwar, nach dem Augenmaß, etwa eine Handvoll auf 20 l Brenne. Das warme Gemisch läßt man zur Abkühlung über Nacht stehen. Des Morgens, vor Beginn der Arbeit, versucht man mit kleinen Probeblechen aus Messing und Kupfer die Wirkung der Brenne und stimmt sie durch Zugabe kleiner Mengen von Kochsalz ab, bis die Probebleche den rechten feurigen Glanz aufweisen. Die weit weniger wichtigen Mattbrennen sind Mischungen von Schwefelsäure und Salpetersäure, die einen Zusatz von Zinkvitriol und allenfalls auch von etwas Kochsalz oder Salzsäure enthalten. Sie werden meist warm verwendet. Bei ihrem Ansetzen verfährt man ähnlich, wie es vorher beschrieben wurde. Man gießt 1 bis 2 Raumteile Schwefelsäure in einen Raumteil konzentrierter Salpetersäure, mischt soviel Zinkvirtiol zu, daß ein starker Bodensatz bleibt, läßt über Nacht stehen und stimmt des Morgens durch Zugabe von Salzsäure oder Kochsalz ab, unter fortwährendem Probieren der Wirkung auf Blechstreifen.

Die Brennen werden, ebenso wie die Vorbrenne, etwas verdünnte Salpetersäure, in Steinzeuggefäßen aufbewahrt, für die Deckel aus geteertem Holz vorhanden sind. Für die Mattbrennen verwendet man halbkugelförmige Steinzeugschalen, die das Erwärmen vertragen, ohne zu springen. Es geschieht am besten in der Art, daß man die Steinzeugschale in ein passendes Übergefäß setzt, in dem Wasser erwärmt wird.

Nun wollen wir den Vorgang beim Glanzbrennen schildern.

Nehmen wir an, es wurden Teile von Beleuchtungskörpern aus Messing, auf denen sich noch Reste von Lack befinden, zum Neubearbeiten angeliefert. Man entfernt zunächst die Lackreste, indem man die Waren für kurze Zeit in eine heiße Laugenlösung hängt und dann gründlich abspült. Nun werden sie rasch durch die Vorbrenne gezogen, dann ohne vorheriges Abspülen, unter schüttelnder Bewegung in die Glanzbrenne gehalten, herausgenommen und sorgfältig abgewaschen. Sie sollen ein glänzendes, metallisches Gelb aufweisen, das nirgends durch matte Flecken unterbrochen ist. Sind solche Flecken vorhanden, so wiederholt man das Verfahren, indem man noch einmal durch die Vorbrenne und Gelbbrenne geht.

Handelt es sich darum, Gegenstände matt zu brennen, so werden sie zunächst so auf Glanz gebrannt, wie es eben geschildert wurde und hierauf in die Mattbrenne gebracht, deren Bodensatz man ab und zu tüchtig aufrührt. In der Mattbrenne nehmen die Stücke einen mißfarbigen, lehmigen Ton an und es ist daher nötig, sie nach dem Herausnehmen aus der Mattbrenne und nach gründlichem Abspülen durch die Vorbrenne und die Glanzbrenne zu ziehen, wie es oben geschildert wurde. Beim Mattbrennen hat es ein tüchtiger Meister in der Hand, nach Wunsch ein gröberes oder feineres Korn zu erzielen. Im allgemeinen kann man sagen, daß das Korn, das eine Mattbrenne erzeugt, um so feiner und der Ton des Metalles um so blässer ausfällt, je mehr

Schwefelsäure sie enthält und je weniger Kochsalz oder Salzsäure vorhanden ist. Ein Überwiegen der Salpetersäure, insbesondere beim Vorhandensein von Kochsalz oder Salzsäure, bewirkt die Entstehung eines gröberen Kornes, sowie eines feurigen, dunklen Tones.

Nun müssen wir aber noch folgendes beachten. Die Zusammensetzung der Gelbbrennen und der Vorbrennen, für die Gleichwertiges bisher nicht gefunden wurde[1]), bringt es aber leider mit sich, daß sich am Beizgut, wenn man es eintaucht und zum Abspülen aushebt, schwere, rotbraune Dämpfe entwickeln; sie riechen recht übel und sind auch giftig — weit mehr, als man gemeiniglich glaubt. Man muß sie so rasch wie möglich abfangen, und zwar, wohlgemerkt, gleich dort, wo sie entstehen, noch bevor sie sich ausbreiten können. Dabei dürfen wir jedoch nicht übersehen, daß sie nicht nur übel riechen und giftig sind, sondern daß sie auch alle unedlen Metalle und Metallegierungen, die man als technische Baustoffe zu verwenden pflegt, stark angreifen; auch »nicht rostender« Stahl und Monel-Metall[2]) halten nicht stand. Insbesondere die beim Gebrauch der Gelbbrenne entweichenden Dämpfe sind gefährlich, weil in ihnen Chlorverbindungen vorhanden sind. Schließlich ist noch zu bedenken, daß zumindestens ein Teil der Spülwässer, die beim Brennen abfallen, Reste der Beizflüssigkeit, das heißt, starke Säure enthält. Man darf sie in verbautem Gelände mit Kanalführungen aus Beton oder Ziegelmauerwerk nicht ohne weiteres wegfließen lassen. Die richtige Erstellung einer Brennanlage ist also oft eine schwierige, jedoch für den Sonderfachmann fast immer lösbare Aufgabe[3]). Wie eine Absaugleitung aus geteertem Holz neben den in Kühlwasser stehenden Brenntöpfen angeordnet werden mag, weist z. B. Abb. 72. Aus Abb. 73 hingegen ersieht man, wie es leicht möglich ist, die Spülwässer zu entsäuern.

Handelt es sich jetzt darum, gelb- oder mattgebrannte Kupfer- und Messingwaren zu vernickeln, so bedürfen sie keiner weiteren Behandlung mehr; man muß nur dafür sorgen, daß die Stücke nicht etwa wieder anlaufen, bevor man sie zum Bad bringt. Sollen sie aber ver-

---

[1]) Es ist allerdings richtig, daß man Messingwaren auch durch Eintauchen in eine Lösung von Natriumbichromat oder von »Chromsäure« (richtig Chromsäureanhydrid) in Wasser, die mit Schwefelsäure angesäuert ist, gelbbrennen kann, und daß solchen Beizen bei ihrer Verwendung Gase oder Dämpfe nicht entsteigen. Sie »passivieren« jedoch die Oberfläche der Werkstücke, so daß man diese nicht ohne weiteres elektroplattieren kann.

[2]) Vgl. dazu: R. Müller, Draht-Welt 31|1938, 637.

[3]) Siehe dazu: Wogrinz, Einige Bemerkungen über Gelbbrennen, Draht-Welt 32|1939, S. 73. Diesem Aufsatz sind mit freundlicher Genehmigung des Verlages M. Boerner, Halle-Saale, die Abb. 72 und 73 entnommen.

silbert werden, so muß vor dem Einhängen ins Silberbad noch das sogenannte Verquicken stattfinden. Unmittelbar auf Kupfer oder Messing würde nämlich ein Silberniederschlag, insbesondere ein stärkerer, schlecht haften und sich bei der Vollendungsarbeit mit dem Polierstahl

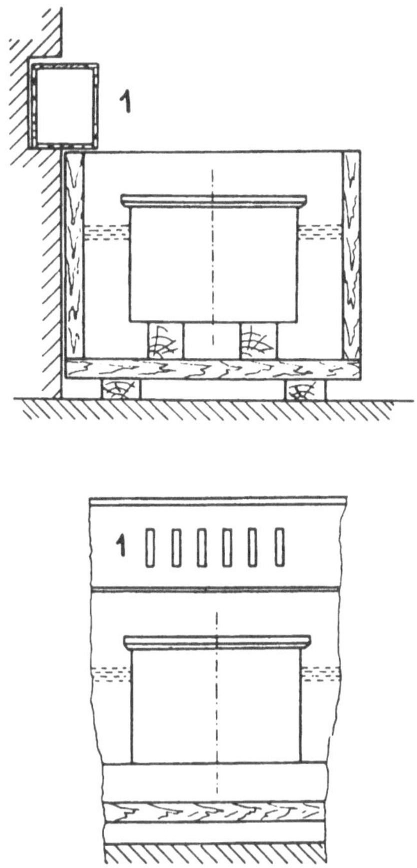

Abb. 72. 1 Rohr aus geteertem Holz mit Schlitzen zum Einsaugen der nitrosen Dämpfe.

ablösen. Durch das Verquicken entsteht an der Oberfläche der zu versilbernden Gegenstände eine Schicht, die eine innige Verbindung zwischen der Grundlage und dem niedergeschlagenen Metall vermittelt. Das Verquicken besteht darin, daß man die Gegenstände in die Lösung einer geeigneten Quecksilberverbindung eintaucht. Dabei scheidet sich etwas metallisches Quecksilber auf der blanken Oberfläche der Metallwaren ab und bildet einen festhaftenden Überzug von Amalgam, das heißt einer Legierung von Kupfer und Quecksilber oder bei Messing-

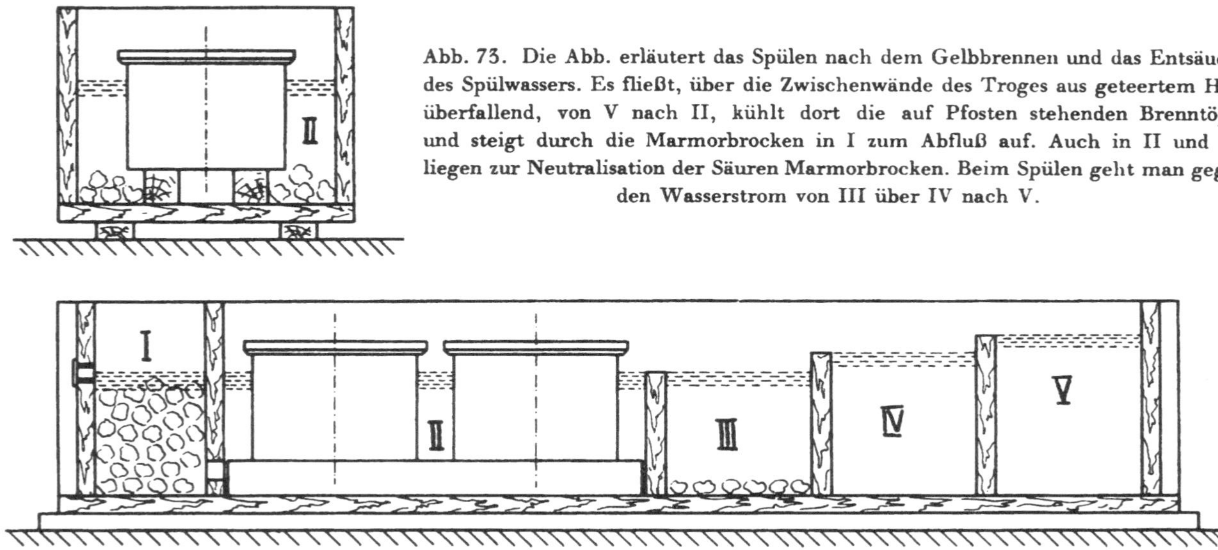

Abb. 73. Die Abb. erläutert das Spülen nach dem Gelbbrennen und das Entsäuern des Spülwassers. Es fließt, über die Zwischenwände des Troges aus geteertem Holz überfallend, von V nach II, kühlt dort die auf Pfosten stehenden Brenntöpfe und steigt durch die Marmorbrocken in I zum Abfluß auf. Auch in II und III liegen zur Neutralisation der Säuren Marmorbrocken. Beim Spülen geht man gegen den Wasserstrom von III über IV nach V.

waren von Kupfer, Zink und Quecksilber. Werden nun die verquickten Gegenstände abgespült und dann ins Silberbad gebracht, so tritt auch etwas von dem erst niedergeschlagenen Silber in die Amalgamschicht über, so daß diese eben einen solchen Übergang vom Grundmetall zum Niederschlag bildet, daß ein festes Haften des letzteren gewährleistet ist. Eine recht gute Quicke erhält man, wenn man in je 1 l Wasser 10 bis 20 g Kaliumquecksilberzyanid löst und noch etwa 5 bis 10 g Kaliumzyanid zugibt. Brauchbar ist auch eine »saure« Quicke, die man durch Auflösung von 5 bis 20 g Quecksilbernitrat je 1 l Wasser ansetzt. Einer solchen Quicke fügt man gewöhnlich auch einige Tropfen Salpetersäure zu.

Am Schluß dieses Abschnittes müssen wir jetzt noch der Verfahren zum Abziehen alter oder fehlerhafter Niederschläge gedenken, der sogenannten »Entmetallisierungsverfahren«. Das Entnickeln und Entchromen soll später besprochen werden (S. 112); was das Entsilbern von Löffeln, Gabeln und dergleichen Stücken aus der »Alpaka« genannten Kupfer-Nickel-Zink-Legierung anbelangt, geschieht es am besten dadurch, daß man sie in eine Mischung von 1 Raumteil konz. Salpetersäure und 2 Raumteilen konz. Schwefelsäure einlegt. Die Silberhaut löst sich rasch in Fetzen und Flittern, so daß man die Gegenstände bald aus der »Sprenge« herausnehmen, spülen, trocknen und der weiteren Vorbereitungsarbeit für die Neuversilberung zuführen kann. Läßt die Wirkung der Sprenge nach, hat sie ihre Schuldigkeit getan, dann zieht man sie durch einen Glasheber in dünnem Strahl in einen reichlichen Überschuß von Wasser ab, und fällt das in Lösung gegangene Silber mit Kochsalz als Silberchlorid aus (vgl. S. 133ff.). Nachdem es sich abgesetzt hat, filtriert man es auf einem Tuch ab, wäscht es mit Wasser und verarbeitet es weiter, wenn man es nicht vorzieht, es einer Scheideanstalt zu verkaufen, ebenso wie den im Behälter der Sprenge nach dem Abziehen verbliebenen Silberschlamm. Ihn reinigt man durch wiederholtes Aufgießen von Wasser und Abziehen der über dem wieder abgelagerten Bodensatz stehenden Flüssigkeit.

Das Entgolden geschieht hingegen »mit Strom« und zwar in einem Bad, zu dessen Bereitung man je 1 l des Elektrolyten 50 g Kaliumcyanid, 20 g Alaun und 30 g Kaliumferrocyanid in Wasser löst. Die zu entgoldenden Waren hängt man, verbunden mit dem + Pol der Stromquelle ein, als Anoden verwendet man Kupferbleche und arbeitet mit einer Klemmenspannung von 5 bis 10 V. Wertvoll ist, daß die Waren beim Entgolden einen recht hübschen Glanz annehmen. Wegen des Ausbringen des Goldes aus solchen Bädern verweisen wir den Leser auf die Darlegungen S. 163.

Das »Entmessingen«, das elektrolytische Entfernen der beim »Tauchlöten« der Rahmen und Gabeln von Fahrrädern um die Lötstellen stehenbleibenden Messinghaut und Perlen wollen wir bloß erwähnen.

Gewöhnliche galvanostegische Verfahren
Bereitung, Handhabung und Pflege der Bäder

Zunächst besprechen wir jene Bäder, die wir in der Einleitung als »saure« bezeichnet haben, bei denen p_H kleiner ist als 7. Es sind dies die Chrombäder, die Nickel- und Nickelkobaltbäder, die sauren Zink- und Kupferbäder, sowie die seltener gebrauchten Eisen- und Bleibäder.

1. Chrombäder

Das Verchromen ist heute eine der wichtigsten Arbeiten der Galvanotechnik. Vor ihrer Erläuterung und der Beschreibung der Bäder, aus denen man Chrom abscheiden kann, mögen einige Worte über seine Geschichte Platz finden.

Entdeckt wurde es 1778 von dem französischen Chemiker Vauquelin, um dann durch fast hundert Jahre das Schicksal mancher anderer Metalle zu teilen, deren Gewinnung in größeren Mengen nicht möglich war, für die man keine rechte Verwendung wußte, und die man daher links liegen ließ. Erst als Goldschmidt und Vautin gegen Ende des vorigen Jahrhunderts zeigten, daß man Aluminium auf Kosten des Sauerstoffes von Metalloxyden, zum Beispiel auch von Chromoxyd, zu Aluminiumoxyd verbrennen kann:

$$\underset{\text{Aluminium}}{2\,Al} + \underset{\text{Chromoxyd}}{Cr_2O_3} = \underset{\text{Aluminiumoxyd}}{Al_2O_3} + \underset{\text{Chrom}}{2\,Cr}$$

wurde es anders, denn mit Hilfe des »aluminothermischen« Verfahrens konnte man jetzt größere Mengen recht reinen Chroms darstellen. Es ist ein dem Eisen und dem Nickel nahe verwandtes Metall, das poliert einen bläulichen Silberton zeigt. Sein Schmelzpunkt liegt um 1550°, seine Dichte bei 6,9, kurz es verleugnet weder im Aussehen noch in seinem sonstigen Gehaben seine Verwandten. Eine gute Eigenschaft hat allerdings das Chrom vor ihnen voraus, nämlich seine Unveränderlichkeit sowohl an trockener, als auch an feuchter Luft; erst bei ziemlich starkem Erhitzen läuft es an. Goldschmidt gelang es also, wie gesagt, als Erstem, nahezu reines Chrom in größeren Mengen darzustellen, und nun begannen ihm auch die Hüttenleute Beachtung zu schenken, da sie inzwischen die Bedeutung seiner Legierungen mit Eisen erkannt hatten. Solche mit höheren Gehalten an Chrom sind ja die bekannten

»rostfreien« Stähle. Die Beständigkeit des Chroms an feuchter Luft, die es, wie wir eben gehört haben, sogar Legierungen mit Eisen mitteilt, ließ aber wiederum die Galvanotechniker nicht ruhen. War es doch für sie eine verlockende Aufgabe, ein Bad zu finden, in dem man verchromen kann. Ein solches stellte bei uns 1906 Dr. Salzer, damals Chemiker des Hauses Dr. G. Langbein & Co. in Leipzig, zusammen, er fand aber keinen Anklang. Schon vorher, 1902, hatte der Amerikaner G. I. Sargent mit wichtigen Versuchen begonnen. Ihren Wert erkennend gingen bedeutende Fachleute seines Landes ihrerseits ans Werk, und nach 1920 auch wiederum namhafte deutsche Gelehrte, unter ihnen E. Liebreich. Seine Arbeiten führten zur Erteilung des D. R. P. 448526, dessen bald heiß umstrittenen Ansprüche schließlich das Reichsgericht als berechtigt anerkannte[1]). Auf die weitere Entwicklung der Patentlage im In- und Auslande können wir hier nicht eingehen. Wir empfehlen deshalb dem Leser, der zu dem einen oder den anderen Zweck das Verchromen aufnehmen will, sich an ein Haus zu halten, welches Patentstreitigkeiten nicht zu fürchten hat, damit er nicht anstoße und wenden uns zur Besprechung der Bäder, ihrer Handhabung und Pflege. Eine ebenso leicht faßliche wie eingehende Sonderschrift darüber, die auch im Bücherverzeichnis angeführt ist, verdanken wir dem namhaften deutschen Elektrochemiker Pfanhauser; sie recht aufmerksam zu lesen, sei jedem künftigen Verchromer ebenfalls dringend empfohlen.

Zur Aufnahme des Elektrolyten dienen heute wohl stets aus Eisenblech »autogen« geschweißte Wannen, deren Wände und Böden man mit Glasplatten gegen »vagabundierende« Ströme abschirmt. Um ihren Inhalt erwärmen zu können, stellt man sie in Überwannen aus Eisenblech; den Zwischenraum zwischen dem äußeren und dem inneren Gefäß füllt man, wie wir es gleich hören werden, bis zur angemessenen Höhe mit Wasser, in dem eine Heizschlange liegt, wenn man es nicht vorzieht, unter der äußeren Wanne einen Gasbrenner anzubringen. Den Elektrolyten bereitet man im Badbehälter selbst, und zwar beschickt man ihn zu etwa einem Drittel mit Wasser, läßt aber gleichzeitig solches auch in die äußere Wanne einströmen, damit die innere nicht aufschwimme und trägt in letztere mit einer eisernen Schaufel das inzwischen bereit gestellte Chromsäureanhydrid (S. 213) ein. Dabei schützt man die Hände mit Gummihandschuhen und die Atmungsorgane zum

[1]) Vgl. dazu: Iusth, Nochmals zur Frage des D.R.P. 448526, Metallwaren-Industrie und Galvano-Technik 29/1931, S. 526ff. und: Elektro-Chrom-Gesellschaft m. b. H., Die Monopolbestrebungen der Chrom-Interessen-Gemeinschaft und ihre Gefahr für die Metallwaren-Industrie, ebenda S. 528f.

mindesten durch ein vor Mund und Nase gebundenes nasses Handtuch. Für 1 l eines gewöhnlichen, warm zu gebrauchenden Chrombades rechnet man bei uns 350 bis höchstens 450 g »Chromsäure«, für deren Lösung man durch fleißiges Rühren mit einem Holzstab sorgt. Hierauf fügt man beim Bereiten eines Bades der älteren Art etwa 5 g Chromichromat (S. 213), sowie $^1/_{400}$ der aufgewendeten Chromsäure an reiner konz. Schwefelsäure zu, also zum Beispiel 1 g Schwefelsäure für 400 g Chromsäure. Sodann füllt man auf, durch Zufüllen von Wasser auch in die Außenwanne mit dem Steigen der Flüssigkeit im Badraum Schritt haltend, und erwärmt schließlich dessen Inhalt auf 70 bis 80°. Überdies vergesse man nicht, ihn immer wieder durchzurühren, um so alle Chromsäure in Lösung zu bringen und die Aufnahme des schwer löslichen Chromichromates zur beschleunigen. Wenn sie nach einigen Stunden vollendet, und die Temperatur der Flüssigkeit inzwischen auf 35 bis 40° gesunken ist, hängt man die Anoden aus Hartblei ein, von denen noch die Rede sein wird, sowie an die Warenstange ein Eisenblech und »aktiviert« den Elektrolyten, indem man während etwa zehn Minuten durch ihn Strom, entsprechend einer Stromdichte von ungefähr 10 A fließen läßt. Und nun beginnt man mit dem Abstimmen durch Zugabe kleiner Mengen von Chromichromat und konz. Schwefelsäure, von der im fertigen Bad $^1/_{200}$ bis höchstens $^1/_{160}$ des aufgewendeten Chromsäureanhydrides vorhanden sein soll. Hat man also von letzterem 400 g je 1 l des Elektrolyten gelöst, so soll man mit der Schwefelsäure nicht über 2 bis höchstens 2,5 g je 1 l gehen. Vom Chromichromat rührt man eine angemessene Menge in einer Porzellanschüssel mit Badflüssigkeit zu einem dünnen Brei an, den man vorsichtig auf 70 bis 80° erwärmt, um ihm mit einem eisernen Löffel kleine Anteile zu entnehmen und mit dem Holzstab im Bad zu verteilen. Daß das Ziel der Abstimmungsarbeit erreicht ist, erkennt man daran, daß auf Streifen blanken und reinen Messingbleches, die man neben das Aktivierungsblech hängt, ein glänzender Niederschlag, frei von braunen Flecken oder matten Stellen anfällt.

Bäder älterer Art zieht der Verfasser vor, wenn es sich um das Verchromen von Tiefdruckplatten handelt; bei jenen Arbeiten, die galvanotechnischen Betrieben für gewöhnlich anfallen, sind ihnen jedoch die neuerer Art überlegen, weil sie besser streuen und »in die Tiefe« wirken. Bei ihrer Bereitung entfällt auch das Zugeben von Chromichromat zur Lösung der Chromsäure, hingegen muß man jene Stoffe eintragen, von welchen man nebst Schwefelsäure die nötige Menge zugewiesen erhält. Sie werden bei fleißigem Rühren schon von der auf bloß etwa 40° erwärmten Chromsäurelösung rasch aufgenommen.

Da ferner, wenn man richtig gearbeitet hat, ein Abstimmen nicht nötig ist, kann man nach dem Aktivieren sofort mit der Arbeit beginnen. Bei dieser verwendet man, wie schon angedeutet wurde, bei uns

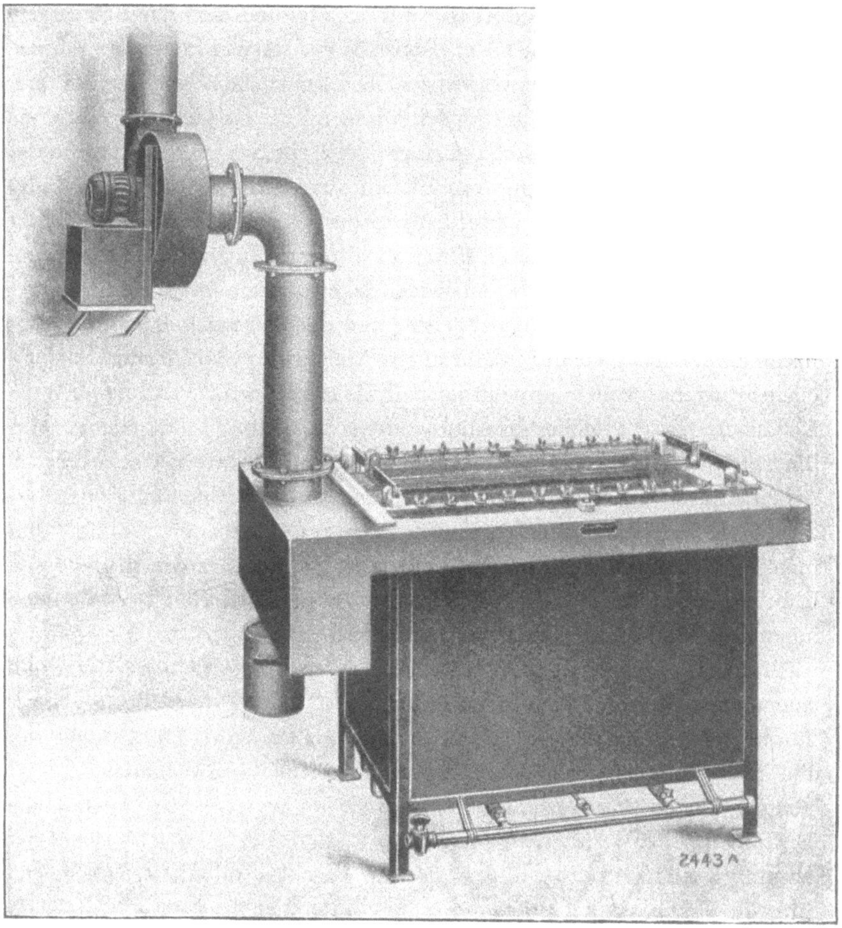

Abb. 74. Kleines Chrombad mit Gasheizung der Außenwanne. Man sieht die Flügelmuttern zum Festklemmen der Anodenstreifen auf den Anodenstangen und zwischen diesen die auf Querschienen verschiebbare Warenstange. Im Abscheiderkasten links sammeln sich die vom Exhaustor an der Wand durch die viereckige Rohrleitung mit Schlitzen abgesaugten Tröpfchen aus den Badnebeln.

meist Anoden aus Hartblei von 3 bis 6 cm Breite. Dadurch, daß man ihre Zahl vermehrt oder verringert, regelt man die Anodenfläche, die beiläufig die Hälfte, jedenfalls nicht mehr als zwei Drittel der Warenfläche sein soll. Um aber die Bleistreifen sicher und fest an den Anodenstangen aus Flachkupfer befestigen zu können, lötet man sie an geschlitzte Stücke von Kupferblech, die man unter Flügelmuttern klemmt (Abb. 74). Man arbeitet nämlich beim Verchromen mit Stromdichten von 5 bis 20 A, also bedeutend höheren, als den in der Galvanotechnik ansonst üblichen. Eben deshalb muß man sowohl auf der Seite der Anoden, wie auch auf der der Ware, für gute Kontakte sorgen, um Übergangswiderstände zu vermeiden. Die hohen Stromdichten machen aber auch noch eine weitere Maßnahme nötig. Da, wie wir noch erörtern werden, nur ein recht geringer Teil des Stromes, der durch das Bad geht, zur Abscheidung von Chrom ausgenützt werden kann, und der weitaus größere Teil bei der Entwicklung von Wasserstoff verbraucht wird, steigen Blasen dieses Gases in Strömen an den eingehängten Gegenständen auf. An den Anoden dagegen, von denen nur wenig schwer lösliches Bleichromat abgeht, und die sich rasch mit einem fest haftendem Belag von dunkelbraunen Bleisuperoxyd bedecken, steigen ebenso Ströme von Sauerstoffblasen auf. Dabei wird Badflüssigkeit zu Nebeln feiner Tröpfchen zerstäubt; wenn man ihre Verbreitung nicht hindert, machen sie sehr bald nicht nur einen längeren Aufenthalt im Arbeitsraum unmöglich, sondern schädigen auch die Gesundheit der dort tätigen Gefolgsleute. Die Verbreitung dieser gefährlichen Wolken kann man nun dadurch unterbinden, daß man sie, ähnlich wie die nitrosen Dämpfe einer Brenne (S. 160), gleich dort wo sie entstehen, also knapp über dem Badspiegel, absaugt. Man kann aber auch ihre Entstehung verhindern, indem man auf den Elektrolyten eine Schicht Paraffinöl oder eines anderen ölig-flüssigen Stoffes gießt, der auf der Chromsäurelösung schwimmt und von ihr nicht angegriffen wird. Die Schicht soll die Tröpfchen abfangen und nur unschädliche Gase durchlassen. Das erstere Verfahren ist sicherlich das weitaus bessere; den Anstoß zur Einführung des letzteren gab wohl vor allem der Wunsch nach Verchromungsanlagen, die billiger waren, als die mit Absaugevorrichtungen. Gewiß kann man auch ohne eine solche arbeiten, nur darf man das Bad nicht sehr belasten, weil sonst der Andrang der Blasen gegen die Schutzschicht zu groß wird, und ferner muß man die Waren naß einbringen, damit nicht beim Durchtauchen durch das Öl ein fettiger Belag an ihnen haften bleibe und beim Verchromen matte Flecken entstehen. Dem Wunsch nach billigeren Anlagen suchte man übrigens auch durch das »kalte Verchromen« Rechnung zu tragen, das heißt, durch Plattieren in nicht erwärmten Elektrolyten mit Stromdichten von etwa 2 bis 5 A; dabei erzielte man jedoch bloß Niederschläge mit bläulichem Ton, denen das rechte Feuer fehlte, so daß es nur noch ausnahmsweise in Betracht kommt. Gut bewährt haben sich dagegen Ringbäder (S. 77), sowie Geräte besonderer Bauart zur Ausfertigung kleinstückiger Massenware.

Fassen wir also die vorstehenden Darlegungen zusammen, so kann man sagen, daß es heute bei uns üblich ist, in Elektrolyten zu verchromen, die man in eisernen, mit Glasplatten abgeschirmten und mit Absaugevorrichtungen für die Tröpfchennebel ausgerüsteten Wannen unterbringt. Zum Gebrauch erwärmt man die Bäder auf 35 bis 45° und verwendet als Anoden Streifen aus Hartblei. Da man mit hohen

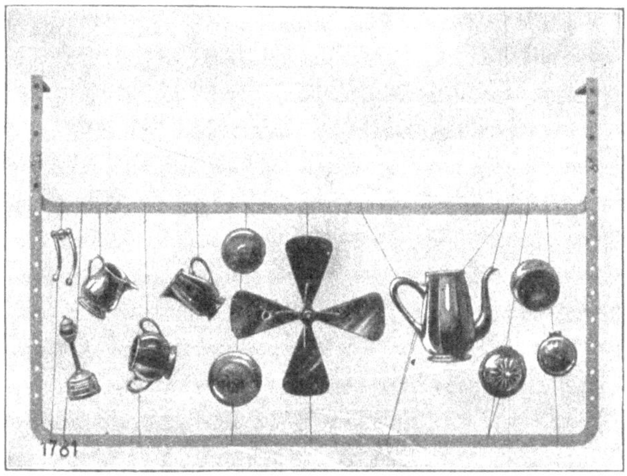

Abb. 75. Verstellbarer Verchromungsrahmen aus Flachkupfer.

Stromdichten arbeiten muß, versieht man die Anodenstangen und in der Regel auch die Warenstangen mit Flügelmuttern zum Festklemmen der Anodenstreifen, sowie der Aufhängedrähte oder der Träger für die Waren. Als solche dienen zum Einbinden kleinerer Stücke mit 0,5 mm starkem Kupferdraht Rahmen aus Flachkupfer (Abb. 75). Selbstverständlich kann man kleine Teile, die man einzeln einhängen will, auch in der gewohnten Art an Kupferdrähten anfädeln, nur müssen diese so dick sein, daß sie beim Durchfließen des Stromes nicht allzu heiß werden. Für größere Gegenstände, die einzeln zu plattieren sind, bereitet man sich jedoch ihrer Form entsprechende Halter vor, an denen man sie festklemmt oder mit Kupferdrähten befestigt. Um da das Richtige zu treffen, bedarf es einiger Erfahrung. Sodann säubert man das zu plattierende Gut noch einmal recht sorgfältig durch Abreiben mit Lappen, mit denen man etwas Wienerkalk aufgenommen hat, sowie schließlich mit reinen, weichen Lappen und hängt es trocken in das Bad; dort wird der feine Fetthauch, der auf den Waren verblieben ist, sofort zerstört. Hat man jedoch besondere Gründe dafür, dann mag man sie wie gewöhnlich dekapieren, etwa elektrolytisch, und naß einbringen, ja bei einem Bad mit einer Schutzschicht geht es, wie wir wissen, überhaupt nicht anders. Nur ist es ratsam, die Stücke während zwei bis drei Sekunden leicht zu schwenken, bevor man sie an die Warenstange anschließt, um so ihre Wasserhaut durch Badflüssigkeit zu verdrängen.

Unmittelbar verchromen kann man Gegenstände aus Eisen, Nickel, Kupfer und dessen Legierungen, sowie vernickelte Teile; solche aus Zink, Blei, Zinn und deren Legierungen sind vorerst zum mindesten solid zu verkupfern. Der Niederschlag soll auf geglänzter Ware tadellos glänzend anfallen, so daß sie, wenn sie nicht gar zu lang im Bad verblieben ist, einer Nachbehandlung durch den Schleifer nicht bedarf. Ist eine solche dennoch nötig, dann bedient er sich erst der grünen, aus Chromoxyd bereiteten und hierauf der weißen Paste. Vernickelte und geglänzte Stücke pflegt man übrigens bloß 3 bis 5 Minuten im Bad zu belassen, worauf sie nach dem Spülen und Trocknen zur Ablieferung bereit sein müssen.

Auf eine Erläuterung der Wirkungsweise unserer Chrombäder, die unter den galvanotechnischen Bädern eine Sonderstellung einnehmen, sowie der Vorgänge, die sich im Kathodenfilm und an den Anoden abspielen, können wir hier nicht eingehen[1]). Wir begnügen uns also damit, uns zu merken, daß das Amperestundengewicht des Chroms, das aus Elektrolyten des geschilderten Aufbaues ausfällt, 0,3234 g ist. Wir wissen aber auch schon, daß nur ein recht geringer Teil des Stromes, der durch den Elektrolyten fließt, zur Gewinnung von Chrom ausgenützt werden kann; weitaus der größere Teil wird bei der Entwicklung von Wasserstoff verbraucht. Daß das Chrom bei seiner Abscheidung solchen aufnimmt, sich mit ihm legiert, verleiht dem Niederschlag seine für uns so wertvolle hohe Härte. Die Stromausbeute ist also eine sehr niedrige und zwar, wie es die folgende Zusammenstellung zeigt, um so niedriger, je kleiner die Stromdichte ist, mit der wir arbeiten, und je höher die Temperatur des Elektrolyten. Die Tabelle gilt nach Pfanhauser (Verchromungstechnik S. 79) für eine Lösung,

---

[1]) Vielleicht hat Bilitter gerade an die Chrombäder gedacht, als er schrieb (Prinzipien, S. 17): »Man ist in Wahrheit heute noch weit davon entfernt, den Mechanismus der kathodischen Abscheidung eines Metalls aus seinen Salzlösungen verfolgen und beschreiben zu können; was uns die bisherigen Untersuchungen an die Hand geben, sind nichts als recht ungefähre Anhaltspunkte.« Der Verfasser rät dem Leser, beim Durcharbeiten dieses und anderer Werke über Galvanotechnik den angeführten trefflichen Ausspruch niemals zu vergessen.

zu deren Herstellung laut der Vorschrift auf S. 106 wir 400 g Chromsäureanhydrid, sowie 2 g Schwefelsäure je 1 l aufgewendet haben[1]):

Bei einer Stromdichte von:	und einer Temperatur von: 30⁰	35⁰	40⁰	45⁰	50⁰
	ist die Stromausbeute ungefähr %:				
5 A	8,2	**7,1**	5,9	5,0	4,1
10 A	15,2	12,5	**9,8**	8,1	6,3
15 A	19,3	15,9	12,5	**10,6**	8,6
20 A	23,9	19,9	15,9	15,4	**10,9**

Mit den schlechten Stromausbeuten muß man sich aber abfinden, weil nicht nur eingehende Versuche, sondern auch die Wahrnehmungen in der Praxis erwiesen haben, daß man bei einer Temperatur des Elektrolyten von 35 bis 40⁰ mit den im besonderen Fall angemessenen Stromdichten die schönsten Niederschläge von tadellosem Glanz erzielt. Waren aus Kupfer und dessen Legierungen, die man unmittelbar verchromen und längere Zeit, 1 Stunde und noch darüber, im Bad belassen will, mag man mit Stromdichten von etwa 8 bis 12 A bearbeiten. Vernickeltes Gut aus Messing, Bronze oder Eisen hingegen, das nur für 3 bis 5 Minuten eingehängt wird, pflegt man durch 15 Sekunden mit einer Stromdichte von ungefähr 20 A zu decken und geht sodann auf beiläufig 15 A zurück. Dabei sollen von der Ware keine großen, vielmehr bloß Scharen kleiner Gasblasen aufsteigen. Die Spannungen, deren man bedarf, um die angegebenen Stromdichten zu erreichen, liegen zwischen 3,5 und 6,5 V. Damit man sie rasch einstellen könne, ohne den Betrieb anderer Bäder zu stören, weist man schon einigermaßen größeren ruhenden, jedenfalls aber Ringbädern stets eine eigene Stromquelle zu (S. 65).

Die aus dem Bad ausgehobenen Stücke läßt man gut abtropfen und spült sie dann, um die an ihnen haftenden Teile des Elektrolyten zu sammeln, erst in einer Wanne mit stehendem Wasser. Aus ihr füllt man das Bad nach Bedarf auf. Nach dieser Spülung geht man in fließendes Wasser, sowie unter die Brause, allenfalls hierauf in verdünnte

[1]) Nach Blum und Hogaboom, die sich dabei auf Haring und Barrows berufen (Principles of electroplating, S. 302) sind die Verhältnisse in einem Elektrolyten, von dem 1 l aus 250 g Chromsäureanhydrid und 2,5 g Schwefelsäure hergestellt wurde, etwas besser. Dies zeigen die folgenden Zahlen, welche der Leser mit den fett gedruckten der oben stehenden Tabelle vergleichen wolle:

Badtemperatur:	35⁰	40⁰	45⁰	50⁰
Stromdichte, A:	6	10,5	15,5	22
Stromausbeute %:	**9**	**12**	**14**	**15**

Dennoch zieht man bei uns im allgemeinen konzentriertere Bäder vor, in denen für gelegentliche hohe Beanspruchungen im Betrieb ausreichende Reserven an Chromsäure vorhanden sind.

Sodalösung und nochmals in fließendes Wasser, um nur ja die letzten Reste von Chromsäure in allen Winkeln und Höhlungen zu neutralisieren und von dort wegzuwaschen. Ist übrigens eine Verchromung auf Waren aus Kupfer und dessen Legierungen oder auf vernickelten Gegenständen mißlungen, dann kann man sie leicht abziehen, indem man die Teile in ein Gefäß aus Holz oder Steinzeug legt, in dem sich eine Mischung von 1 Raumteil konz. Salzsäure mit 3 Raumteilen Wasser befindet; es ist gut, ihr etwas Weingeist, beiläufig den zwanzigsten Teil ihrer Menge, zuzusetzen.

Selbstverständlich ändert sich im Lauf der Zeit auch die Zusammensetzung eines Chrombades, so wie die jedes anderen galvanotechnischen Bades, zum mindesten wenn man es benützt. Erstens verarmt der Elektrolyt an Chrom, da ja von den Bleianoden keines in Lösung geht. Man muß also den Abgang durch gelegentliches Nachlösen von Chromsäureanhydrid in der Badflüssigkeit decken. Zweitens schleppt man bei der Arbeit fortwährend Anteile von ihr aus: daher sinkt der Gehalt an Schwefelsäure oder an den sie ersetzenden Fremdsäuren. Weiter verschiebt sich beim Durchgang des Stromes in der Regel das Verhältnis zwischen dem in Chromsäure und dem in anderer Art gebundenen Chrom und schließlich wird Eisen als unliebsame Verunreinigung aus den Wänden der Eisenwanne aufgenommen. Was das Aufbessern mit Chromsäureanhydrid anbelangt, ist es ein nahe liegender Gedanke, sich dabei von Messungen der Dichte mit dem Aräometer (S. 228) leiten zu lassen, so wie P f a n h a u s e r schon 1926 empfahl. Nach ihm bestehen (Verchromungstechnik, S. 23) bei Zimmertemperatur ungefähr die folgenden Beziehungen:

Bei einem Gehalt von Litergrammen Chromsäureanhydrid:	spindelt eine wäßrige Lösung von Chromsäureanhydrid °B:
200	17,7
225	19,8
250	22,0
300	25,0
330	26,9
360	28,8
370	29,4
380	30,0
390	30,6
400	31,2
410	31,8
420	32,4

In dem für uns besonders wichtigen Bereich von 360 bis 420 Litergrammen Chromsäure entspricht also einer Zunahme der Konzentration um 10 Litergramme Chromsäure einem Steigen der Dichte um rund 0,6° B, das heißt:

10 Litergramme: 0,6 = rund 16,7 Litergramme Chromsäureanhydrid vermehren die Dichte eines Bades um 1° B.

Will man daher z. B. die Dichte eines Elektrolyten, der 28,9° B spindelt, auf 31,2° B bringen, sie um:

$$31{,}2^0 - 28{,}9^0 = 2{,}3^0 \text{ B}$$

erhöhen, dann muß man ihm je 1 l:

$$16{,}7 \text{ g} \times 2{,}3 = 38{,}4 \text{ g Chromsäureanhydrid}$$

zuführen. Dies bleibt auch dann so ziemlich richtig, wenn die von Pfanhauser angegebenen ungefähren Beziehungen zwischen der Dichte eines Bades und seinem Gehalt an Chromsäureanhydrid nicht mehr stimmen. Sie gelten ja nur für reine Chromsäurelösungen, und nicht für solche, in denen etwa bereits nennenswerte Mengen an Eisenverbindungen als lästige Verunreinigung vorhanden sind. Zeigen sich, trotzdem man die Dichte eines Bades durch Zulösen von Chromsäureanhydrid richtiggestellt hat, dennoch Mangel, etwa matte oder gar gelbbraune Flecken auf der Ware, dann ist es für den Praktiker am besten, an das Haus, das ihn beliefert, eine Probe des Bades zu senden[1]). Man wird sie dort untersuchen und ihm genaue Weisungen geben, was er zu tun hat. Keinesfalls greife er, wie es leider nur zu häufig geschieht, gleich zur Flasche mit der Schwefelsäure. Man kann zwar einen Überschuß an ihr wiederum durch Einrühren von Bariumcarbonat (S. 23) oder von Bariumhydroxyd entfernen, jedoch ist dies keineswegs eine angenehme und stets mit Verlusten an Badflüssigkeit verbundene Arbeit. Man bedenke, daß es stets leichter ist, den Karren nicht in den Graben laufen zu lassen, als ihn wieder auf die Straße zurückzuschleppen. Und schließlich vergesse man auch nicht, daß Chrombadflüssigkeit nicht nur häßliche Flecken auf der Haut, sowie auf Wäsche und Kleidungsstücken erzeugt, sondern daß sie auch sehr giftig ist. Die Flecken kann man durch Befeuchten mit wäßrigem Ammoniak, darauf folgendes Waschen mit sehr verdünnter Salzsäure, der man etwas Weingeist zugefügt hat, neuerliches Durchtränken mit Ammoniak und

[1]) Den geschulten Chemiker verweist der Verfasser auf das im Bücherverzeichnis angeführte Werkchen über die Untersuchung der galvanotechnischen Bäder. Hierbei betont er, daß wir über Schnellverfahren zur Bestimmung jener Fremdsäuren, welche die Bäder neuerer Art zur Erhöhung der Streuung und der Tiefenwirkung neben der Schwefelsäure enthalten, bisher leider nicht verfügen.

nochmaliges Waschen mit Wasser meist so ziemlich wegbringen. Besser ist es jedoch, sich so auszurüsten, daß derartige Reinigungsarbeiten nicht nötig werden und auf jeden Fall die Hände mit Gummihandschuhen zu schützen.

Nun mögen noch einige Worte über das »Hartverchromen« folgen; unsere Ausführungen können deshalb kurz sein, weil es größeren Betrieben vorbehalten ist, wo man Erfahrungen über die Anforderungen an die Werkzeuge, Meßgeräte und Erzeugnisse des neuzeitigen Maschinenbaues hat. Wenn sich eine solche Werkstätte für das Hartverchromen einrichtet, werden übrigens ihre Fachleute von der Fabrik, welche dazu die Anlage liefert, auf das eingehendste unterwiesen.

Beim Hartverchromen macht man sich die hohe Härte von 65 bis 70° Rockwell[1]) zunutze, welche nach dem Verfahren gewonnene elektrolytische Chromniederschläge haben. Sie werden meist in Dicken von 0,05 bis 0,2 mm hergestellt, man kann jedoch ohne weiteres auch solche von 0,5 mm und noch mehr erreichen. Ihr Zweck ist es, den Stellen der Werkzeuge, als Reibahlen, Spiralbohrer, Fräser, Ziehringe, Lehren oder der Maschinenteile, z. B. Kurbelwellen, auf denen man sie aufträgt, besondere Widerstandsfähigkeit gegen die Abnützung beim Gebrauch zu geben. Vor allem ist es nun nötig, die Gegenstände so an den Einhängevorrichtungen zu befestigen, sie so mit Lacküberzügen oder passenden Stücken aus isolierenden Stoffen abzudecken und allenfalls Hilfsanoden anzubringen, daß der Niederschlag nur dort anfällt, wo man ihn braucht. Ferner muß man seine Dicke berücksichtigen, das heißt, die Gegenstände mit entsprechendem Untermaß der zu verchromenden Teile einhängen und schließlich den Niederschlag auf das richtige Maß zuschleifen. Bei diesem Vorrichten der Waren zeigt sich die Kunst des Hartverchromers, der in Bädern besonderer Zusammensetzung arbeitet, und zwar bei höheren Temperaturen des Elektrolyten als den beim gewöhnlichen Verchromen üblichen und auch mit bedeutend höheren Stromdichten von 20 bis 100 A. Daß man von einer guten Hartverchromung verlangt, daß sie gleichmäßig feinkristallin sei und unlösbar fest auf ihrer Unterlage hafte, ist wohl selbstverständlich.

An der Grenze zwischen dem gewöhnlichen und dem eigentlichen Hartverchromen steht das Verchromen von Tiefdruckplatten, sowie von

---

[1]) Man mißt sie nicht mit dem gewöhnlichen Apparat, sondern mit dem Pyramiden-Härteprüfer nach Vickers, bei dem eine vierseitige Diamantpyramide mit 136° Kantenwinkel unter ganz geringer Belastung einschneidet. Die Grundfläche des Eindruckes ist das Maß für die Härte; sie wird mit dem Mikroskop ermittelt. In der Skala von Mohs entspricht die Härte eines Hartchromniederschlages der des Korunds, also der Stufe 9.

Druckwalzen für die Graphik und für die »Rouleaux« der Zeugfärbereien mit Stromdichten von 10 bis 20 A.

Was schließlich das »Schwarzverchromen« anbelangt, von dem vor einiger Zeit viel gesprochen wurde, hätte es wohl vor allem für die Metallfärbung Bedeutung, konnte eine solche jedoch vorläufig noch nicht erlangen. Wir begnügen uns daher damit, es zu erwähnen und zu bemerken, daß z. B. aus einer Lösung von Chromsäureanhydrid, der keine Schwefelsäure beigesetzt wurde, bei hohen Stromdichten schwarze glänzende Niederschläge anfallen sollen.

2. Nickelbäder und Nickelkobaltbäder

Über die Wirkungsweise eines Nickelbades haben wir bereits auf S. 40 f. einige Andeutungen gemacht. Wenn verwendbar, muß es so beschaffen sein, daß bei angemessenen Stromdichten an der entsprechend vorbereiteten Ware ein fest haftender, dichter, zäher, von Poren freier Niederschlag anwächst, den man, wenn nötig, »glänzen« kann, ohne daß er »aufsteht«. Seine Härte verdankt er dem Umstand, daß er bei seiner Entstehung etwas Wasserstoff aufnimmt; solcher scheidet sich neben dem Nickel an den Werkstücken aus, jedoch in so geringer Menge, daß man mit freiem Auge ein Aufperlen von Gasbläschen in der Flüssigkeit nicht wahrnimmt. Sie muß schwach sauer sein, und wenn sie die richtige »Reaktion« hat, ändert sie beim Gebrauch auch ihre Zusammensetzung nur wenig, weil von den Anoden ungefähr gleich viel Metall in Lösung geht, wie sich an den bearbeiteten Gegenständen ansetzt. Entladen werden sollen also dort nur Ionen $Ni^{\cdot\cdot}$, neben verhältnismäßig wenig Ionen $H^{\cdot}$; an der Beförderung von + Elektrizität zur — geladenen Ware hingegen beteiligen sich alle überhaupt vorhandenen Ionen, die »Portionen« positiver Elektrizität tragen, z. B. die aus »Leitsalzen« stammenden Ionen $Na^{\cdot}$.

Zur Bereitung des auf S. 40 f. besprochenen Elektrolyten nahmen wir als »Metallsalz« Nickelsulfat und als »Leitsalz« Natriumsulfat. Bei der Herstellung der in der Praxis üblichen Lösungen dienen jedoch als Leitsalze auch Ammoniumchlorid, Ammoniumsulfat, manchmal Natriumchlorid und überdies fügt man ihnen Stoffe zu, denen man einen Einfluß auf die Beschaffenheit des Niederschlages zuschreibt. Solche sind unter anderen Natriumcitrat, Magnesiumsulfat, Salze der Flußsäure und ferner gehören zu ihnen die »Glanzzusätze«, von denen wir noch hören werden. Aus Ansätzen mit Magnesiumsulfat gewinnen wir tatsächlich Niederschläge, die dank eines geringen Gehaltes an Magnesium schön »weiß« sind, während »zitronensaure« Bäder besonders zähe

Plattierungen liefern sollen; deshalb gebrauchten sie die älteren Praktiker gern zur Ausfertigung von Stücken mit Spitzen und Schneiden, als Scheeren, Messern, wundärztlichen Geräten und Teilen von Zirkelzeugen. Dagegen zogen sie für die Bearbeitung eiserner Teile, damit diese nicht »nachrosten«, Bäder vor, die keine Chloride enthielten, obwohl sie wußten, daß diese die glatte Lösung der Anoden fördern. So kamen sie zu Vorschriften, wie z. B. den folgenden. Es sind zu lösen je 1 l eines

»zitronensauren« Bades:

D = 1,069, entsprechend 9,3° B:

70 g Nickelsulfat
15 g Natriumsulfat
20 g Natriumcitrat

»Bittersalzbades«:

D = 1,065, entsprechend 8,8° B, und p_H = um 5,4

70 g Nickelsulfat
20 g Natriumsulfat
15 g Magnesiumsulfat
7 g Borsäure

Bades für Messingwaren:

D = 1,051, entsprechend 6,8° B, und p_H = um 5,4

55 g Nickelsulfat
20 g Natriumsulfat
10 g Borsäure

Das an erster Stelle genannte Bad mit Natriumcitrat stimmt man durch vorsichtige Zugabe reiner Schwefelsäure ebenfalls auf $p_H = 5{,}4$ ab, das an letzter Stelle angeführte mag man zur leichten Vernicklung geglänzter Stücke aus Messing, Rotguß und Bronze verwenden, die man dazu nur für 20 bis 30 Minuten einhängt.

Beim Ansetzen solcher »dünnen« und, wie wir gleich bemerken wollen, auch der später zu besprechenden »starken« Bäder geht man stets folgendermaßen vor. Zunächst reinigt man die Wanne auf das sorgfältigste[1]) und füllt sie dann mit reinem Wasser, bis etwa zu vier

[1]) Holzwannen müssen stets aus gedämpften Bohlen gebaut sein. Man bestehe darauf, solche Wannen zu erhalten; selbstverständlich darf man sich nicht weigern, für sie den angemessenen Preis zu bezahlen. Ebenso sollen für die Verschalung

Fünfteln der Höhe, in welcher der Spiegel des fertigen Bades stehen soll. Hierauf hängt man an quer über das Bad gelegte Stangen gründlich gewaschene Beutel aus Filtertuch, so daß sie fast bis zum Rand eintauchen und häuft sie mit einer Holzschaufel voll mit Anteilen der zu lösenden Stoffe mit Ausnahme der Borsäure. Während Holzspäne, Papierfetzen und ähnliche Verunreinigungen zurückgehalten werden, lösen sich die Salze in den Säcken rasch auf und in dem Maß, wie deren Inhalt schwindet, ergänzt man ihn durch weitere Anteile des Lösegutes, bis dieses aufgebraucht ist. Nun löst man noch die Borsäure mit heißem Wasser in einem tadellosen Topf aus emailliertem Eisenblech, gießt dessen Inhalt durch einen frischen Filterbeutel in das Bad, füllt es auf, rührt es um, und es muß zum Gebrauch bereit sein[1]).

Mit Elektrolyten, die nach den angeführten oder ähnlichen Vorschriften im Betrieb selbst hergestellt wurden, schlugen sich also die älteren Praktiker schlecht und recht durch das Leben; wie gesagt begnügten sie sich dabei mit Stromdichten von 0,3 bis 0,5 A und einer recht rohen Einstellung der Reaktion mit blauem und rotem Lackmuspapier, sowie rotem Kongopapier (S. 20), denn Behelfe für eine genauere Abgleichung von p_H kannten sie ja noch nicht. Rotes Kongopapier durfte nicht braunviolett oder gar blau werden, denn dann war das Bad zu sauer und man »neutralisierte« es mit wäßrigem Ammoniak, einer Lösung von Natriumcarbonat oder Natriumhydroxyd (S. 19f.), bis das Kongopapier rot blieb und blaues Lackmuspapier bloß hellviolett wurde. Anderseits durfte aber auch blaues Lackmuspapier nicht unverändert bleiben oder rotes bläulich werden. Dann war das Bad wiederum zu wenig sauer, welchen Mangel man durch vorsichtiges Zugeben kleiner Anteile von konz. Schwefelsäure bei kräftigem Rühren und stetem Probieren mit den Indikatorpapieren abhalf. So blieb es, bis sich die Galvanotechniker im Wandel der Zeiten gezwungen sahen, aus ihren Vernickelungsanlagen mehr herauszuholen wie bisher, das heißt mit

der Bleiauskleidungen von größeren Wannen für Hochleistungsbäder nur gut gedämpfte Bretter und Leisten verwendet werden. In einem dem Verfasser bekannten Betrieb sind zwei solche Bäder je 2000 l, die zunächst prächtig ansprachen, binnen kurzer Zeit durch Verschalungen aus nicht gedämpftem Holz verdorben worden.

[1]) Die Borsäure löst sich nämlich nur langsam in kaltem, dagegen rasch und reichlich in heißem Wasser. Beim Ansetzen eines zum Gebrauch zu erwärmenden Bades wird man sich das gesonderte Auflösen der Borsäure selbstverständlich ersparen. Man erwärmt einfach in der ja dazu eingerichteten Wanne das reine Wasser, mit dem man sie zunächst bis zur angemessenen Höhe gefüllt hat und gibt auch die Borsäure in die Filtertuchsäcke.

Stromdichten von 0,8 bis 1,2 A, ja noch höheren zu arbeiten. Das geht aber mit Ansätzen der eben erläuterten Art nicht mehr, sondern bloß mit viel konzentrierteren, deren Dichte etwa 12 bis 18° B beträgt, und die man erwärmt, bewegt, sowie ständig filtriert (S. 81). Dies tut man, um sie blank zu halten und damit das Entstehen von Löchern in den Niederschlägen durch das Einwachsen von Sinkstoffen zu verhindern. Selbstverständlich müssen die Mengen von Nickelsulfat oder Nickelammoniumsulfat, und aller der anderen Stoffe, die man bei der Bereitung solcher »Hochleistungsbäder« verwendet, sorgfältig ausgewählt und gegeneinander abgestimmt sein. Es ist im Rahmen dieses Buches nicht möglich, auf Erörterungen über diesen gewiß sehr interessanten Gegenstand einzugehen und darzulegen, welche Wirkung man sich von der Vermehrung oder Verminderung des einen oder des anderen Präparates nach dem, was wir jetzt wissen, erwarten darf. Wir raten deshalb unseren Lesern, so zu tun, wie heute fast alle größeren Betriebe, nämlich die angemessene Menge eines fertig gemischten »Salzes« bei einer verläßlichen Fabrik zu kaufen, wenn es sich darum handelt, ein Hochleistungsbad oder überhaupt ein Nickelbad zu bereiten[1]). Diesem Rat wird man vielleicht entgegenhalten, daß man

[1]) Der Verfasser hat zu diesem Gegenstand in seinem Büchlein über die Untersuchung der galvanotechnischen Bäder usw. Folgendes gesagt: »Da nun manche Galvanotechniker noch immer glauben, sich etwas zu vergeben, wenn sie solche Präparate verwenden, statt ihre Bäder nach eigenen Vorschriften selbst anzusetzen, dürfte ein Wort über diesen Gegenstand wohl angebracht sein. Unser Fach hat im Kriege und seit dessen Ende einen ganz außerordentlichen Aufschwung genommen, insbesondere bei der Durchbildung der Geräte zur Bewältigung von Massengütern. All diese Behelfe erfordern aber ihrer Wirkungsweise zusagende Elektrolyte, deren richtige Zusammensetzung in mühevollen und kostspieligen Versuchen erprobt worden ist. Da ist es wohl begreiflich, daß das Ergebnis solcher Versuche nicht ohne weiteres preisgegeben wird, um so mehr, als eine Fabrik, die sich mit dem Bau der erwähnten Einrichtungen befaßt, für deren einwandfreie Arbeit doch nur dann Gewähr leisten wird, wenn man auch die für diese Anlagen und Apparate bereitgestellten Salze bei ihr kauft und genau nach ihren Anweisungen verwendet. Sehen wir jedoch von diesen Fällen ab und bleiben wir nur bei den fertigen Mischungen für gewöhnliche ‚ruhende' Bäder! Wenn man eine solche Mischung analysiert, was schließlich und endlich meist kein besonderes Kunststück ist, und sich das Gefundene dann recht überlegt, wird man nur zu dem Ergebnis kommen, daß die betreffende Fabrik — selbstverständlich denken wir nur an ein ernst zu nehmendes, wirklich verläßliches Haus — dafür, daß sie mit dem gelieferten Gute ihre langjährigen Erfahrungen mitgibt, für seine einwandfreie Beschaffenheit mit ihrem Rufe haftet und den Kunden die Mühe des Zusammenwägens einzelner Posten von Chemikalien und die Sorge um immerhin möglicher Irrtümer bei dieser Arbeit abnimmt, bei der Erstellung des Preises der Ware den üblichen kaufmännischen Gewinn eingerechnet hat. Dafür, daß die Bäume nicht in den

eine Lösung, deren Zusammensetzung man nicht kennt, doch nicht richtigstellen kann, wenn sich dies über kurz oder lang als nötig erweist; der Verfasser hat schon an anderer Stelle dargetan, daß dieser Einwand keineswegs schlagend ist [1]).

Das Salz für einen hier in Betracht kommenden Elektrolyten ist nämlich wohl meist eine fachgerechte Mischung von Nickelsulfat als »Metallsalz« mit »Zusatzstoffen«, nämlich »Leitsalzen«, Borsäure und anderen Chemikalien. Wir wollen M die Litergramme Nickelsulfat nennen [1]) und Z die Anzahl Litergramme Zusatzstoffe, welche in einem mit dem Salz richtig angesetzten Bad vorhanden sind und D dessen bei 15⁰ gemessene Dichte. Sie wird sich um:

$$a \triangle_M + b \triangle_Z = D' - D \quad \ldots\ldots\ldots\ldots \quad 1)$$

ändern, wenn $\triangle_M$ und $\triangle_Z$ die Änderungen von D bei Änderung von M oder Z um je 1 g bedeuten, sowie a und b die Verminderung oder Vermehrung von M und Z. Die Dichte des Bades mit der veränderten Zusammensetzung heiße D'. Aus 1) folgt:

$$b = \frac{D' - D - a \triangle_M}{\triangle_Z} \quad \ldots\ldots\ldots\ldots \quad 2)$$

Man mißt also (S. 228) recht sorgfältig D', läßt von einem Chemiker a bestimmen, die Litergramme fehlenden oder zuviel vorhandenen Nickelsulfates [2]), und kann dann b, den Mangel oder Überschuß an Zusatzstoffen nach der Formel 2) berechnen. D, die Dichte des nicht veränderten Bades, müssen wir selbstverständlich kennen, ebenso $\triangle_M$ und $\triangle_Z$. Man kann annehmen, daß ungefähr $\triangle_M = 0{,}00053$, das heißt, die Dichte eines Bades ändert sich etwa um 0,00053, wenn sein Gehalt an Nickelsulfat [2]) um 1 g je Liter zu- oder abnimmt. Es sind nun 8 Fälle möglich, welche die folgende Zusammenstellung weist; der Kürze halber wurden in ihr die »Ungleichheitszeichen« verwendet. Es bedeutet z. B. $D' > D$, daß D' größer ist als D, hingegen $D' < D$, daß D' kleiner ist als D, und schließlich $D' \gtreqless D$, daß D' größer, gleich oder kleiner als D ist.

Himmel wachsen, sorgt schon der scharfe Wettbewerb der Fachfirmen. Wir dürfen also sagen, daß fertige Bädersalze mit vollem Recht so raschen Eingang gefunden haben, und ihre Verwendung, selbstverständlich wiederum unter der Voraussetzung, daß die liefernde Stelle eine verläßliche ist, auch für die Kostenrechnung eines galvanotechnischen Betriebes durchaus nichts Bedenkliches hat.«

[1]) Die Untersuchung galvanotechnischer Bäder usw., S. 35ff.

[2]) Gerechnet als $NiSO_4 \cdot 7H_2O$.

Fall:	$NiSO_4$ $7H_2O$:	Zusatzstoffe:	Dichte:
1	zu wenig $a < 0$	zu wenig, $b < 0$	$D' < D$
2		richtig, $b = 0$	$D' < D$
3		zu viel, $b > 0$	$D' \lesseqgtr D$
4	richtig, $a = 0$	zu wenig, $b < 0$	$D' < D$
5		richtig, $b = 0$	$D' = D$
6		zu viel, $b > 0$	$D' > D$
7	zu viel, $a > 0$	zu wenig, $b < 0$	$D' \lesseqgtr D$
8		richtig, $b = 0$	$D' > D$
9		zu viel, $b > 0$	$D' > D$

Die nunmehr folgende Zusammenstellung sagt uns dann weiter, welche Maßnahmen in den einzelnen Fällen zu treffen sind. Man braucht, um das Nötige tun zu können, bloß Nickelsulfat und ferner die Mischung von Chemikalien, die wir »Zusatzstoffe« genannt haben; man bezieht sie wiederum fertig von der Fabrik, von der man das »Salz« zum Ansetzen des Bades gekauft hat.

Fall:	Richtigstellung:
1	Zusatz von a Litergrammen Nickelsulfat und b Litergrammen Zusatzstoffen. Verhält sich a zu b wie M zu Z, so bessert man einfach mit der nötigen Menge des Salzes auf, aus dem das Bad bereitet wurde.
2	Zusatz von a Litergrammen Nickelsulfat.
3	Verdünnung, so daß $b = 0$, dann Nachsättigen mit Nickelsulfat auf M Litergramme.
4	Zusatz von b Litergrammen Zusatzstoffen.
5	Keine.
6	Wie bei 3.
7, 8	Verdünnung, so daß $a = 0$, dann Nachsättigen mit Zusatzstoffen auf Z Litergramme.
9	Wie bei 3 oder 7, je nachdem $b > a$ oder $a > b$.

Zwei Beispiele mögen unsere Darlegungen noch weiter erläutern.

Beispiele:

1. Bei der Untersuchung eines Nickelbades von 1000 l, das je Liter 170 g Nickelsulfat und 80 g Zusatzstoffe enthalten soll, wobei dann D = 1,143, wurde D' = 1,12 gefunden, während der Chemiker 140 Litergramme Nickelsulfat feststellte. Es war also:

$$M = 170 \qquad Z = 80 \qquad a = -30.$$

Ferner war:

$$\triangle_M = 0{,}00053 \qquad \triangle_Z = 0{,}0006$$

und aus Formel 2) folgt:

$$b = \frac{1{,}12 - 1{,}143 - (-30) \cdot 0{,}00053}{0{,}0006} = \text{rund} - 12$$

Es fehlen somit je Liter 30 g Nickelsulfat und 12 g Zusatzstoffe, insgesamt 30 g × 1000 = 30000 g = 30 kg Nickelsulfat, sowie 12 g × 1000 = 12000 g = 12 kg Zusatzstoffe, die wir in der beschriebenen Art mit Hilfe von Filtersäcken im Bad selbst lösen.

2. Bei der Untersuchung eines zweiten Bades, das ebenso groß ist, wie das im ersten Beispiel besprochene und ebenso zusammengesetzt sein soll, wurde dagegen D' = 1,144 gemessen und der Chemiker berichtete 160 Litergramme Nickelsulfat. Diesmal ist a = — 10 und die Rechnung nach Formel 2) ergibt:

$$b = \frac{1{,}144 - 1{,}143 - (-10) \cdot 0{,}00053}{0{,}0006} = \text{rund } 10$$

Es fehlen je Liter 10 g Nickelsulfat, dagegen sind an Zusatzstoffen 10 g zuviel vorhanden, nämlich 90 statt 80 Litergramme. Selbstverständlich wird man in einem solchen Fall in der Praxis nicht etwa so vorgehen, daß man einen Teil der Flüssigkeit abschöpft, durch Wasser ersetzt und nun mit Nickelsulfat nachsättigt. Man wird vielmehr zunächst jedenfalls 10 g × 1000 = 10000 g = 10 kg kristallisiertes Nickelsulfat in Filtersäcken lösen und dann während einiger Zeit bloß mit Wasser auffüllen, bis weitere Messungen ergeben, daß auch Z wieder den richtigen Wert hat. Wir schleppen ja beim Ausheben der Ware ständig Anteile des Elektrolyten aus, und wenn wir diesen Abgang bloß durch Wasser ersetzen, nimmt eben die Konzentration der Lösung ab.

So wird man insbesondere mit Hochleistungsbädern verfahren, die man kennt, und die stets gut behandelt, das heißt rein gehalten und mit den ihnen zusagenden Stromdichten betrieben wurden. Im übrigen begnügt man sich damit, dafür zu sorgen, daß $p_H = 5,2$ bis 5,4 bleibe. Dies geschieht, wie wir schon wissen, durch Einrühren kleiner Anteile

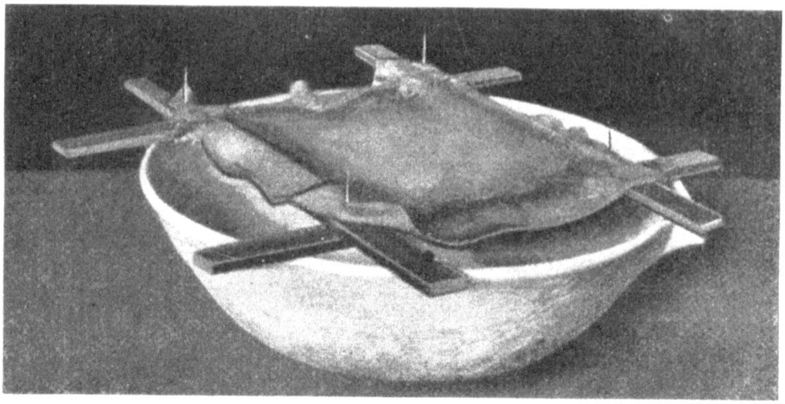

Abb. 76.

von konz. Schwefelsäure, wenn p_H größer ist, als man es haben will und durch Zugeben wäßrigen Ammoniaks oder einer Lösung von Natriumcarbonat oder Natriumhydroxyd, wenn p_H kleiner ist als der gewünschte Wert [1]). Man richtet sich aber jetzt nicht mehr nach den Färbungen von Lackmus- und Kongopapier, sondern nach den Ergebnissen von Messungen mit dem Folienkolorimeter oder mit Peha-Papier (S. 21f.).

Nicht so einfach liegen die Dinge, wenn man zu einem fremden Bad gerufen wird, mit der Einladung, es zu prüfen und Weisungen für seine Richtigstellung zu geben.

---

[1]) Man kann zum Abstimmen eines Bades, bei dem p_H zu klein ist, auch »Nickelcarbonat« verwenden, das man sich leicht selbst herstellen mag. Dazu löst man in einem tadellosen Topf aus emaillierten Eisenblech Nickelsulfat auf, je 200 g dieses Salzes in 1 l Wasser. Zu der fast zum Sieden erhitzten Lösung gießt man eine solche von Natriumcarbonat; man rechnet 80 g, gelöst in 0,5 l Wasser, für 200 g Nickelsulfat. Den entstehenden dicken grünen Niederschlag arbeitet man mit einem hölzernen Kochlöffel gut durch und stürzt ihn dann auf ein Filtertuch, das über einen sogenannten »Kolierrahmen« (Abb. 76) gespannt ist. Dort wäscht man ihn gründlich durch wiederholtes Aufgießen von Wasser auf und verwahrt ihn schließlich in Glasdosen passender Größe mit Gummiring-Verschlüssen, wie sie die Hausfrauen zum Einmachen von Früchten verwenden. Zum Gebrauch verrührt man einen angemessenen Teil mit Wasser in einer Schale zu einem dünnen Brei, den man im Bad vertreibt.

Zunächst wird man trachten, durch Versuche, die man mit Proben von etwa 0,5 l in einer kleinen Glaswanne vornimmt, herauszubekommen, woran es fehlen mag. Oft genügt schon eine Abgleichung von p_H, um die Mängel zu beheben, so daß auf Streifen blanken, sorgfältig dekapierten Eisenbleches wiederum ein tadelloser, fest haftender Niederschlag anfällt, der unter der Tuchscheibe schönen Glanz annimmt. Weiter wird man die Dichte des Bades ermitteln, und wenn man glaubt, sie sei zu gering, in der Probe, deren Reaktion man in der Glaswanne abgestimmt hat, eine angemessene Menge Nickelsulfat unter Rühren mit einem Glasstab lösen. Allenfalls wiederholt man den Versuch, verwendet jedoch zum Aufbessern der Dichte nicht Nickelsulfat, sondern ein erprobtes Badsalz. Als Faustregeln merke man sich, daß ein Zusatz von rund 14 g eines solchen Salzes oder von Nickelsulfat je 1 l eines Nickelbades die Dichte der Lösung um etwa 1° B erhöht, sowie das ungefähr sein soll:

	Die Dichte, °B:	Der Gehalt an Nickelsulfat, g:
bei ruhenden Bädern	6—10	50—100
bei Bädern für Trommel- und Faßapparate	um 12	um 120
bei Hochleistungsbädern	14—18	150—200

Manchmal führen jedoch derartige »tatonierende« Versuche nicht zum Ziel. Die Niederschlag blättert etwa beim Biegen des Probebleches ab oder er bleibt trotz aller Bemühungen gelbstichig, ist vielleicht gar von mißfarbigen grauen Streifen durchzogen. Letzteres deutet auf eine Verunreinigung der Lösung mit Zink, die Gelbstichigkeit jedoch auf eine solche mit Kupfer. Geringe Mengen dieses Metalles enthält wohl jedes Nickelbad; deshalb sind auch Anoden, die man über Nacht eingehängt läßt, am Morgen mit einem rötlichen Anflug bedeckt. Daß aber bereits zuviel Kupfer vorhanden ist, vermuten wir eben, wenn uns der erwähnte Ton der Plattierung auffällt. Es genügt dann, in eine ein wenig mit verdünnter Schwefelsäure angesäuerte Probe des Elektrolyten einen blanken, selbstverständlich sorgfältig entfetteten Eisenblechstreifen zu stellen. War unsere Vermutung zutreffend, so wird sie uns der rötliche Anflug von Kupfer auf dem Blechstreifen bald bestätigen. Er haftet fest beim Reiben und geht beim Eintauchen in verdünnte Salpetersäure sofort ab. Wenn man nicht selbst genügend Erfahrung hat, ist es in solchen Fällen am besten, der Fabrik, mit der man be-

---

[1]) Vgl. Wogrinz, Die Untersuchung galvanotechnischer Bäder usw., S. 40.

freundet ist, eine Probe des Bades zur Untersuchung zu schicken, nachdem man es tüchtig durchgerührt hat, so daß der Schlamm aufgewirbelt wird. Jedenfalls wagt man ein »Abkochen«, so ein solches in dem betreffenden Betrieb überhaupt möglich ist, erst nach einer Beratung mit dem befreundeten Haus. Gegen die gefürchteten »Fliegenstiche« (pin wholes) hilft oft, jedoch keineswegs immer, ein Zusatz von 0,5 bis 2 ccm 30% Wasserstoffsuperoxyd auf 1 l eines Bades; ist es dadurch verdorben, daß es aus nicht gedämpften Bohlen einer neuen Holzwanne (vgl. S. 116, unten) »organische« Stoffe [1]) aufgenommen hat, dann ist der Schaden meist unheilbar. Die Niederschläge haben, besonders an den Rändern der Probebleche, einen eigentümlichen, kranken Glanz und reißen beim Knicken der Streifen ab. So verhalten sich übrigens ab und zu auch Plattierungen aus warmen Bädern, bei deren Bereitung man zitronensaure Salze verwendet hat. Bei der Temperatur von 30 bis 40° entwickelt sich in ihnen bald ein fröhliches Leben und Treiben von Schimmelpilzen, was ja an sich vielleicht ganz interessant ist. Es scheint jedoch, daß durch die Lebenstätigkeit der Pflanzen, zum mindesten ab und zu, aus der Zitronensäure Stoffe entstehen, die der Lösung, in der sie sich befinden, durchaus nicht wohl bekommen. Also tut man jedenfalls gut daran, zum Ansetzen von Elektrolyten, die man erwärmen will, Salze der Zitronensäure, z. B. Natriumcitrat, nicht zu gebrauchen und zum Vorteil unserer Volkswirtschaft noch besser, von der Benützung »zitronensaurer« Bäder überhaupt abzusehen.

Was die neuerdings viel gerühmten »Glanzbäder« anbelangt, enthalten sie Zusätze, deren Wirkung es zuzuschreiben ist, daß man aus den auch sonst entsprechend aufgebauten Lösungen sehr fein kristalline Niederschläge gewinnt. Selbst nach einem längeren Einhängen der Ware bedürfen sie bloß einer leichten Überarbeitung durch den Schleifer. Selbstverständlich sollen die Plattierungen nicht spröd, sondern eben so zäh sein, wie die gleich Sammt matten Starkvernicklungen aus gewöhnlichen oder Hochleistungsbädern, welche man mit Zeugscheiben aufglänzt. Man findet im Schrifttum eine ganze Reihe von Glanzbädern beschrieben und Glanzzusätze genannt, unter ihnen Calcium- und Kobaltsalze, Sulfosäuren des Benzols, Naphthalins, sowie andere »aromatische« Verbindungen, Eiweißkörper und noch weitere Präparate, von denen manche durch Patente geschützt sind. Vorläufig halten jedoch die führenden Fabriken unseres Faches jene Stoffe, die

[1]) Der Rat, ihnen durch Behandlung des kranken Bades mit Kaliumpermanganat beizukommen ist wert, erwogen zu werden. Nur ist auch bei ihm zu bedenken, daß es leicht ist, ihn zu erteilen, aber meist recht schwer, ihn mit den in einem galvanotechnischen Betrieb aufbringbaren Mitteln zu befolgen.

sich nach den Versuchen in ihren Entwicklungslaboratorien wirklich bewährt haben, geheim; daher ist es derzeit am besten, sich einem dieser Häuser anzuvertrauen, wenn man sich ein Glanzbad oder ein anderes Sondernickelbad zulegen will, und den Weisungen für seine Führung und für die Einstellung von p_H recht genau zu folgen. Daß die überaus dichten Niederschläge aus Glanzbädern sich insbesondere als Unterlage für eine Verchromung vorzüglich eignen, ist sicher richtig.

Bei der eigentlichen Vernicklungsarbeit achte man vor allem auf größte Sauberkeit. Neunzig von hundert Mißerfolgen sind bloß darauf zurückzuführen, daß die behandelten Stücke schlecht dekapiert waren. Zum Einhängen der Ware dienen blanke, reine Kupferdrähte genügender Stärke oder bei Wander- und Ringbädern geeignete Träger und Gestelle. Über die Stromdichten haben wir das Nötige bereits gehört; in ruhenden Bädern älterer Art bescheidet man sich mit 0,3 bis 0,5 A bei Klemmenspannungen zwischen 2 bis 3 V, in Hochleistungsbädern geht man auf 0,8 bis 1,2 A, ja noch höher, wozu man Spannungen von 1,8—2,5 V braucht. Höhere Spannungen von 3 bis 6 V sind beim Betrieb von Trommel- und Glockenapparaten nötig; einige Versuche weisen rasch das Richtige. Als Faustregel merke man sich, daß eine Vernickelung von 0,01 mm Stärke schon als eine recht solide gilt und eine solche, die 0,02 mm dick ist, als »rostsicher«. Was über die Zeitdauer für ihre Herstellung zu sagen ist, das findet der Leser auf der S. 236 dargelegt. Will man Besonderes tun, z. B. bei der Ausfertigung von Stoßstangen und anderen Teilen von Kraftfahrzeugen nach dem »Nickel-Chrom-Verfahren«, dann deckt man sie zunächst im cyanalkalischen Kupferbad durch etwa 30 Minuten, um sie dann nach dem Spülen in das sauere Kupferbad zu bringen. Hier beläßt man sie, bis der Niederschlag so stark ist, daß ihn der Schleifer polieren und glänzen kann, und erst jetzt vernickelt man »schwer«, worauf man neuerlich glänzt und schließlich 3 bis 5 Minuten verchromt. Außerordentlich fest haften Vernicklungen auf elektrolytisch, etwa nach dem »Anoxyd-Verfahren« der Langbein-Pfanhauser-Werke A.-G. aufgerauhtem Eisengrund (S. 93). Als Anoden verwendet man gegossene und gewalzte Platten passender Größe aus reinem Nickel. Bei ruhenden Bädern älterer Art pflegten es die Praktiker so einzuteilen, daß immer eine Gußanode neben einer Walzanode hing, bei Hochleistungsbädern hält man sich an die Weisungen der Fabrik, von denen sie gebaut wurden. Manchmal bedecken sich übrigens Anoden mit einem schwarzbraunen Belag, der in ihr Inneres weiter frißt, so daß sie schließlich morsch wie Zunder werden. Die Ursache dieser recht unliebsamen Erscheinung, die starken Abfall an dem wertvollen Metall bringt, sind elektrolytische Vorgänge im

Gefüge der Platten, bei denen Nickeloxyd entsteht, eben der schwarzbraune Stoff. Tatsache ist, daß es manche Fabriken fertig bringen, ihre Anoden so zu erzeugen, daß sie sich ohne jegliche Störung glatt lösen.

Den Schluß dieses Abschnittes mögen einige Bemerkungen über Nickel-Kobaltbäder und über »Schwarznickelbäder« bilden.

Erstere, sogenannte »Hartnickelbäder«, verwendet man da und dort in chemigraphischen Anstalten zum »Verhärten« der vorher im Messingbad gedeckten Zinkätzungen; ob es nicht ein einfaches Vernickeln auch täte, will der Verfasser dahingestellt sein lassen. Zu einer Vorschrift für ein Hartnickelbad kommt man, wenn man in der für das »Brillantbad«, S. 116, die Hälfte des Nickelsulfates durch Kobaltsulfat ersetzt. Wenn man dann, wie es stets geschieht, mit Nickelanoden arbeitet, wird es übrigens schon in absehbarer Zeit recht wenig Kobalt enthalten.

Schwarznickelbäder dienen der Metallfärbung. Sie enthalten fast immer Zinksalze und Ammoniumrhodanid, wie es z. B. eine von Pfanhauser angegebene Vorschrift dartut, nach der man je 1 l löst:

80 g Nickelammoniumsulfat
20 g Ammoniumrhodanid
15 g Arsenik
10 g Zinksulfat.

Man deckt die zu färbenden Stücke erst leicht in einem cyanalkalischen Zinkbad und geht dann in das Schwarzbad, das man mit einer Spannung von 1,8 bis 2 V und Gußanoden betreibt. Hier bleiben sie 40 bis 60 Minuten; zunächst bedecken sich die Warenteile mit einem irisierenden Überzug und nach etwa 2 Minuten beginnen sie dunkel zu werden. Der Verfasser rät dem Leser, der ein Schwarznickelbad aufstellen will, es fertig von der Fabrik zu beziehen, die ihn sonst beliefert und an die er sich dann halten kann, wenn es Schwierigkeiten gibt.

3. Saure Zinkbäder

Es gibt zwei Arten von Zinkbädern, »saure«, das heißt solche, bei denen p_H kleiner ist als 7, und alkalische. Von den letzteren werden wir später hören, hier befassen wir uns mit den ersteren; sie wurden bereits im ersten Jahrzehnt dieses Jahrhunderts zur Vollkommenheit entwickelt, dank der Bemühungen Pawecks und anderer Forscher und dienen vor allem Großbetrieben. So wird das »Feuerverzinken« von Eisendrähten wohl bald durch das elektrolytische Verzinken ganz verdrängt sein, und auch bei der Ausfertigung anderer eiserner Massengüter, z. B. der bekannten »Barells« für Mineralöle hat es sich bewährt[1]. Selbstverständlich bedarf es für derartige Arbeiten besonderer Einrichtungen, auf deren Erörterung wir hier nicht eingehen können. Wir bemerken also bloß, daß man bei Eisenblechen und Waren aus solchen eine Auflage von 1,2 g Zink je 1 dm^2 bereits als eine solche erachtet, die ihre edlere Unterlage gegen Rost schützt, und daß man Eisendrähten Auflagen bis zu 3 g je 1 dm^2 gibt. Dabei darf der Niederschlag, der gleichmäßig dicht und feinkristallin sein muß, nicht abreißen, wenn man sie um ihren eigenen Durchmesser wickelt [2]. Die Anlagen für das Verzinken von Drähten besorgen auch das Reinigen vor dem Plattieren, sowie die Vollendungsarbeiten nach ihm selbsttätig; die Grundformeln, die bei ihnen, wie überhaupt für jegliche Elektroplattierung von Drähten gelten, sind die folgenden:

$$V = \frac{G}{0{,}9\, d^2 \pi\, s\, n} \qquad 1)$$

$$L = \frac{G\, N}{0{,}1\, f\, M\, C\, \pi\, d\, n} \qquad 2)$$

$$I = \frac{G\, N}{f\, M\, n} \qquad 3)$$

In diesen Gleichungen bedeutet n die Anzahl der »Läufe«, die nebeneinander mit gleicher Geschwindigkeit durch das Bad geführt werden, d den Drahtdurchmesser in Millimetern, s die Dichte des Metalles aus dem der Draht besteht, G das mit allen Läufen je 1 Stunde zu fördernde Drahtgewicht in Kilogrammen, N das Gewicht des je 1 kg des Drahtes niederzuschlagenden Metalles in Grammen, V die zur Förderung von G nötige Laufgeschwindigkeit der Fäden in Metern je Sekunde, L die Tauchlänge der Läufe im Bad in Metern, M das Amperestundengewicht des niedergeschlagenen Metalles in Grammen, f die Zahl, die man findet, wenn man die Stromausbeute in % durch 100 dividiert, C die

[1]) Vgl. dazu Wogrinz, Das elektrolytische Verzinken eiserner Barells, Kalt-Walz-Welt 1934, S. 54.

[2]) In der Regel wird verlangt, daß verzinkte Drähte auch der im besonderen Fall vorgeschriebenen Zahl von Tauchungen bei der »Tauchprobe« nach Preece standhalten. Bei dieser Prüfung, deren sich bereits 1848 Pettenkofer bei der Untersuchung verzinkter Drähte bedient hat, und die in der Praxis noch immer allgemein üblich ist, werden die Stücke bei Raumtemperatur 1 Minute in eine gesättigte Lösung von Kupfervitriol, $CuSO_4 \cdot 5\,H_2O$, eingesenkt, abgespült, wiederum 1 Minute eingesenkt, usw., bis nicht mehr ein lockerer, schwammiger, braunroter, sondern ein einigermaßen festhaftender, hellroter Kupferniederschlag anfällt. Dies ist das Zeichen, daß alles Zink aufgezehrt ist und der Eisengrund bloßliegt. Weiteres über dieses Verfahren und bessere Methoden siehe bei Wogrinz, Die Untersuchung und Richtigstellung galvanotechnischer Bäder usw., S. 63.

Stromdichte mit der man arbeitet und schließlich I die Stärke des Stromes je Lauf.

Ein Bad, das sich bei den Arbeiten bewährt, wie sie gewerblichen Betrieben zufallen mögen, und das man ohne weiteres auch in Massenapparaten gebrauchen mag, erhält man, wenn man für 1 l in der Steinzeug- oder Holzwanne selbst löst:

170 g Zinksulfat
30 g Natriumsulfat
20 g Magnesiumsulfat
20 g Alaun
10 g Borsäure

Man arbeitet bei Zimmertemperatur mit gegossenen Anoden aus bestem Hüttenzink und Stromdichten von etwa 0,6 bis 1 A, wozu es in der Regel einer Spannung von 2 bis 3,5 V bedarf. D der Flüssigkeit ist 1,143, entsprechend 18° B und $p_H = 4$ bis 4,5. Es genügt, durch zeitgerechtes vorsichtiges Zugeben kleiner Anteile verd. Schwefelsäure dafür zu sorgen, daß dieser Wert nicht wachse, um der Entstehung von »Zinkschwamm« an der Ware vorzubeugen.

Selbstverständlich kann man den angegebenen Ansatz mannigfach abwandeln, und auch aus Zinkchorid, Natriumchlorid und Aluminiumchlorid bereitete »Choridbäder« bewähren sich, sowie mit Sulfaten und Choriden aufgebaute »Mischbäder«. Insbesondere erstere greifen allerdings Holzwannen viel mehr an, als reine Sulfatbäder, die man daher im allgemeinen vorzieht, zumal sie, richtig geführt, allen Anforderungen entsprechen. Was den Elektrolyten einer Großanlage für die Verzinkung von Massengütern und Drähten anbelangt, verwendet man zu seiner Herstellung stets das zu dem Zweck fertig gemischte »Salz« jener Fabrik, welche die Anlage geliefert hat. Bei der Pflege der Lösung folgt man den auf S. 119ff. entwickelten Grundsätzen. Bei einer nach der obigen Vorschrift gewonnenen Lösung wäre:

M = 170 g Zinksulfat
Z = 80 g einer Mischung von 30 Gewichtsteilen Magnesiumsulfat, 20 Gewichtsteilen Natriumsulfat, 20 Gewichtsteilen Alaun und 10 Gewichtsteilen Borsäure

und, was zur ersten Orientierung bei Messungen an anderen Sulfatbädern dienen möge:

$$\triangle_M = 0{,}00053 \qquad \triangle_Z = 0{,}0006$$

Den Schluß unserer kurzen Ausführungen über das elektrolytische

Verzinken in sauren Bädern möge ein Überblick über die anderen Verzinkungsverfahren bilden [1]).

»Feuerverzinken«

Die gebeizten Gegenstände werden durch ein Flußmittel hindurch in geschmolzenes Zink getaucht. Während sie dort verweilen, bildet sich auf ihnen eine Eisen-Zink-Legierung. Über diese legt sich beim Ausheben der Stücke eine Schicht von Reinzink; sie erstarrt zu den sogenannten »Zinkblumen«. Die von Poren freie Zinkhaut schließt das Eisen, mit dem sie durch die Eisen-Zink-Legierung fest verbunden ist, vollständig von der Luft ab.

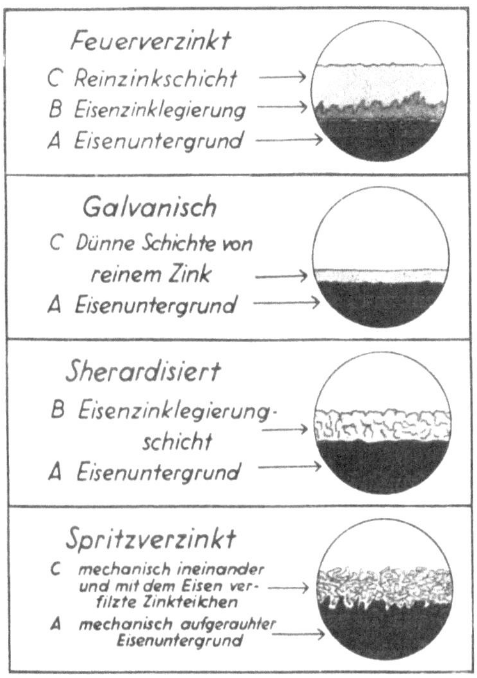

Abb. 77. Nach Dr. H. Bablik.

»Sherardisieren«

Die durch Beizen, Scheuern oder mit dem Sandstrahlgebläse gereinigte Ware wird zusammen mit feinem Sand, Zinkstaub und etwas Naphthalin in eiserne Trommeln gefüllt und, während sich die Trom-

[1]) Der Leser, der noch Weiteres über das »Feuerverzinken« erfahren will, möge z. B. den Aufsatz Marenskys, Der gegenwärtige Stand des Feuerverzinkens, Kalt-Walz-Welt 1938, S. 41 ff., durchsehen.

meln langsam drehen, durch mehrere Stunden erhitzt. Hierbei bildet sich auf ihrer Oberfläche eine Eisen-Zink-Legierung, die zwar mit dem Grund fest verbunden ist, ihm jedoch keinen besonderen Schutz gegen das Rosten bietet.

»Spritzverfahren«

Auf die mit dem Sandstrahlgebläse gereinigten und aufgerauhten Werkstücke werden mit Preßluft durch Abschmelzen von einem Zinkdraht genommene Zinkteilchen aufgeschleudert. Sie verfilzen sich miteinander zu einem Überzug, der an dem rauhen Grund haftet. Wenn die Schicht genügend stark ist, schließt sie das Eisen gegen die Luft ab: jedenfalls schützt sie es als ein Belag aus einem unedleren Metall.

4. Saure oder galvanoplastische Kupferbäder

Die sauren oder galvanoplastischen Kupferbäder dienen, wie ihr Name es besagt, vor allem der Galvanoplastik und werden daher erst im Rahmen der Erläuterungen über diesen Zweig der Galvanotechnik eingehend besprochen. Bei Plattierarbeiten verwendet man sie, wie wir schon wissen (S. 125), wenn es sich um die besonders solide Ausfertigung eiserner Stücke für das Nickel-Chrom-Verfahren handelt.

Manchmal bedient man sich übrigens eines galvanoplastischen Kupferbades auch zum Auftragen eines matten Grundes auf Ziergegenständen, auf dem sich eine Vergoldung sehr hübsch ausnimmt.

5. Eisenbäder

Wie die sauren Kupferbäder sind die Eisenbäder bloß für die Galvanoplastik wichtig, und auch mit ihnen beschäftigen wir uns deshalb erst dann, wenn wir diesen Teil unseres Faches erörtern.

Man kann aus Eisenbädern Niederschläge gewinnen, die einen feinen schimmernden Glanz haben, wie edle, lichtgraue Seide; es ist aber leider nicht möglich, sie wegen dieser Eigenschaft zur galvanostegischen Verschönerung von Metallwaren zu benutzen, weil sie an der Luft bald durch Rost zerstört werden. Zu erwähnen wäre noch, daß man mit gutem Erfolg versucht hat, Teile aus Gußeisen, wie z. B. die Körper von Fleischwölfen, vor dem Verzinnen elektrolytisch mit Eisen zu decken.

6. Bleibäder

Die Bleibäder gehören heute noch zu jenen, die in der Galvanotechnik seltener gebraucht werden, obwohl sie es verdienen, daß ihnen auch die Praktiker Aufmerksamkeit zuwenden. Brauchbare Elektrolyte kann man durch Auflösen von Bleicarbonat in Perchlorsäure, Kieselfluorwasserstoffsäure oder Borfluorwasserstoffsäure herstellen. Für gewöhnlich verwendet man jetzt die letztere und geht z. B. nach Blum und Hogaboom folgendermaßen vor:

Für 1 l des zu bereitenden Bades stellt man zunächst in einer mit Blei ausgeschlagenen oder mit Hartgummi überzogenen Wanne aus 240 g Flußsäure durch langsames vorsichtiges Eintragen von 105 g Borsäure unter Umrühren mit einem Holzstab die nötige Borfluorwasserstoffsäure her. Man läßt dem Inhalt des Gefäßes Zeit sich abzukühlen und setzt dann 150 g Bleicarbonat zu, die man mit Wasser zu einem dünnen Brei vermischt hat und zwar wiederum nach und nach, in kleinen Anteilen, unter stetem Rühren mit dem Holzstab. Hierauf wartet man neuerdings, bis sich das Bleisulfat abgelagert hat, welches aus der in der Flußsäure als Verunreinigung enthaltenen Schwefelsäure entstanden ist und zieht schließlich die über dem Bodensatz stehende blanke Flüssigkeit in den Badbehälter ab, am besten in eine gleichfalls mit Hartgummi überzogene Eisenwanne. Dort fügt man 0,2 g Leim, gelöst in warmen Wasser, zu und füllt auf. Die Vorschrift gilt bei Verwendung einer Flußsäure von der 100 Gewichtsteile 48 bis 52 Gewichtsteile Fluorwasserstoff enthalten und nicht mehr als etwa 2 Gewichtsteile Schwefelsäure, sowie eines Bleicarbonates mit rund 0,8 Gewichtsteilen Blei je 1 Gewichtsteil des Gutes. Man arbeitet bei Zimmertemperatur mit Anoden aus reinem Blei und Stromdichten von ungefähr 1 A; wenn man den Elektrolyten mit einem Holzrührer bewegt, mag man bis zu 3 A gehen.

Wie dem Verfasser eigene Versuche zeigten, spricht ein in der beschriebenen Art angesetztes Bad ausgezeichnet an, und man gewinnt aus ihm dichte und starke Niederschläge, selbst wenn man es noch etwas verdünnt. Wegen der großen Gefährlichkeit aller Arbeiten mit Flußsäure rät der Verfasser jedoch dem Leser, der nicht Chemiker ist, dringend, von einer der Fabriken unseres Faches nebst den nötigen Geräten eine fertige Lösung zu beziehen, wenn er elektrolytisch verbleien will.

Den Schluß dieses Abschnittes möge ein kurzer Überblick über die anderen Verbleiungsverfahren bilden.

»Feuerverbleien«

Die gebeizten Werkstücke werden, so wie beim »Feuerverzinken« (S. 129), durch ein Flußmittel in geschmolzenes Blei gesenkt. Der dünne Bleiüberzug, der nach dem Ausheben auf der Ware verbleibt, ist nicht frei von Poren, und daher nur eine Schutzschicht gegen Chemikalien, durch deren Einwirkung diese Poren verstopft werden, nicht gegen Gase.

»Homogene Verbleiung«

Die Gegenstände werden zunächst rein gebeizt, und sodann wird die zu verbleiende Fläche durch Aufschmelzen von »Streuzinn« verzinnt. Auf den so vorbereiteten Grund wird hierauf mit der Wasserstoffflamme Blei aufgeschmolzen. Das Verfahren ist zwar teuer, jedoch schließt der von Poren freie, starke Überzug seine Grundlage gegen die Einwirkung von Gasen vollständig ab.

Nunmehr kommen wir zu einer Gruppe miteinander verwandter Bäder, die laugenhaft sind, nämlich den cyanalkalischen Zink-, Kupfer-, Messing-, Cadmium-, Silber- und Goldbädern. Wir nennen sie deshalb cyanalkalisch, weil sie alle »freies« Alkalicyanid [1]) enthalten müssen und besprechen als erste die Silberbäder.

7. Silberbäder

Das Metallsalz unserer Silberbäder ist das in durchscheinenden weißen Kristallen käufliche, sehr giftige Kaliumsilbercyanid, $K[Ag(CN)_2]$, im Handel meist Cyansilberkalium genannt [2]). Neben ihm muß bloß noch eine angemessene Menge von »freiem« Kaliumcyanid vorhanden sein, so daß es genügt, Anteile der beiden Verbindungen im richtigen Verhältnis zueinander in Wasser zu lösen, wenn wir ein Silberbad bereiten wollen. Wir brauchen nur noch zu wissen, wieviel Litergramme Silber es enthalten soll, wobei wir uns merken, daß man nach bewährten Faustregeln rechnet:

---

[1]) »Alkali« bedeutet Kalium oder Natrium. Wenn wir also hier und an später folgenden Stellen »Alkalicyanid« sagen, meinen wir Kalium- oder Natriumcyanid.

[2]) Hierzu sei folgendes bemerkt. Man kann statt des Kaliumsilbercyanides ohne weiteres auch Natriumsilbercyanid, $Na[Ag(CN)_2]$, als »Metallsalz« für die Bereitung von Silberbädern verwenden, sowie Natriumcyanid, NaCN, statt Kaliumcyanid. Die Meinung der älteren Praktiker, daß dies nicht statthaft sei, war irrig. Da es jedoch bei uns zur Gepflogenheit geworden ist, bei Vorschriften, die Silber- und Goldbäder betreffen, stets mit Kaliumcyanid zu rechnen, und auch die führenden Firmen des Faches so tun, wollen wir es dabei bewenden lassen. Lesern, die es aus irgend einem Grund anders halten wollen, diene zur Kenntnis, daß 1 g Silber in 1,6953 g, rund 1,7 g Natriumsilbercyanid enthalten ist, und daß man 1 g Kaliumcyanid durch 0,7527 g, rund 0,76 g Natriumcyanid ersetzen mag. Sogenanntes »Cyan« oder »Cyandoppelsalz« (S. 217), von dem 1 g in seiner Wirkung 1 g Kaliumcyanid gleichwertig ist, soll man beim Ansetzen und der Betreuung von Silberbädern nicht gebrauchen.

	Gramm Silber je 1 l:	Gramm »freies« Kaliumcyanid je 1 g Silber:
Bei Bädern für die leichte Versilberung von Ziergegenständen, sowie bei Vorversilberungsbädern	10—12	0,61
Bei Bädern für die Gewichtsversilberung von Tafelgeräten	20—25	0,61
Bei Bädern für gleiche Waren aus an Nickel sehr reichen Legierungen	20—25	0,3
Bei Bädern für unmittelbare Bearbeitung von Stücken aus Zinn und Zinnlegierungen	20—25	1—1,5
Bei Bädern für galvanoplastische Arbeiten und die Drahtversilberung	30—50	0,61

Nehmen wir z. B. an, wir sollen 200 l eines Elektrolyten für die Gewichtsversilberung gewöhnlicher Tafelgeräte mit 25 Litergrammen Edelmetall herstellen. Da (S. 218) 1 g Silber in 1,8446 g, rund 1,85 g Kaliumsilbercyanid enthalten ist, müssen wir je 1 l des Bades:

$$1{,}85 \text{ g} \times 25 = \text{rund } 46{,}3 \text{ g Kaliumsilbercyanid}$$

und:

$$0{,}61 \text{ g} \times 25 = \text{rund } 15{,}3 \text{ g Kaliumcyanid}$$

lösen. Für 200 l sind also an Kaliumsilbercyanid:

$$46{,}3 \text{ g} \times 200 = 9260 \text{ g} = 9{,}26 \text{ kg}$$

nötig, und an reinem, grießförmigem (S. 217) Kaliumcyanid, denn nur solches verwenden wir ja zum Ansetzen und zur Pflege von Silber- und auch von Goldbädern:

$$15{,}3 \text{ g} \times 200 = 3060 \text{ g} = 3{,}06 \text{ kg}$$

Man löst die berechneten Mengen beider Stoffe im Badgefäß selbst unter Umrühren mit einem Glasstab in etwa 150 l Wasser, worauf man auffüllt und nach dem Einhängen der Anoden sofort mit der Arbeit beginnen kann.

Die älteren Praktiker pflegten nun beim Ansetzen von Silberbädern nicht so einfach zu verfahren, wie wir es eben geschildert haben, sondern mit Kaliumcyanid oder mit Kochsalz aus einer Lösung von Silbernitrat zunächst Silbercyanid oder Silberchlorid auszufällen:

$$\underset{\text{Silbernitrat}}{AgNO_3} + \overset{\text{Kaliumcyanid}}{KCN} = \overset{\text{Silbercyanid}}{AgCN} + \overset{\text{Kaliumnitrat}}{KNO_3}$$

$$AgNO_3 + \underset{\text{Natriumchlorid}}{NaCl} = \underset{\text{Silberchlorid}}{AgCl} + \underset{\text{Natriumnitrat}}{NaNO_3}$$

Die sehr schwer löslichen weißen Niederschläge von Silbercyanid oder Silberchlorid behandelten sie dann, nach gründlichem Auswässern zur Entfernung des Kaliumnitrates oder Natriumnitrates, mit einer Lösung von Kaliumcyanid, wobei Kaliumsilbercyanid entstand:

$$\overset{\text{Silbercyanid}}{AgCN} + \overset{\text{Kaliumcyanid}}{KCN} = \overset{\text{Kaliumsilbercyanid}}{K[Ag(CN)_2]}$$

$$\underset{\text{Silberchlorid}}{AgCl} + \underset{\text{Kaliumcyanid}}{2\,KCN} = \underset{\text{Kaliumsilbercyanid}}{K[Ag(CN)_2]} + \underset{\text{Kaliumchlorid}}{KCl}$$

Geht man den Weg über Silberchlorid, dann verbleibt das neben dem Kaliumsilbercyanid entstehende Kaliumchlorid in den Bädern; man hört oft, daß sie, solchermaßen bereitet, Niederschläge von besonders schön weißer Farbe liefern. Ob dies richtig ist, möge dahingestellt bleiben [1]). Übrigens wollen wir unsere Darlegungen gleich in der gewohnten Art durch ein Beispiel erläutern.

Beispiel

Es sollen zwei Bäder von 200 l mit 25 Litergrammen Edelmetall für die Gewichtsversilberung von gewöhnlichen Tafelgeräten angesetzt werden, das eine über Silbercyanid, das andere über Silberchlorid.

Laut der ersten der vorstehenden Formelgleichungen braucht man für 169,888 Gewichtsteile Silbernitrat mit 107,88 Gewichtsteilen Silber zum Umsatz 65,104 g Kaliumcyanid weil:

169,888 das Molekulargewicht von $AgNO_3$
107,88 das Atomgewicht von Ag
65,104 das Molekulargewicht von KCN

ist. Je 1 g Silber braucht man daher (S. 225):

$$169{,}888\ \text{g} : 107{,}88 = 1{,}5748\ \text{g Silbernitrat}$$

und:

$$65{,}104\ \text{g} : 107{,}88 = 0{,}6035\ \text{g Kaliumcyanid.}$$

---

[1]) Der Verfasser hat Gelegenheit gehabt, durch fast zehn Jahre bei einer namhaften Fabrik von Tafelgeräten neun große Silberbäder zu überwachen, von denen auf seinen Wunsch drei aus fertigen Kaliumsilbercyanid angesetzt wurden, drei über Silbercyanid, und drei über Silberchlorid. Er konnte an den Niederschlägen aus ihnen niemals auch nur den geringsten Unterschied wahrnehmen.

Von letzterem rechnet man jedoch, da es niemals ganz rein ist, in der Praxis von vorneherein etwas mehr, nämlich rund 0,61 g. Nun soll unser Bad von 200 l Inhalt mit 25 Litergrammen Edelmetall aber 25 g × 200 = 5000 g Silber enthalten; wir lösen somit:

1,5748 g × 5000 = 7874 g oder rund 7,88 kg Silbernitrat

in der Wanne selbst in 100 l reinem Leitungswasser auf; dabei entsteht aus den Chloriden, die auch in gutem Trinkwasser stets vorhanden sind, eine leichte milchige Trübung von Silberchlorid, um die wir uns nicht weiter kümmern. Ferner lösen wir:

0,61 g × 5000 = 3050 g oder 3,05 kg Kaliumcyanid

in einem ganz reinem eisernen Topf nach und nach in insgesamt etwa 20 l Wasser auf und fügen diese Lösung unter kräftigem Rühren mit einem Glasstab zu der des Silbernitrates in der Wanne, wo sich sofort der dicke schneeweiße Niederschlag von Silbercyanid bildet. Nachdem man ihn mit dem Glasstab tüchtig durchgearbeitet hat, läßt man ihm Zeit, sich abzulagern. Wenn man hierauf in die überstehende Flüssigkeit ein wenig einer Lösung von beiläufig 0,15 kg Kaliumcyanid in 1 l Wasser gießt, die man inzwischen bereitet hat, sieht man eine weiße Wolke von Silbercyanid auslaufen; dies zeigt uns, daß noch unverbrauchtes Silbernitrat da ist. Man rührt also wiederum durch, läßt absitzen, gießt einen weiteren Anteil unserer Kaliumcyanidlösung zu und fährt so fort, bis endlich beim Zugeben von Kaliumcyanidlösung die Stelle wo sie eingeflossen ist, klar wird. Jetzt ist alles Silbernitrat aufgezehrt; man fügt zu dem Inhalt der Wanne 100 ccm konz. Salpetersäure, rührt ihn nochmals durch und wartet, bis das Silbercyanid zu Boden gesunken ist. Die nunmehr wertlose Flüssigkeit über ihm zieht man mit einem Heberschlauch so vollständig als möglich ab, füllt die Wanne mit Wasser und wirbelt das Silbercyanid mit dem Glasstab auf, um nach seinem Absinken neuerdings den Heberschlauch zu betätigen. Dieses Auswässern des Niederschlages setzt man fort, bis die Flüssigkeit über ihm die Farbe blauen Lackmuspapieres nicht mehr verändert. Erst dann ist das Silbercyanid so rein, daß man es mit Kaliumcyanid zu Kaliumsilbercyanid umsetzen kann. Dazu braucht man, wie leicht einzusehen, laut der dritten der Formelgleichungen ebenfalls rund 0,61 g Kaliumcyanid je 1 g Silber, für unser Bad also 3,05 kg, mehr der gleichen Menge an »freiem« Kaliumcyanid, insgesamt 6,1 kg. Man gibt sie in die Wanne, aus der man etwa die Hälfte der Flüssigkeit abgezogen hat, rührt um, und nach kurzer Zeit ist der Inhalt des Gefäßes blank, das Bad fertig.

Wenden wir uns nun zur Bereitung des Bades von 200 l mit 25 Litergrammen, also insgesamt 5000 g Silber, über Chlorsilber. Wir lösen zunächst, wie früher, die den 5000 g Edelmetall entsprechende Menge Silbernitrat, das sind:

$$1{,}5748\ \text{g} \times 5000 = 7874\ \text{g oder rund}\ 7{,}88\ \text{kg}$$

in der Wanne selbst in etwa 100 l Wasser und fügen sodann Kochsalz zu, damit sich der Umsatz im Sinne der zweiten unserer Gleichungen vollziehe. Nach ihr braucht man für 169,888 Gewichtsteile Silbernitrat mit 107,88 Gewichtsteilen Silber 58,454 Gewichtsteile Kochsalz, weil eben 58,454 sein Molekulargewicht ist. Für 1 g Silber sind daher:

$$58{,}454\ \text{g} : 107{,}88 = 0{,}5418\ \text{g Natriumchlorid}$$

nötig. Da jedoch käufliches Kochsalz zwar so gut wie chemisch rein, aber niemals ganz trocken ist, und ein Überschuß ja nicht schadet, nimmt man je 1 g Silber rund 0,7 g, in unserem Falle:

$$0{,}7\ \text{g} \times 5000 = 3500\ \text{g oder}\ 3{,}5\ \text{kg}$$

die man nach und nach in Wasser löst, um die Lösung unter kräftigem Rühren in die des Silbernitrates in der Wanne einfließen zu lassen. Hierauf fügt man 100 ccm konz. Salpetersäure zu, arbeitet den Inhalt des Troges mit dem Glasstab tüchtig durch und reinigt den Nieserschlag von Chlorsilber, der sich am Licht dunkel färbt, in der bereits bekannten Art durch Auswässern. Wenn die über dem abgelagerten Bodensatz stehende Flüssigkeit auch diesmal die Farbe blauen Lackmuspapieres nicht mehr verändert, wiegt man das Kaliumcyanid für die Lösung des Chlorsilbers zu Kaliumsilbercyanid und Kaliumchlorid ab. Dazu sind laut der vierten unserer Formelgleichungen je 1 Atom Silber aber 2 Moleküle Kaliumcyanid nötig, das heißt, man muß je 1 g Silber das doppelte dessen vorbereiten, was man bei Silbercyanid brauchen würde, nämlich $2 \times 0{,}61\ \text{g} = 1{,}22\ \text{g}$, hier also:

$$1{,}22\ \text{g} \times 5000 = 6100\ \text{g} = 6{,}1\ \text{kg Kaliumcyanid.}$$

Dazu kommen, wie beim Bad, das wir über Silbercyanid hergestellt haben, je 1 g Silber noch 0,61 g an »freiem« Kaliumcyanid, das sind 3,05 kg. Wir wiegen somit insgesamt $6{,}1\ \text{kg} + 3{,}05\ \text{kg} = 9{,}15\ \text{kg}$ ab, geben sie in die Wanne, aus der wir von der über dem Bodensatz stehenden Flüssigkeit die Hälfte abgezogen habe, rühren um, bis der Inhalt des Troges blank ist, füllen auf und rüsten zum Versilbern.

Wie man sieht, ist das im vorstehenden Beispiel der Vollständigkeit halber beschriebene Ansetzen von Silberbädern aus selbst bereitetem Silberchlorid oder Silbercyanid keineswegs eine einfache Arbeit. Man tut daher sicherlich gut daran, wenn man sich mit ihr nicht befaßt, sondern, wie es zu Beginn dieses Abschnittes dargelegt wurde, stets von käuflichem Kaliumsilbercyanid ausgeht.

Was den Gebrauch von Silberbädern anbelangt, seien sie nun in der einen oder in der anderen Art hergestellt, verwendet man für sie Behälter aus Steinzeug oder, wenn man sie erwärmen will, solche aus emailliertem Gußeisen oder Eisenblech. Man stellt sie über Gasbrenner, während man Tröge aus Eisenblech, die mit Hartgummi überzogen sind, selbstverständlich mit Heizschlangen aus Eisen oder elektrischen Badwärmern ausrüstet. Nicht erwärmte Elektrolyte benutzt man meist beim Versilbern von Schmuckwaren, Ziergegenständen, sowie in der Regel auch beim Gewichtsversilbern von Tafelgeräten und Bestecken und zwar mit Stromdichten von 0,2 bis 0,4 A. Dabei bedarf es einer Klemmenspannung von 0,8 bis 1,2 V. Die Anoden hängt man, so wie es auf S. 75 erläutert wurde, an Haken aus genügend starkem halbrundem Draht auf, und zwar nimmt man Silberdraht, damit nicht vielleicht von den Haken Fremdmetalle in die Bäder einwandern. Die zu bearbeitenden Gegenstände befestigt man mit Drähten an den Warenstangen; für die Ausfertigung größerer Mengen gleicher Stücke, als etwa von Löffeln, Gabeln und Messern, versieht man sich selbstverständlich mit passenden Trägern oder mit Gestellen, an denen man sie postenweise in die Bäder bringt [1]). Unbedingt nötig ist es, die Waren leicht zu bewegen, was mit recht einfachen, billig zu beschaffenden Vorrichtungen geschehen mag. So kann man z. B. den Rand der Wannen mit Holzrahmen versehen, auf denen die Anodenstangen liegen, sowie auf Schienen und kleinen Rollen die Rahmen mit den Warenstangen, geführt von einem Getriebe, hin- und hergleiten. Zum Verstärken der Silberauflage an den beim Gebrauch besonders beanspruchten Stellen von Eßbestecken, wie den Laffenkuppen von Löffeln, dienen die »Scheitelbäder«, welche die Fachfabriken in recht zweckmäßigen Ausführungen anbieten. Übrigens kann man das Verstärken auch so besorgen, daß man auf die betreffenden Stellen der Waren aus Silberdüsen, die mit dem + Pol der Stromquelle verbunden sind, Strahlen von Silberbadlösung fließen läßt; die dazu nötigen Geräte sind allerdings nicht einfach, und ihre Einzelheiten werden als Geheimnis gehütet.

Auf etwa 40^0 erwärmte Elektrolyte verwendet man wohl immer dann, wenn man beim Versilbern von Tafelgeräten mit Ringbädern,

---

[1]) Sehr zweckmäßig ist es, sie aus »nicht rostendem« Stahl bester Sorte anzufertigen, weil man sie dann leicht und schnell »absilbern« kann. Man taucht sie dazu in verd. Salpetersäure, welche den Stahl nicht angreift, das Silber jedoch rasch auflöst.

Wanderbädern, Vollautomaten (S. 78) oder »Reversierbädern« arbeitet. Bei diesen letzteren hängt die Ware in Trägern an Scheiben, die sich ziemlich rasch hin und her drehen; sie wird also lebhaft bewegt, damit man mit höheren Stromdichten plattieren könne. Übrigens pflegt man in manchen Betrieben auch beim Ausfertigen von Tafelgeräten in gewöhnlichen Bädern die Elektrolyte zu erwärmen, und stets tut man dies beim Versilbern von Drähten, auf dessen Einzelheiten wir hier nicht eingehen. Bemerkt sei bloß, daß Stromdichten bis zu 5 A zulässig sind[1]).

Vor dem Versilbern soll man, zum mindesten wenn stärkere Niederschläge aufzutragen sind, die entsprechend vorbereiteten, allenfalls durch Scheuern mit ganz feinem Bimssteinpulver leicht gerauhten Waren aus Kupfer, Messing, Tombak oder Kupfernickellegierungen — auch Drähte — stets verquicken (S. 101f.). Hierauf spült man sie gründlich, deckt sie während einiger Minuten in einem Vorversilberungsbad (S. 133) und fertigt sie erst dann in den Hauptbädern aus. So schützt man nämlich diese vor der Verunreinigung mit Fremdmetallen. Gegenstände aus Eisen oder Reinnickel muß man zunächst verkupfern, damit der Silberbelag hafte; handelt es sich um eine solide Plattierung, so ist nach der Bearbeitung im cyanalkalischen noch eine weitere im sauren Kupferbad nötig [2]). Nach der Glättung des Überzuges mit geeigneten Mitteln, etwa durch Kugelpolieren (S. 97f.), behandelt man die Stücke wie solche aus Kupfer. Auch bei Erzeugnissen aus Zinn, Blei oder deren Legierungen tut man gut daran, sie im cyanalkalischen Kupfer- oder Messingbad zu »grundieren«; das Verquicken mag entfallen, nicht jedoch das Decken in einem Vorversilberungsbad.

Der aus den Silberbädern ausfallende Niederschlag darf nicht im geringsten rauh sein, sondern muß sich glatt wie Seide anfühlen. Er muß das Ansehen matten weißen Marmors haben, unter dem Strich der mit Seifenwurzelabkochung benetzten Bürste (S. 170) sofort metallischen Glanz annehmen ohne aufzureißen und dem Polieren mit dem

---

[1]) Vgl. dazu Wogrinz, Draht-Welt 30 1937, S. 639. Man gibt Drähten eine Auflage von 10 bis 100 g Silber je 1 kg des fertigen Gutes. Was Tafelgeräte anbelangt, ist man wohl jetzt in den meisten Fabriken dazu übergegangen, Suppenlöffel und Gabeln mit der einheitlichen Auflage von 90 g je Dutzendpaar zu versehen und geringere Plattierungen, ebenso wie stärkere für Gaststätten, nur auf besonderen Wunsch anzufertigen. Diese Auflage ist das Maß für die auf anderen Tischgeräten, wie Kaffee- und Eislöffeln, Gabeln für den Nachtisch usw., sowie auf den Griffen der Messer.

[2]) Über die unmittelbare starke Versilberung von Gegenständen aus Stahl, wie sie für chemische Geräte in Betracht kommt, sowie über die Versilberung von Stücken aus »nicht rostendem« Stahl wird in der Metallwaren-Industrie und Galvano-Technik berichtet u. zw. 37 1939, S. 77ff. und 36 1938, S. 283.

Stahl, sofern es als Vollendungsarbeit nötig ist (S. 171), standhalten. Bei der Gewichtsversilberung von Tischgeräten ist es übrigens ratsam, sie nach dem Ablauf der halben Einhängedauer auszuheben und durchzukratzen.

Einiges über die Wirkungsweise der cyanalkalischen Silberbäder haben wir bereits erfahren (S. 41f.). Wir wissen auch, daß man, wenn sie richtig aufgebaut und geführt sind, zuversichtlich mit einer Stromausbeute von etwa 99%, entsprechend einem Niederschlagsgewicht von rund 4 g Edelmetall je 1 A St., rechnen und somit Gewichtszähler (S. 72f.) benützen darf. Ungefähr ebensoviel geht je 1 A St. von den Anoden in Lösung, wenn deren wirksame Fläche mindestens der Hälfte der Warenfläche gleichkommt. Es ist also tatsächlich möglich, den Silbergehalt gut gepflegter Bäder ohne weiteres Zutun durch Jahre fast unverändert zu erhalten. Was das »freie« Kaliumcyanid anbelangt, ist dies jedoch leider nicht möglich, weil sich aus ihm und dem Kohlendioxyd der Luft fortwährend Kaliumcarbonat bildet, im Sinne der Gleichung:

$$\underset{\text{Kaliumcyanid}}{2\,KCN} + \underset{\text{Kohlendioxyd}}{CO_2} = \underset{\text{Kaliumcarbonat}}{K_2CO_3} + \underset{\text{Blausäure}}{2\,HCN}$$

Dagegen läßt sich nichts tun, und die gewöhnliche Instandhaltungsarbeit ist daher das zeitgerechte Ersetzen des zerstörten Kaliumcyanides, wobei sich erfahrene Praktiker auch vom Aussehen der Anoden leiten lassen. Im Bad, das von Strom durchflossen wird, sollen sie nämlich steingrau sein und bei der Unterbrechung des Stromes sofort blank werden, ohne daß an der Ware dem freien Auge sichtbare Gasbläschen aufsteigen. Letzteres wäre ein Zeichen, daß der Gehalt an »freiem« Kaliumcyanid sicherlich zu hoch ist, während sich bei Mangel an ihm die Anoden »polarisieren«; die Stromstärke sinkt bei der bewährten Klemmenspannung und allenfalls bleibt der Niederschlag ganz aus. Besser ist es jedoch, das »freie« Kaliumcyanid eines Bades zeitgerecht, etwa einmal im Monat, durch eine chemische Untersuchung festzustellen, die sich mindestens einmal im Jahre auch auf die Bestimmung des Silbergehaltes erstrecken soll[1]). Da nun an Edelmetall entweder die richtige Menge von A Litergrammen vorhanden sein kann oder um a Litergramme zuviel oder zuwenig, und ebenso an »freiem« Kaliumcyanid entweder die richtige Menge von B Litergrammen oder um b Litergramme zuviel oder zuwenig, sind wiederum neun Fälle (S. 120) möglich. Was in jedem dieser Fälle zu tun ist, weist die folgende Zusammenstellung:

[1]) Wegen der raschen Ausführung dieser Bestimmungen vgl.: Wogrinz, Die Untersuchung und Richtigstellung galvanotechnischer Bäder usw., S. 49ff.

Fall:	Gehalt an Ag, Litergramme:	Gehalt an »freiem« KCN Litergramme:	Maßnahme:
I	A — a		Zusatz 1,85 a Litergramme Silbersalz und b Litergramme KCN.
II	A	B — b	Zusatz b Litergramme KCN.
III	A + a		Je Liter $\frac{a}{A+a}$ Liter Bad durch Wasser ersetzen, $\frac{Ab+Ba}{A+a}$ Gramme KCN zufügen.
IV	A — a		Zusatz 1,85 a Litergramme Silbersalz.
V	A		Keine.
VI	A + a	B	Je Liter $\frac{a}{A+a}$ Liter Bad durch Wasser ersetzen, $\frac{Ba}{A+a}$ Gramme KCN zufügen.
VII	A — a		1) a ist größer als 1,66 b. Absättigen von b Litergrammen KCN mit 2,06 b Litergrammen AgCN, Zusatz von 1,85 (a—1,66 b) Litergrammen Silbersalz. 2) a = 1,66 b. Absättigen von b Litergrammen KCN mit 2,06 b Litergrammen AgCN. 3) a ist kleiner als 1,66 b. Absättigen von $\frac{Ab+Ba}{1,66\,B+A}$ Litergrammen KCN mit der 2,06-fachen Menge AgCN, dann je Liter $\frac{1,66\,b-a}{1,66\,(B+b)+A-a}$ Liter d. Wasser ersetzen.
VIII	A	B + b	$\frac{Ab}{1,66\,B+A}$ Litergramme KCN mit der 2,06-fachen Menge AgCN absättigen, dann je Liter $\frac{1,66\,b}{1,66\,(B+b)+A}$ Liter durch Wasser ersetzen.
IX	A + a		1) $\frac{a}{A+a}$ ist größer als $\frac{b}{B+b}$. Je Liter $\frac{a}{A+a}$ Liter durch Wasser ersetzen, dann $\frac{Ba-Ab}{A+a}$ Litergramme KCN zufügen. 2) $\frac{a}{A+a}=\frac{b}{B+b}$. Je Liter Bad $\frac{a}{A+b}$ Liter durch Wasser ersetzen. 3) $\frac{a}{A+a}$ ist kleiner als $\frac{b}{B+b}$. Absättigen von $\frac{Ab-Ba}{1,66\,B+A}$ Litergrammen KCN mit der 2,06fachen Menge AgCN, dann je Liter $\frac{1,66\,b+a}{1,66(B+b)+A+a}$ Liter d. Wasser ersetzen.

Zur Erläuterung des Vorstehenden diene, daß unter »Silbersalz« Kaliumsilbercyanid zu verstehen ist, von dem ja 1,85 g, wie wir wissen, 1 g Silber enthalten, und daß man laut der Umsatzgleichung:

$$\underset{\text{Kaliumcyanid}}{KCN} + \underset{\text{Silbercyanid}}{AgCN} = \underset{\text{Kaliumsilbercyanid}}{K[Ag(CN_2)]}$$

1 g Kaliumcyanid mit rund 2,06 g Silbercyanid zu Kaliumsilbercyanid absättigen kann. Da nämlich 133,888 das Molekulargewicht von AgCN ist und 65,104 das Molekulargewicht von KCN, kommen auf 65,104 Gewichtsteile Kaliumcyanid eben 133,888 Gewichtsteile Silbercyanid und:

$$133{,}888 \text{ g} : 65{,}104 = \text{rund } 2{,}06 \text{ g Silbercyanid}$$

auf 1 g Kaliumcyanid. Wiederum möge ein Beispiel dartun, wie man die Zusammenstellung gebraucht.

Beispiel

Bei der Untersuchung eines Silberbades von 200 l, das je Liter 25 g Silber und 15 g »freies« KCN enthalten soll, wurde festgestellt, daß an Edelmetall je Liter bloß 21,2 g vorhanden sind, dagegen 19,4 g KCN. Es war also:

$A = 25{,}0$ g	$A - a = 21{,}2$ g	$a = 3{,}8$ g
$B = 15{,}0$ g	$B + b = 19{,}4$ g	$b = 4{,}4$ g

und es lag, da a kleiner ist als 1,66 b, der Fall VII, 3 der Zusammenstellung vor. Bei der Rechnung nach den Weisungen in deren letzter Spalte finden wir:

$$\frac{Ab + Ba}{1{,}66\,B + A} = 3{,}347 \qquad \frac{1{,}66\,b - a}{1{,}66\,(B + b) + A - a} = 0{,}066$$

das heißt, es waren im ganzen 3,347 g × 200 = rund 670 g überschüssigen »freien« KCN mit 670 g × 2,06 = 1380 g AgCN abzusättigen und dem Bad schließlich 0,066 l × 200 = 13,2 l zu entnehmen und durch Wasser zu ersetzen.

Die ausgewiesene Menge von 1380 g Silbercyanid bezieht man

[1]) Aus Messungen mit dem Aräometer kann man selbstverständlich den Gehalt eines Silberbades an »freiem« Kaliumcyanid nicht erschließen, da seine Dichte nicht nur von ihm abhängt, sondern auch von der Menge des vorhandenen Kaliumsilbercyanides und des Kaliumcarbonates. Der denkende Leser wird vielleicht sagen, daß dies wohl klar sei, und er es sich ohnehin schon überlegt habe; dennoch erachtet es der Verfasser nicht für überflüssig, es zu betonen.

am besten von einer Edelmetall-Scheideanstalt, und zwar nicht getrocknet, sondern noch feucht, damit sie sich beim Einrühren in das Bad leicht löse.

Anhaltspunkte über das richtige Verhältnis zwischen dem Gehalt eines Bades an Silber und an »freiem« Kaliumcyanid findet der Leser auf S. 133. Im allgemeinen bewährt sich die Faustregel, daß 0,61 Litergramme »freies« Kaliumcyanid auf 1 Litergramm Silber kommen sollen [1]), jedoch, wohl gemerkt, nur im allgemeinen; nicht Spekulationen, sondern eigene Erfahrungen und praktische Proben müssen in besonderen Fällen das Richtige weisen. So ist es z. B. sicher, daß beim Plattieren von Tafelgeräten aus einem »Alpaka«, das an Nickel sehr reich ist, 0,3 Litergramme »freien« Kaliumcyanides je Litergramm Silber vollauf genügen, während man beim unmittelbaren Versilbern von Gegenständen aus Zinn oder Legierungen von Weichmetallen mit mindestens 1 g Litergramm, ja noch mehr »freiem« Kaliumcyanid je Litergramm Silber rechnen mag. Was schließlich das Kaliumcarbonat anbelangt, das (S. 139) fortwährend aus dem »freien« Kaliumcyanid entsteht, kann ein älteres Bad bereits recht beträchtliche Mengen enthalten und dabei noch immer vorzüglich arbeiten. Es wird ja sogar behauptet, daß ein gewisser Gehalt eines Silberbades an Carbonat nicht nur nicht schade, sondern das Anfallen weißer, dichter und weicher Niederschläge fördere. Ob dies richtig ist, möge dahingestellt bleiben; nach den Erfahrungen des Verfassers bei der Herstellung versilberter Drähte, bei welcher Arbeit das Feinziehen des Gutes an die Plattierung wohl die höchsten Anforderungen stellt, haben auch ganz frische Bäder, in denen also nennenswerte Mengen Kaliumcarbonat nicht vorhanden waren, niemals versagt. Überdies dürfen wir nicht übersehen — man betrachte nur die weingelbe Farbe eines älteren Ansatzes — daß im Laufe der Zeit in Silberbädern sicherlich Stoffe entstehen, deren Wirkungen auf den Niederschlag wir vorläufig nicht kennen. Wie dem auch sei, gewiegte Fachleute betrachten das Kaliumcarbonat als eine zunächst harmlose Verunreinigung und als Zeichen, daß sie schon schädlich wird, das Anfallen rauher Niederschläge, die unter dem Polierstahl aufreißen. Dann ist es an der Zeit, das betreffende Bad abzustellen und ein neues anzusetzen. Es durch Eintragen von Bariumcyanid, Bariumchlorid oder Bariumhydroxyd zu reinigen, ist nicht ratsam. Man kann

[1]) Also, wie der Leser leicht einsehen wird, 1 Molekül Kaliumcyanid auf 1 Molekül Kaliumsilbercyanid mit 1 Atom Silber.

zwar solchermaßen das Kaliumcarbonat in unlösliches Bariumcarbonat verwandeln, das sich als weißer Bodensatz rasch ablagert:

$$\begin{matrix} & & \underset{\text{Bariumcyanid}}{Ba(CN)_2} & & & & \underset{\text{Kaliumcyanid}}{2\,KCN} \\ \underset{\text{Kaliumcarbonat}}{K_2CO_3} & + & \underset{\text{Bariumchlorid}}{BaCl_2} & = & \underset{\text{Bariumcarbonat}}{BaCO_3} & + & \underset{\text{Kaliumchlorid}}{2\,KCl} \\ & & \underset{\text{Bariumhydroxyd}}{Ba(OH)_2} & & & & \underset{\text{Kaliumhydroxyd}}{2\,KOH} \end{matrix}$$

Wie die vorstehenden Umsatzgleichungen zeigen, entstehen aber dabei für je 1 g Kaliumcarbonat rund 0,94 g Kaliumcyanid oder 1,08 g Kaliumchlorid oder 0,81 g Kaliumhydroxyd, so daß der Aufbau des Elektrolyten, den man richtigstellen will, vollständig verändert wird. Aus den vorstehenden Darlegungen ersieht der Leser übrigens auch, daß bei einem Silberbad die Bestimmung des Carbonatgehaltes keinen besonderen Wert hat. Er kann, um es noch einmal zu wiederholen, schon sehr hoch sein, und das Bad dennoch brav seinen Dienst tun — ist er aber zu hoch geworden, dann merkt man es ohnehin.

Zur Rückgewinnung des Edelmetalles aus einem abgestellten Bad mag man es, wenn man über die nötigen Geräte verfügt, in einer Schale aus nicht rostendem Stahl eindampfen, bis sich an der Oberfläche eine Kristallhaut zeigt. Wenn man dann erkalten läßt, kristallisiert der größte Teil des Kaliumsilbercyanides aus, während das »freie« Kaliumcyanid und das Kaliumcarbonat in der über dem Kristallisat stehenden Flüssigkeit, der Mutterlauge, verbleiben. Man zieht sie mit einem Schlauch ab, um sie gelegentlich nach dem gleich zu beschreibenden Verfahren vollständig zu entsilbern. Das Kaliumsilbercyanid bringt man auf ein »Koliertuch« (S. 122), läßt dort abtropfen, wäscht es mit ein wenig kalten Wassers und läßt es wiederum abtropfen, um es schließlich an der Luft zu trocknen und zum Ansetzen neuer Bäder zu verwenden. Die durch das Filtertuch getropften Flüssigkeiten vereinigt man mit der Mutterlauge. Bei dem vom Verfasser ersonnenen Verfahren zum Entsilbern fällt man das Edelmetall mit Aluminiumbronze aus dem mit Ätznatron laugenhaft gemachten Elektrolyten; der Leser findet die Arbeitsweise an der unten angeführten Stelle [1]) genau beschrieben.

[1]) Metallwaren-Industrie u. Galvano-Technik 36/1938 S. 10.. Der Rat, Kaliumcarbonat aus einem Silberbad durch Ausfrieren, das heißt durch Abkühlen der Lösung auf eine niedrige Temperatur zu beseitigen, ist, gelinde gesagt, ein recht leichtfertiger. Der Chemiker, der das Löslichkeitsgefälle von Kaliumsilbercyanid und Kaliumcarbonat kennt und weiß, daß man auf ihm die Rückgewinnung des ersteren aus alten Elektrolyten aufbaut, wird dieses Urteil sicherlich nicht zu hart

Er möge jedoch nicht vergessen, daß ihm nach der Ausscheidung des Silbers, aber auch wenn er es elektrolytisch oder, wie manchmal empfohlen, mit Natriumsulfid als Schwefelsilber niederschlägt, stets eine sehr giftige Lösung hinterbleibt. Einen größeren Posten von ihr darf man keineswegs so ohne weiteres weglaufen oder versickern lassen. Es wird gerne vergessen, darauf aufmerksam zu machen — was man weise verschweigt, zeigt ja, wie uns Schiller lehrt, den Meister des Stils!

Wie man alte Plattierungen von Tafelgeräten in einer »Sprenge« abziehen kann, haben wir bereits auf S. 103 dargelegt. Ist jedoch eine Versilberung schon sehr schadhaft, dann pflegt man sie abzuschleifen; selbstverständlich kommt der Abfall von einer solchen Arbeit zum »Gekrätz«.

Zum Schluß dieses Abschnittes wollen wir noch bemerken, daß die Bemühungen, die cyanalkalischen Silberbäder durch nicht so giftige zu ersetzen, etwa durch saure Jodidbäder, schon schöne Erfolge gezeitigt haben. Das gleiche gilt von den Versuchen, Glanzbäder [1]) aufzubauen und Elektrolyte zur Abscheidung von Legierungen des Silbers. Unter ihnen sind besonders solche mit Cadmium interessant, die als sogenanntes »Edelsilber« an der Luft nicht anlaufen. Die Arbeiten zu den angeführten Zielen sind aber noch nicht so weit gediehen, daß ihre Ergebnisse in der Praxis auf breiter Grundlage ausgewertet werden können; es möge daher hier genügen, sie zu erwähnen.

Und nun noch eine Vorschrift für die Bereitung einer Tauchversilberung und eine weitere für die Herstellung einer Anreibversilberung.

Von ersterer setzt man 1 l durch Auflösen von 15 g Kaliumsilbercyanid und 10 bis 15 g Kaliumcyanid an. Taucht man vorher sorgfältig gereinigte und entfettete Massenware aus Kupfer, Messing, Tombak oder Bronze ein, so bedeckt sie sich mit einem Hauch von Silber. Die Lösung zu erwärmen ist nicht nötig; worauf ihre Wirkung beruht, wissen wir bereits (S. 26).

---

finden. Was p_H der Silberbäder anbelangt, soll man es, wie neuerdings manchmal empfohlen wird, ebenfalls beachten. Nach den Erfahrungen des Verfassers ist dies nicht nötig. Schließlich und endlich darf man auch bei der Pflege der Bäder, so wie bei der des Körpers, des Guten nicht zu viel tun und nicht zum Hypochonder werden.

[1]) Man liest häufig, daß schon ein geringer Zusatz von Schwefelkohlenstoff zu einem Silberbad das Entstehen glänzender Niederschläge bewirkt. Dies ist nicht unrichtig. Der Verfasser möchte jedoch dazu bemerken, daß man in keinem der großen Versilberungsbetriebe, die er kennt — und es sind ihrer nicht wenige — jemals daran gedacht hat, die Bäder mit Schwefelkohlenstoff zu behandeln.

Um die Paste für eine Anreibversilberung anzufertigen, die man mit einem Wattebausch aufträgt, nicht mit den Fingern, erzeugt man genau so wie es auf S. 136 beschrieben wurde, nur in kleinerem Maßstabe, zunächst Silberchlorid aus Silbernitrat. Man löst z. B. in einem 0,5 l fassenden Becher aus starkem Glas in 250 ccm Wasser rund 16 g Silbernitrat, fügt unter Umrühren eine Lösung von 7 g trockenen Kochsalzes in 100 ccm Wasser, sowie einige Tropfen konz. Salpetersäure zu und rührt mit einem Glasstab, bis sich die Hauptmenge des ausgeflockten Silberchlorides geballt hat. Beschleunigen kann man dies dadurch, daß man auf dem Drahtnetz erwärmt. Sodann stellt man das Gefäß, um seinen Inhalt vor Licht zu schützen, in einen Schrank und wartet geduldig, bis eine blanke Flüssigkeit über dem Silberchlorid steht. Man gießt sie möglichst vollständig ab und reinigt den Bodensatz durch wiederholtes Auf- und Abgießen von reinem Wasser. Schließlich kippt man ihn in eine passende Reibschale aus Porzellan und verarbeitet ihn hier mit 20 g reinem, weißem Weinsteinpulver und 20 g trockenem Kochsalz. Zur Aufbewahrung der Paste verwendet man einen Salbentiegel aus Porzellan, wie ihn die Apotheker benützen, mit einem Deckel aus Holz und entnimmt die jeweils nötige Menge mit einem Spatel aus Glas oder Porzellan. Mit einer solchen Anreibversilberung bearbeitet man z. B. die Messingplatten, welche die Skalen von Thermometern und Barometern tragen; sie nehmen dabei einen eigentümlich matten silbergrauen Ton an.

8. Cyankalische Zink-, Kupfer-, Messing- und Cadmiumbäder

Nachdem wir im vorhergehenden Abschnitt zunächst die Silberbäder als die einfachsten der für uns wichtigen cyanalkalischen Elektrolyte besprochen haben, wenden wir uns nun zu anderen, die zu dieser Gruppe gehören, nämlich den Zink-, Kupfer-, Messing- und Cadmiumbädern. Auch bei ihnen sind die »Metallsalze« Verbindungen, welche der Chemiker als »komplexe« Cyanide bezeichnet, während sie im Handel »Cyandoppelsalze« oder »Metalldoppelcyanide« (S. 213) heißen, und zwar enthalten:

die Zinkbäder . . .	Alkalizinkcyanid, $(Alk)_2[Zn(CN)_4]$
die Kupferbäder . .	Alkalikupfer(I)cyanid, z. B. $(Alk)_4[Cu_2(CN)_6]$
die Messingbäder . .	die vorstehenden beiden Stoffe in angemessenem Verhältnis
die Cadmiumbäder .	Alkalicadmiumcyanid, $(Alk)_2[Cd(CN)_4]$.

Neben diesen in Wasser löslichen, durchwegs sehr giftigen und, wenn rein, weißen kristallinen Substanzen muß noch eine angemessene Menge »freies« Alkalicyanid vorhanden sein, nebst anderen Stoffen, von denen wir noch hören werden [1]).

Selbstverständlich ist es am einfachsten, auch beim Ansetzen der Bäder, von denen wir jetzt sprechen, die fertigen Mischungen von Chemikalien zu verwenden, welche verläßliche Fabriken unseres Faches anbieten, und die man nach den mitgegebenen Belehrungen bloß in Wasser zu lösen braucht, um zu einwandfrei arbeitenden Elektrolyten zu kommen. Was dafür spricht, diesen Weg zu nehmen, das wurde ja bereits dargelegt (S. 118); wir werden ihn jedenfalls stets gehen, wenn es sich um Elektrolyte handelt, die besonderer Zusätze bedürfen, damit sie in der gewünschten Art ansprechen. Es sind dies die heute schon recht wichtig gewordenen »Glanzzinkbäder« und die Cadmiumbäder. Man findet zwar im Schrifttum viele wertvolle Angaben über sie — aber auch bei ihnen geben die Fabriken bewährte Zusammensetzungen, die sie durch mühsame und kostspielige Versuche ermittelt haben, nicht preis, so daß man eben am besten tut, sich ihnen anzuvertrauen.

Die älteren Praktiker schlugen jedoch einen anderen Weg ein — sie mußten zu ihrer Zeit wohl so tun — indem sie geeignete Chemikalien miteinander und mit Alkalicyanid umsetzten. So gewannen sie nach zwar bewährten, aber oft recht umständlichen Vorschriften schließlich Lösungen, welche Alkalikupfercyanid oder dieses und Alkalizinkcyanid nebst »freiem« Alkalicyanid, sowie Leitsalzen enthielten, und als Kupfer- und Messingbäder gut brauchbar waren. Wir wollen zwei solche Rezepte anführen.

Um ein Kupferbad zu bereiten, das man für gewöhnlich bei Zimmertemperatur verwendet, hingegen wenn man stärkere Niederschläge wünscht, auf 30 bis 40° erwärmt, löst man je 1 l des Elektrolyten in der Wanne selbst 20 g Kupferacetat (Vorsicht wegen des Verstaubens des giftigen grünen Gutes!) in 0,5 l Wasser. Weiter löst man in einem passenden Gefäß 25 g Dinatriumsulfit und 17 g Natriumcarbonat in

[1]) Es sei nochmals bemerkt, daß man unter »Alkali« hier Kalium oder Natrium zu verstehen hat, also z. B. unter Alkalizinkcyanid Kaliumzinkcyanid oder Natriumzinkcyanid. Als Alkalicyanid verwendet man beim Ansetzen und der Pflege von Zink-, Kupfer- und Messingbädern am besten das unter dem Namen »Cyan« (S. 217) gehandelte Gut von gleichem Wirkungswert wie Kaliumcyanid, schon deshalb, weil es bedeutend billiger ist als dieses. Für die Richtigstellung von Cadmiumbädern ist nach der Ansicht des Verfassers reines Natriumcyanid (S. 220) dem Cyan vorzuziehen, weil mit letzterem Kaliumchlorid in die Bäder eingeht.

0,25 l Wasser und in einem zweiten Gefäß 20 g Cyan (S. 217) in 0,1 l. Sodann gießt man unter fleißigem Umrühren die erste dieser beiden Lösungen zu der des Kupferacetates in der Wanne, wo ein dicker hellgrüner Niederschlag entsteht. Zu ihm fügt man schließlich die Lösung von Cyan. Bei neuerlichem Umrühren verschwindet der Niederschlag rasch; man füllt auf und das Bad ist fertig. Eine ähnliche Anweisung für die Herstellung eines Messingbades, das ja nichts anderes ist als eine richtig abgeglichene Mischung eines Kupferbades mit einem Zinkbad, lautet folgendermaßen: In der Wanne selbst je 1 l des Elektrolyten 12,5 g Kupferacetat und 12,5 g Zinkacetat in 0,3 l Wasser lösen, ferner in einem ersten Gefäß 15 g Natriumcarbonat nebst 25 g Natriumdisulfit in 0,2 l Wasser und in einem zweiten ebenso 25 g Cyan in 0,2 l Wasser. Die Lösung aus dem ersten Gefäß in die Wanne gießen und umrühren; es bildet sich ein blaugrüner Niederschlag. Die Cyanlösung zugeben, wiederum rühren bis der Niederschlag verschwunden ist und auffüllen. Das bei Zimmertemperatur zu betreibende Bad zeichnet sich dadurch aus, daß der Niederschlag mit feurigem Ton fast goldgelb anfällt.

Als dann Alkalikupfercyanid und Alkalizinkcyanid in den Handel mit Chemikalien für die Galvanotechnik kamen — zwar meist nicht rein (S. 214), jedoch mit verbürgtem Gehalt an Schwermetall — war es ein naheliegender Gedanke, von ihnen auszugehen und damit das Ansetzen der Bäder zu vereinfachen. Will man so verfahren, dann mag man sich an die folgenden Vorschriften halten:

Zinkbad nach Pfanhauser

Je 1 l sind zu lösen 45 g Alkalizinkcyanid mit etwa 18% Zink, 15 g Cyan, 20 g Kochsalz, 20 g Ätznatron. Allenfalls gibt man je 1 l noch 1 bis 2 g Alkaliquecksilbercyanid zu, was aber auch unterbleiben kann.

Kupferbad

Für je 1 l löst man 60 g Alkalikupfercyanid mit ungefähr 18% Kupfer, 5 g Cyan, 4 g Ammoniumchlorid, 5 g Natriumcarbonat, 5 g Dinatriumsulfit.

Messingbad

Je 1 l sind zu lösen 30 g Alkalikupfercyanidund 30 g Alkalizinkcyanid, Metallgehalte wie eben vermerkt, ferner 3 g Cyan, 5 g Natriumcarbonat, 5 g Dinatriumsulfit, 4 g Ammoniumchlorid.

Solchermaßen zubereitete Elektrolyte sprechen bei Zimmertemperatur recht gut an, auch in Glocken und Trommeln. Für den Gebrauch in letzteren mag man jedoch Kupfer- und Messingbäder noch verstärken, indem man bei ersterem 90 g Alkalikupfercyanid und 12 g Cyan, bei letzteren 45 g Alkalikupfercyanid, 45 g Alkalizinkcyanid, sowie wiederum 12 g Cyan je 1 l des herzustellenden Elektrolyten nimmt.

Es würde uns zu weit führen, auf die Wirkungen einzugehen, welche die Bestandteile unserer Bäder auf deren Gang haben. Sicher ist jedenfalls, worauf auch Blum und Hogaboom aufmerksam machen, daß man beim Ansetzen eines Zinkbades eine genügende Menge Natriumhydroxyd aufwenden muß, neben dem es an »freiem« Alkalicyanid nicht fehlen darf. Selbstverständlich müssen diese Stoffe im richtigen Verhältnis zum Metallgehalt der Lösung stehen, damit aus ihr ein tadelloser Niederschlag ausfalle, der viel feinkristalliner ist, als der aus sauren Zinkbädern. Diese wertvolle Eigenschaft kann man bei entsprechend aufgebauten Elektrolyten durch gewisse Zusätze noch weiter ausbilden, um zu sogenannten »Glanzzinkbädern« zu kommen. Der Niederschlag aus solchen soll höchstens einer ganz leichten Überarbeitung durch den Schleifer bedürfen, damit der feine Schleier schwinde, der allenfalls auf der blanken Plattierung liegt; sie soll aber nicht nur glänzender, sondern vor allem auch viel heller, dem Cadmium ähnlicher sein, als die aus gewöhnlichen alkalischen Zinkbädern. Damit dies auch bei längerer Benützung so sei, darf man in Glanzzinkbädern nur Anoden aus besonders reinem Zink verwenden und muß überhaupt Verunreinigungen durch Fremdmetalle sorgfältig von ihnen fern halten. Deshalb betreibt man sie auch nicht in hölzernen Wannen, sondern in Behältern aus Steinzeug oder aus Eisen, deren Innenflächen man mit Glasplatten abschirmt und verwendet als Einhängedrähte für die Ware Eisendrähte statt solcher aus Kupfer oder Messing. Glanzzinkbäder zu erwärmen ist im allgemeinen nicht üblich; vor ihrem Gebrauch in Massenapparaten überlege man sich, ob nicht etwa beim Durcheinanderrollen der behandelten Teile das Ansehen des Nieserschlages auf ihnen leiden mag. Was die Glanzzusätze selbst anbelangt, das heißt, die Stoffe, deren Einfluß man die Bildung der glänzenden Niederschläge zuschreibt, erinnern wir den Leser an eine Bemerkung auf S. 146. Über die Glanzzusätze, welche für Zinkbäder in Betracht kommen, wie Molybdän- und Vanadinverbindungen, sowie dem Tier- oder dem Pflanzenreich entnommene oder künstlich hergestellte »organische« Substanzen finden wir viele Mitteilungen im Schrifttum, und gar manches Patent befaßt sich mit ihnen. Die eingehend erprobten Zusätze, welche die führenden Fabriken unseres Faches jedoch ihren Salzen zur Bereitung von Glanzzinkbädern beifügen, geben sie nicht preis. Deshalb muß man ihren Weisungen wegen der Führung und der Instandhaltung dieser Bäder folgen und sie befragen, wenn sich Schwierigkeiten einstellen.

Für gewöhnliche Zinkbäder genügen Wannen aus Holz und Faßapparate mit hölzernen Behältern; man muß sich bloß damit abfinden, daß der immerhin stark laugenhafte Inhalt die Behälter doch sehr hernimmt. Viel weniger tun dies Kupfer- und Messingbäder, eben weil sie weniger alkalisch sind. Auch sie pflegt man bei Zimmertemperatur zu betreiben, mit Anoden aus Elektrolytkupfer und Gußmessing. Will man jedoch ein Kupferbad erwärmen, etwa auf 30 bis 40°, dann bringt man es dazu in einer mit Blei ausgeschlagenen Holzwanne unter, die mit einer Heizschlange aus Eisen ausgerüstet ist.

Was die Pflege der gewöhnlichen cyanalkalischen Zink-, Kupfer- und Messingbäder anbelangt, erinnern wir uns an die Darlegungen auf den S. 139ff. So wie bei Silberbädern muß der Gehalt an jenen Metallen, die man an der Ware ausscheiden will und an »freiem« Alkalicyanid ein angemessener sein; wir haben also wiederum mit den folgenden 9 Fällen zu rechnen:

Fall:	Gehalt an »freiem« Alkalicyanid:	Metallgehalt:
1	Zu niedrig	
2	richtig	Zu niedrig
3	Zu hoch	
4	Zu niedrig	
5	richtig	richtig
6	Zu hoch	
7	Zu niedrig	
8	richtig	Zu hoch
9	Zu hoch	

Dabei wollen wir aber nicht vergessen, daß bei einem Messingbad der Niederschlag ja eine Legierung von zwei Metallen ist, die ebenfalls im richtigen Verhältnis zueinander im Elektrolyten vorhanden sein müssen, damit die Plattierung die gewünschte Farbe habe. Weiter ist, insbesondere bei Zinkbädern, wichtig, daß sie genügend stark laugenhaft sind. Schließlich dürfen wir nicht übersehen, daß aus dem »freien« Alkalicyanid, genau so wie bei den Silberbädern, fortwährend Alkalicarbonat entsteht, das sich in den Lösungen anreichert [1]) und sicherlich nicht ohne Einfluß auf ihr Verhalten im Betrieb ist, ebenso wie bei Kupfer- und Messingbädern etwa vorhandenes Alkalisulfit, Alkalisulfat oder Alkaliacetat. Es wird also dem Leser wohl einleuchten, daß es zur Führung unserer Bäder ziemlicher Erfahrung bedarf, und daß wir hier nur einige kurze Weisungen für ihre Instandhaltung geben können. Betrachten wir etwa ein Kupferbad. Wenn es in guter Verfassung ist, sind die Anoden, deren wirksame Fläche möglichst gleich der der Waren sein soll, schön rosenrot, nur an einzelnen Stellen mit blaugrünem Schlamm bedeckt, der schon beim Reiben mit dem Finger abgeht und sich sofort in der Flüssigkeit der Umgebung löst; keinesfalls darf sich der gefürchtete schokoladenbraune Belag einstellen, dessen Entstehen man übrigens auch sofort daran merkt, daß bei steigender Spannung an den Badklemmen die Stromstärke zu sinken beginnt. An der Ware dagegen muß bei einer nur geringen Gasentwicklung das Kupfer überall gleichmäßig deckend anfallen. Wenn es den bekannten samtartigen Blutton annimmt, setzt man ein wenig Natriumthiosulfat zu, etwa mit 0,5 g je 1 l beginnend, worauf er meist sofort verschwindet. Ist zu wenig Alkalicyanid da, so verschlammen die Anoden stark, ohne daß sich der entstandene Schlamm lösen würde, wenn man ihn von den Metallplatten in den Elektrolyten hineinbürstet, während an den eingehängten Waren der Niederschlag träge, oft auch fleckig anfällt. Ist hinwiederum der Gehalt an Alkalicyanid im Verhältnis zu dem an Kupfer zu groß, dann bleiben allerdings die Anoden rein, Schlamm zeigt sich fast überhaupt nicht, dagegen an den Waren reichlich Gas und der Niederschlag mag ausbleiben. Anderseits soll aber auch der Gehalt eines Bades an Kupfer selbst der Arbeit angepaßt sein, für die wir es verwenden wollen. Einen Überschuß an Alkalicyanid kann man dadurch beseitigen, daß man Kupfercyanid (S. 225), das man mit einem Drittel seines Gewichtes an Dinatriumsulfit verrieben hat, in das Bad einrührt. Aus ihm und dem Alkalicyanid entsteht das Metallsalz des Elektrolyten, nämlich Alkalikupfercyanid, man verfährt also ganz so, wie wenn man bei einem Silberbad einen Überschuß an Kaliumcyanid mit Silbercyanid ausgleicht (S. 141). Glaubt man jedoch Grund zur Annahme zu haben, daß es an Alkalicyanid fehlt, dann setzt man eben solches zu, und wenn man meint, daß es sowohl an ihm, als auch an

---

[1]) Deshalb ist ja auch mit dem Aräometer bei der Untersuchung der cyanalkalischen Zink-, Kupfer-, Messing- und Cadmiumbäder ebsowenig anzufangen, wie bei der Prüfung der Silberbäder. Dem Fachmann, der den Rat gegeben hat, Alkalicarbonat aus ersteren durch »Ausfrieren« zu entfernen, rät der Verfasser seinerseits, dies bei jeder Gelegenheit, die er dazu findet, selbst zu tun.

Metall mangelt, dann bessert man mit Alkalikupfercyanid auf, gleich wie bei einem Silberbad mit Kaliumsilbercyanid. Auch dieses Kupfersalz verreibt man übrigens mit Badlösung, bevor man es unter Rühren einträgt, damit es rasch aufgenommen werde. Ehe man jedoch irgend welche Eingriffe vornimmt, unterrichtet man sich durch Vorproben mit Anteilen von etwa 0,3 l, ob man denn auch auf dem richtigen Weg ist, und erst wenn man davon überzeugt sein kann, geht man mit Zusätzen in das Bad selbst ein. Mit dieser »tatonierenden« Methode, welche schon den älteren Praktikern geläufig war, kommt man fast immer zum Ziel, und nur in ganz besonderen Fällen läßt man vom Chemiker den Gehalt einer Lösung an Kupfer und an »freiem« Alkalicyanid bestimmen [1]). Es wird dem Leser nicht schwer fallen, aus unseren Darlegungen über Kupferbäder die Nutzanwendungen für die Pflege von Zinkbädern, sowie von Messingbädern zu ziehen. Bei letzteren verwendet man, wie schon gesagt wurde, Anoden aus gutem Gußmessing, deren wirksame Fläche ebenfalls der der Ware möglichst gleich sein soll. Besondere Aufmerksamkeit ist dem Ton des Niederschlages zuzuwenden; wünscht man ihn goldfarbig, so gibt man einen Zusatz von 10 bis 20 g Natriumacetat je 1 l, wird er hingegen zu kupferig, so fügt man entweder Alkalizinkcyanid zuoder Zinkcyanid (S. 225) zu, letzteres, wenn auch der Gehalt an Alkalicyanid hoch ist. Sowohl das eine, wie das andere Salz verreibt man jedoch vor dem Einbringen wiederum zusammen mit einem Drittel seines Gewichtes an Dinatriumsulfit und Badflüssigkeit zu einem dünnen Brei. Eine eigentümliche rötliche Mißfärbung der Plattierung, die recht lästig werden kann, stellt sich manchmal bei einem zu warm gewordenen Bad ein; man läßt ihm Zeit, sich abzukühlen und zu beruhigen, um sodann etwa wäßriges Ammoniak oder ein wenig einer Abkochung von Seifenwurzeln zuzutropfen. Was schließlich die Reaktion unserer Elektrolyte, den Grad ihrer Laugenhaftigkeit anbelangt, wird neuerdings empfohlen, ihn nicht nur bei Zink-, sondern auch bei Kupfer- und Messingbädern zeitgerecht mit dem Folienkolorimeter oder mit Peha-Papier zu prüfen und mit reinem Natriumhydroxyd abzugleichen; Richtwerte dazu findet der Leser nebst anderen in der folgenden Zusammenstellung. Es soll ungefähr sein:

[1]) Ein Verfahren zur Bestimmung des »freien« Alkalicyanides in cyanalkalischen Zink-, Kupfer-, Messing- und Cadmiumbädern, das ziemlich rasch zum Ziel führt und bei dem es der Wage nicht bedarf, hat der Verfasser angegeben (Die Untersuchung der galvanotechnischen Bäder usw., S. 54ff.). Mit der Titrationsmethode von Liebig, so wie bei den Silberbädern, geht es nicht.

	Beim Arbeiten mit ruhendem Elektrolyten bei		
	Zink-bädern:	Kupfer-bädern:	Messing-bädern:
die Stromdichte, A	0,5—1	0,3—0,5	0,3—0,5
die Badspannung, V	2,5—3,5	2,5—3	2,5—3
die Stromausbeute, %	um 70	70—80	um 70
die Reaktion, p_H	um 13,5	10,7—11	9,8—10,2
	Beim Arbeiten in Massenapparaten bei		
	Zink-bädern:	Kupfer-bädern:	Messing-bädern:
die Badspannung	zwischen 6 und 10 V		

Bei Glanzzinkbädern sind Stromdichten von 1 bis 3 A bei Klemmenspannungen von 1 bis 3,5 V, in Massenapparaten bis 12 V, üblich.

Bei Berechnungen auf Grund der angeführten ungefähren Stromausbeuten wolle der Leser jedoch nicht vergessen (S. 233), daß das Amperestundengewicht bei cyanalkalischen Kupferbädern 2,3717 g ist, also das Doppelte des bei sauren Kupferbädern geltenden.

Tombakbäder, manchmal auch Bronzebäder genannt, sind Messingbäder, aus denen, dank ihrem erhöhten Gehalt an Kupfer, die Plattierung mit dem Ton des Rotgusses anfällt. Die Bedeutung eigentlicher Bronzebäder zum Niederschlagen einer Legierung von Kupfer und Zinn ist für die Praxis, wenigstens vorläufig, so gering, daß es genügt, sie zu erwähnen, ebenso wie die Versuche, gewöhnliche cyankalische Kupferbäder zu Glanzbädern auszugestalten. Sehr wichtig sind dagegen die Cadmiumbäder geworden, mit deren Besprechung wir diesen Abschnitt schließen wollen.

So wie das Verchromen ist auch das Elektroplattieren mit Cadmium erst nach 1925 bei uns für die galvanotechnischen Werkstätten wichtig geworden, als man seinen großen Wert als Rostschutzverfahren erkannt hatte. Für die Verwendung in der Praxis kommen derzeit vor allem cyanalkalische Elektrolyte in Betracht[1]; sie enthalten, was wir ja schon am Anfang dieses Abschnittes gehört haben, als Metallsalz Alkalicadmium-

[1]) Vorschriften für die Herstellung »saurer« Cadmiumbäder findet man schon in alten Lehrbüchern unseres Faches; sie wurden jedoch sicherlich mehr der Vollständigkeit halber angeführt, als deshalb, weil man ihnen ernstlich Bedeutung beimaß. Niederschläge aus sauren Cadmiumlösungen sind, wenigstens im allgemeinen, lange nicht so feinkristallin, wie die aus den cyankalischen Elektrolyten, die man denn auch leichter zu »Glanzbädern« ausbauen mag. Die Verhältnisse liegen also ähnlich wie bei den Zinkbädern.

cyanid, $Alk_2[Cd(CN)_4]$, neben »freien« Alkalicyanid und Alkalihydroxyd. Nach Billiter löst man z. B. je 1 l des zu bereitenden Ansatzes in der Wanne selbst 49 bis 80 g Natriumcyanid, sowie 15 bis 40 g Natriumhydroxyd in 0,75 l Wasser, rührt 44 bis 60 g Cadmiumcyanid ein, das sich zu Natriumcadmiumcyanid, $Na_2[Cd(CN)_4]$, löst und fügt schließlich 2 g Nickelsulfat und 12 g Türkischrotöl zu, letztere beide Stoffe als Glanzzusätze. Niederschläge aus Bädern ohne solche Zusätze sind zwar schön dicht und nehmen unter dem Strich der mit Seifenwurzelwasser benetzten Metalldrahtbürste sofort metallischen Glanz an; wir erwarten aber heute, daß sie mit diesem Glanz bereits aus den Bädern kommen oder ihn zum mindesten dann haben, wenn man sie nach dem Spülen durch eine »Glanzbeize« gezogen hat. Wir finden im Schrifttum wiederum eine ganze Reihe von Glanzzusätzen genannt, außer Nickelsulfat und dem schon erwähnten Türkischrotöl, z. B. Melasse, Süßholzwurzelextrakt, Dextrin, Gelatine und noch manche andere. Wiederum halten jedoch die führenden Häuser unseres Faches die Zutaten zu den Cadmiumbädern, die sie als bewährt befunden haben, geheim, und auch wenn man ein Cadmiumbad einstellen will, ist es deshalb am besten, sich einem dieser Häuser anzuvertrauen.

Wegen ihrer starken Laugenhaftigkeit — man pflegt p_H bei etwa 12 bis 13 zu halten —, benützt man Steinzeugtröge oder besser geschweißte Eisenwannen, deren Wände man mit Glasplatten abschirmt, als Behälter für Cadmiumbäder. Man betreibt sie für gewöhnlich mit Stromdichten von 0,8 bis 1,5 A, wozu es einer Spannung von 1 bis 2 V bedarf; sie zu erwärmen ist nicht üblich. Die Stromausbeute mag man zu etwa 95% annehmen. Als Anoden verwendet man linsenförmige Gußstücke aus reinem Cadmium von 5 bis 30 cm Durchmesser, die an Trägern aus Flacheisen befestigt sind. Diese Anodenlinsen, die sich sehr gleichmäßig lösen, hat zuerst die Udylite Co. in Amerika und dann bei uns eingeführt; es gibt bei ihnen viel weniger Abfall an dem wertvollen Metall als beim Gebrauch gewöhnlicher viereckiger Platten.

Was die Pflege von Cadmiumbädern anbelangt, haben wir soeben darauf aufmerksam gemacht, daß man p_H bei etwa 12 bis 13 halten soll. Ansonsten folgt man den auf S. 149ff. entwickelten Grundsätzen. Handelt es sich darum, einen Überschuß von »freiem« Alkalicyanid zu tilgen, so mag man übrigens statt Cadmiumcyanid auch Cadmiumcarbonat in die Lösung einrühren. Zu beachten ist noch, daß cyanalkalische Cadmiumelektrolyte sehr empfindlich gegen gewisse Verunreinigungen sind, insbesondere genügen recht geringe Mengen Arsen, um sie rettungslos zu verderben; die Niederschläge fallen aus einem mit Arsen vergifteten Ansatz unscheinbar dunkel an und man muß ihn abstellen.

Bemerken wollen wir ferner, daß das Elektroplattieren mit Cadmium in Massenapparaten ohne weiteres möglich ist; die passende Spannung von ungefähr 5 bis 7 V für eine Glocke oder eine Trommel ermittelt man durch einige Versuche. Und nun möge eine Vorschrift für eine Glanzbeize den Schluß dieses Abschnittes bilden. Zu ihrer Bereitung löst man je 1 l der Flüssigkeit, die man in einem Steinzeuggefäß ver-

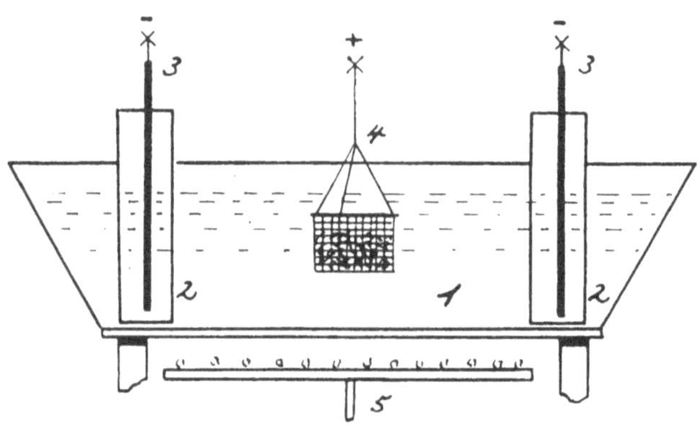

Abb. 78. 1 Außenwanne aus emailliertem Eisenblech, gefüllt mit 2% Kaliumcyanidlösung, 2 Tendiaphragmen für die Kathoden 3. Das Körbchen 4 mit den Feingoldschnitzeln ist die Anode, 5 Gasbrenner.

wahrt, 120 g Chromsäureanhydrid und säuert mit etwa 2 g Schwefelsäure an. Die zu behandelnden Stücke spült man, nachdem man sie aus dem Bad ausgehoben hat, vorerst gründlich, taucht sie hierauf für etwa 5 Sekunden in die Beize und spült sie neuerdings gründlich, um sie schließlich sofort zu trocknen. Das Durchziehen durch die Beize erhöht nicht nur den Glanz, sondern auch seine Beständigkeit an der Luft.

9. Goldbäder

Die älteren Praktiker gingen bei der Bereitung ihrer Goldbäder entweder von Feingold aus, das sie elektrolytisch lösten oder sie stellten für den weiteren Umsatz zunächst »Goldchlorid« (S. 216) her.

Zur elektrolytischen Lösung kauft man 0,1 bis höchstens 0,2 mm dickes Feingoldblech, zerschneidet es mit der Schere in kleine Schnitzel und legt diese (Abb. 78) in ein Körbchen aus Platindraht, das mit dem + Pol der Stromquelle verbunden ist. An ihren — Pol sind als Kathoden kleine Platten aus Elektrodenkohle angeschlossen oder Streifen aus Platinblech. Sie befinden sich in Tondiaphragmen, welche man, ebenso wie die Außenwanne, mit einer Lösung von 20 Litergrammen Kaliumcyanid [1]) füllt, so zwar, daß in der Außenwanne je 2 g Cyanid für 1 g Gold im Körbchen vorhanden sind. Will man z. B. eine nach Bedarf zu verdünnende »Essenz« aus 50 g Edelmetall gewinnen, dann bemißt man die Außenwanne des Apparates für eine Aufnahme von 5 l der Lösung mit 20 Litergrammen Kaliumcyanid, so daß eben 100 g auf die 50 g Gold im Körbchen kommen. Bei einer Badspannung von etwa 5 bis 6 V und einer Temperatur des Wanneninhaltes von 50 bis 60° lösen sie sich innerhalb einiger Stunden auf. Nach diesem Verfahren arbeitet man auch heute noch nicht selten beim Ansetzen der Bäder mit dem hohen Gehalt von 5 und mehr Litergrammen Gold für die Plattierung von Feindrähten und Gespinnsten.

Bei der Herstellung von Goldchlorid geht man folgendermaßen vor. Man kauft wiederum 0,1 bis höchstens 0,2 mm dickes Feingoldblech, das man mit der Schere in kleine Schnitzel zerschneidet. Diese gibt man in einen starkwandigen, reinen, trockenen Erlenmeyerkolben [2]), worauf man die nötige Menge »Königswasser«, einer Mischung von 1 Raumteil konz. Salpetersäure mit 3 Raumteilen konz. Salzsäure, zufügt. Man rechnet 3 ccm dieser Mischung und je 10 ccm Fassungsraum des Kolbens für je 1 g Gold. Sodann bringt man das Glasgefäß an einen warmen Ort, wo die ihm entströmenden, nicht nur übel riechenden, sondern auch giftigen Dämpfe keinen Schaden anrichten können und wartet, bis das Schäumen und Blasenwerfen beim Lösen des Edelmetalles aufgehört hat, und dessen letzte Reste verschwunden sind. Nunmehr stellt man den Kolben auf einen zusammengefalteten Lappen in einen Topf mit Wasser und erwärmt es auf etwa 60°. Dabei steigen aus der Goldlösung neuerdings Blasen und rotbraune Dämpfe auf, weshalb man auch diese Verrichtung unter einem Abzug vornimmt, oder zum mindesten an einem Ort, wo man mit ihr niemanden behelligt. Erst wenn es so weit ist, daß sich die Flüssigkeit wiederum beruhigt hat, gießt man sie und selbstverständlich auch das Wasser, mit dem man den Kolben sorgfältig nachspült, in eine flache Porzellanschale und dampft (Abb. 79) auf dem Wasserbad — nicht über freier Flamme oder auf einem Drahtnetz — ein, bis nur mehr eine dunkelbraune, ölige Flüssigkeit vorhanden und die Schalenwand mit einem rotbraunen

---

[1]) Es sei hier bemerkt, daß man auch beim Ansetzen und bei der Pflege von Goldbädern ohne weiteres statt Kaliumcyanid die entsprechende Menge Natriumcyanid verwenden kann. Der Leser vgl. dazu die Fußnote 2, S. 132. Aus den dort angeführten Gründen wollen wir es jedoch bei unseren Erörterungen über Goldbäder ebenfalls beim Kaliumcyanid bewenden lassen.

[2]) In jeder Verkaufsstelle chemischer Geräte zu haben.

Belag bedeckt ist. Jetzt setzt man ein wenig einer Mischung gleicher Raumteile von Wasser und konz. Salzsäure zu, dampft neuerdings ab, und wiederholt das Zugeben verdünnter Salzsäure und das anschließende Abdampfen noch zweimal. Dann ist das Goldchlorid, das beim Abnehmen der Schale vom Wasserbad rasch kristallisiert, fertig. Zur Erläuterung des Gesagten bemerke ich noch folgendes: Dünnes, in kleine Schnitzel

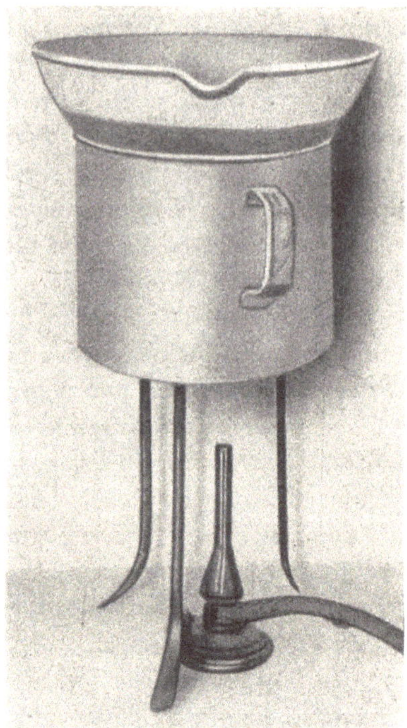

Abb. 79.

zerteiltes Goldblech verwendet man, um an Königswasser zu sparen, von dem man viel mehr braucht, wenn man sogenannten »Granalien« löst. Wenn man ferner versucht, die Arbeit einfacher zu gestalten, indem man das Gold gleich in der Schale löst, in der man seine Lösung eindampfen will, etwa gar unter Erwärmen ihres Inhaltes, erleidet man stets merkliche Verluste durch das Versprühen kleiner Tröpfchen der Flüssigkeit. Das dreimalige Abdampfen mit verdünnter Salzsäure endlich geschieht, um Reste nitroser Verbindungen zu zerstören[1]).

[1]) Für den geschulten Chemiker sei bemerkt, daß er das Eindampfen der Goldlösung mit Vacuumgeräten sehr beschleunigen kann.

Mit so erzeugtem Goldchlorid kann man auf höchst einfache Art zu einem Elektrolyten kommen, wie ihn ebenfalls die Drahtvergolder gerne gebrauchen. Für 1 l nimmt man Goldchlorid aus 5 g Gold in möglichst wenig Wasser auf, rührt die rotgelbe, gewöhnlich milchig trübe Lösung in eine solche von 14,5 g Kaliumcyanid in 0,5 l heißen Wasser — wegen der dabei entweichenden Blausäure im Freien oder unter einem gut ziehenden Abzug — und füllt auf. Der Niederschlag fällt aus dem auf 50 bis 60° erwärmten Bad mit schön reinem Glanz an, verdünnt man es jedoch so weit, daß es bloß 1 Litergramm oder noch weniger Edelmetall enthält, dann arbeitet es träge. Für gewöhnlich mag man sich daher des folgenden Ansatzes bedienen:

Für je 1 l löst man Goldchlorid aus 1 g Gold in ein wenig Wasser, rührt in eine Lösung von 2 g Kaliumcyanid in 0,5 l Wasser ein, gibt 20 g Dinatriumphosphat, sowie 10 g Dinatriumsulfit zu, rührt weiter, bis diese Salze gelöst sind und füllt auf. Zur Benutzung erwärmt man das Bad in einem emaillierten Eisengefäß auf 50 bis 60° und rüstet es mit kleinen Anoden aus Platinblech aus, die man mit angeschweißten Platindrähten an stärkeren Kupferdrähten befestigt (Abb. 80). Wegen der Verwendung von Goldanoden werden wir später das Nötige hören.

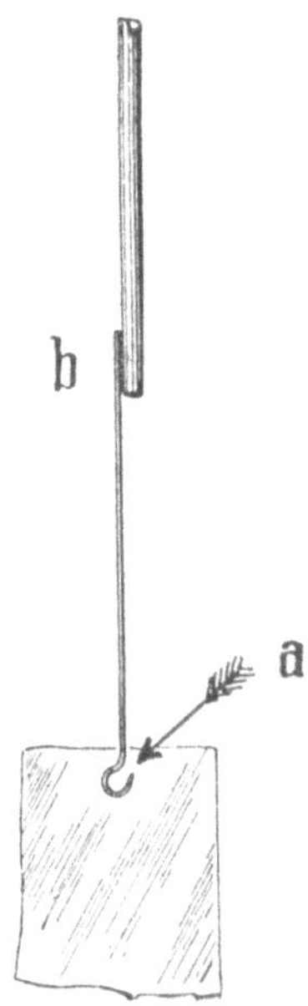

Abb. 80. b Verbindungsstelle zwischen Kupferdraht und Platindraht, a Schweißstelle zwischen Platindraht und Platinblech.

Einen satt gelben Ton hat der Niederschlag aus einem sogenannten Blutlaugensalzbad, von dem man 1 l z. B. durch Einrühren des mit ein wenig Wasser aufgenommenen Goldchlorides aus 1,5 g Gold in eine Lösung von 15 g Kaliumeisen(II)cyanid und 15 g Natriumcarbonat in 0,5 l Wasser und Auffüllen herstellen kann. Man wartet, bis die zunächst tief dunkel gewordene Flüssigkeit nach dem Absitzen eines rotbraunen Niederschlages von Eisencarbonat blank geworden ist und verwendet sie dann in der Regel bei Zimmertemperatur in Behältern aus Glas, Porzellan oder Steinzeug. Als Anoden kommen nur Platinstreifen in Betracht, weil sich goldene nicht lösen, sondern »passivieren«; sie bedecken sich rasch mit einem braunen Belag, welcher dem Strom den Weg sperrt. Blutlaugensalzbäder liefern, wie gesagt, satter gelbe Niederschläge als die mit Natriumphosphat und Natriumsulfit bereiteten und eignen sich für die Ausfertigung von Stücken, die mit Aussparlack gedeckt oder mit Emaillierungen geschmückt sind. Die Ränder der Flüsse springen nämlich nicht so leicht aus, wie in einem warmen Elektrolyten, insbesondere, wenn man mit recht niedriger Spannung arbeitet.

Selbstverständlich kann man die vorstehenden bewährten Vorschriften in der mannigfachsten Art abwandeln, dem Verfasser scheint es aber überflüssig, mit derartigen Rezepten Seiten zu füllen, wie denn auch die führenden Fabriken unseres Faches sich bei der Belieferung der Kundschaft mit den Stoffen zum Ansetzen von Goldbädern an einige wenige erprobte Zusammenstellungen halten. Ebenso überflüssig ist es, heute noch die recht umständliche Bereitung von sogenannten »Knallgoldbädern« oder »Ammoniakgoldbädern« zu beschreiben. Der Verfasser ist nämlich nach mancherlei Versuchen der Überzeugung, daß die richtige Reinigung eines Niederschlages von Knallgold mit den Behelfen des Galvanotechnikers überhaupt nicht möglich ist. Überdies ist der Ton des Niederschlages aus einem Ammoniakgoldbad ganz bestimmt nicht edler oder feuriger, als der einer Vergoldung aus einem guten Phosphatbad. Die Vorliebe mancher älterer Praktiker für die Knallgoldbäder ist vielleicht dadurch zu erklären, daß sie bei der Gewinnung von Goldchlorid auf die Verarbeitung von Münzen wie Dukaten, Sovereigns, Napoléon d'ors oder Friedrich d'ors angewiesen waren oder angewiesen zu sein glaubten. Diese Münzen enthalten Kupfer, das beim Fällen des Knallgoldes im Überschuß des Salmiakgeistes gelöst bleibt und durch das Abfiltrieren und Waschen des Niederschlages aus ihm fast ganz entfernt werden kann. Das wäre ja soweit recht schön — man darf aber nicht übersehen, daß das Filtrat, das vom Knallgold abläuft, neben dem Kupfer auch noch Gold enthält, und zwar gar nicht so wenig. Man verliert es, wenn man es nicht aus der Flüssigkeit ausbringt. Wir wollen uns also mit Erörterungen über die Knallgoldbäder nicht weiter aufhalten, sondern unsere bisherigen Darlegungen noch einmal überblicken, insbesondere das, was über die Anfertigung von Goldchlorid gesagt wurde. Wie man sieht, ist sie eine zwar nicht schwierige, jedoch keineswegs angenehme Arbeit, und es ist naheliegend, sich ihr zu entziehen, indem man fertiges Goldchlorid (S. 216) mit verbürgtem Metallgehalt kauft. Man bezieht entweder die bereits genau ausgewogene Menge des an der Luft zerfließenden Gutes, die man gerade braucht, oder einen Vorrat, unterteilt in gleiche Portionen, z. B. entsprechend je 1 g Feingold. Werden sie eingeschmolzen in kleine Glasröhrchen geliefert, dann öffnet man diese, indem man sie mit einem scharfen Dreikant leicht anfeilt und die geritzten Stellen mit dem glühend gemachten Ende eines dünnen Glasstabes berührt. Die Röhrchen springen glatt ab; man entleert ihren Inhalt in das dazu bereit gestellte Gefäß und wirft die Stücke in ein anderes, wo man sie mit ein wenig Wasser abspült, um nicht etwa am Glas haftende Anteile von Goldchlorid zu verlieren. Noch besser ist es aber, das Goldchlorid überhaupt zu meiden und so zu tun, wie dem Leser bei der Erläuterung der Silberbäder angeraten wurde (S. 132), nämlich gleich von jenen Stoffen auszugehen, welche die fertigen Goldbäder als Metallsalze enthalten. Bei den durch die Lösung von Gold »mit Strom« bereiteten Ansätzen und ebenso, wie der Vollständigkeit halber bemerkt sei, bei den Knallgoldbädern ist es das Kaliumgold(I)cyanid, $K[Au(I)(CN)_2]$, bei allen anderen, nach unseren Vorschriften hergestellten und nicht mit Goldanoden betriebenen Bädern jedoch das Kaliumgold(III)cyanid, $2K[Au(III)(CN)_4] \cdot 3H_2O$. Die eine oder die andere dieser beiden »komplexen« Verbindungen ist nun der wesentliche und Hauptbestandteil der Präparate, welche die Fabriken unseres Faches, und jetzt auch schon die meisten Scheideanstalten für die Herstellung von Goldbädern unter verschiedenen Namen anbieten. Manchmal sind übrigens in diesen Golddoppelsalzen, wie sie im Handel oft genannt werden, beide Cyanide nebeneinander vorhanden. Enthält also ein solches Golddoppelsalz z. B. etwa 40% seines Gewichtes an Gold — der Feingehalt muß selbstverständlich auch bei ihm verbürgt werden — dann lauten die entsprechend abgewandelten Vorschriften, die wir früher angegeben haben, folgendermaßen:

Je 1 l Bad sind zu lösen 2,5 g Doppelsalz, enthaltend 1 g Gold, nebst 2 g Kaliumcyanid 20 g Dinatriumphosphat und 10 g Dinatriumsulfit, und:

Je 1 l Bad sind zu lösen 3,75 g Doppelsalz enthaltend 1,5 g Gold, sowie 15 g gelbes Blutlaugensalz und 15 g Natriumcarbonat. Der rotbraune Niederschlag von Eisencarbonaten, dessen wir früher gedacht haben, tritt bei der Verwendung von Doppelsalz anstatt Goldchlorid nicht auf.

Was die Stromdichten anbelangt, mit denen wir unsere Goldbäder betreiben, pflegt man sie zwischen ungefähr 0,05 und 0,5 A zu halten; die im besonderen Fall nötige Spannung von etwa 2 bis 8 V ermittelt man durch Versuche. Bei niedrigen Stromdichten ist in der Regel der Ton des Niederschlages blasser, bei höherem satter, bei zu hohen fällt das Metall als dunkler Belag an. Dies ausnützend kann man auf reich verzierten Stücken hübsche Wirkungen erzielen; bei leichtem Überkratzen verbleibt den vertieften Stellen die rotbraune bis braunschwarze Färbung, während die erhabenen Glanz annehmen. Das Amperestundengewicht (S. 233) wäre 7,3571 g bei Bädern, die Lösungen von Kaliumgold(I)cyanid sind, und ein Drittel davon, 2,4524 g, bei solchen, deren »Metallsalz« Kaliumgold(III)cyanid ist. Nun liegen jedoch die Stromausbeuten, die von der Stromdichte abhängen, bei der praktischen Arbeit zwischen 40 und ungefähr höchstens 80%. Man darf also je 1 ASt. höchstens mit einem Niederschlagsgewicht von rund 6 g bei Bädern der ersten Art rechnen, sowie von rund 2 g bei solchen der zweiten Art und auch das nur bei niedrigen Stromdichten und an Edelmetall reichen Elektrolyten. Gewichtszähler (S. 73) sind daher mit großer Vorsicht zu gebrauchen; will man wirklich genau wissen, wieviel Gold man während einer Zeitspanne verbraucht hat, dann ist es am besten, den Gehalt des Bades und des gesammelten ersten Spülwassers zu Beginn und am Ende dieser Frist bestimmen zu lassen. Offenbar ist der Verbrauch an Gold gleich der Abnahme des Goldes im Bad weniger der Zunahme an ihm im Spülwasser; hat man mit Goldanoden gearbeitet, dann ist dem Gefundenen selbstverständlich noch der Abgang an ihrem Gewicht zuzuschlagen. So mag man auch verfahren, wenn man genau ermitteln will, wieviel Gold man bei der Plattierung eines Warenpostens aufgewendet hat. Im allgemeinen begnügt man sich damit, das auszufertigende Gut bloß so lange im Bad zu belassen, bis es das gewünschte Ansehen hat. Werden stärkere Auflagen gewünscht, dann muß man es, sobald der Niederschlag matt zu werden beginnt, ausheben, spülen, leicht überkratzen und nach neuerlichem Spülen wiederum einhängen. Ohne diese Zwischenarbeit soll man starke und dichte Niederschläge aus Ansätzen erhalten, die sich Paweck und Weiner schützen ließen [1]), die wir jedoch hier nur erwähnen.

Ein Grüngoldbad stellt man her, indem man zu einem gewöhnlichen Goldbad unter Umrühren eine Lösung von Kaliumsilbercyanid oder einfach Silberbad tropft, bis der Niederschlag, der nunmehr Silber enthält, den gewünschten Ton hat. Zu einem Rotgoldbad hingegen kommt man durch vorsichtiges Zugeben von Alkalikupfer(I)cyanid (S. 213 f.) oder von cyanalkalischem Kupferbad. Das Abstimmen von Goldbädern zu

[1]) D.R.P. 530525, Kl. 48a, 6, ab 11. Juli 1929. Ansprüche: 1. Verfahren zur elektrolytischen Goldabscheidung aus Goldbädern mit Ferrocyankalium, dadurch gekennzeichnet, daß die Elektrolyse in alkalischen oder carbonathaltigen Bädern mit konzentrierten Lösungen von Ferrocyankalium ab etwa 15 g pro Liter bis zur Grenze der Löslichkeit und Gold von etwa 1,5 g pro Liter aufwärts bis 20 g pro Liter und darüber bei gleichzeitigem intensivem Rühren und Erwärmen durchgeführt wird. 2. Verfahren nach Anspruch 1, dadurch gekennzeichnet, daß die Elektrolyse unter Anwendung von Goldanoden durchgeführt wird. 3. Verfahren nach den Ansprüchen 1 oder 2, dadurch gekennzeichnet, daß zwecks Nachsättigung der Goldbäder Goldchlorwasserstoffsäure in heiße, konzentrierte Ferrocyankaliumlösung eingebracht, der entstandene Niederschlag mit Soda gelöst, das ausfallende Eisen abfiltriert und die verbleibende Lösung zum Kristallisieren gebracht wird.

Weißgoldbädern mit Alkalinickel(II)cyanid oder Verbindungen von Platinmetallen hat sich schließlich die Deutsche Gold- und Silberscheideanstalt vorm. Roeßler in Frankfurt a. M. durch das D.R.P. Nr. 526745, Kl. 40c, schützen lassen. Während aber Grüngold- und Rotgoldbäder wenigstens durch einige Zeit eine Plattierung halbwegs gleich bleibender Färbung liefern, bedarf es bei den mit Alkalinickelcyanid versetzten fortwährenden Nachbesserns, um dies zu erreichen. Noch schwieriger ist die Abscheidung stärkerer und dabei dichter Niederschläge von Goldlegierungen gleich bleibender Zusammensetzung, selbst wenn sie nur Kupfer oder Silber enthalten sollen, geschweige denn, wenn auch ein härtender Bestandteil, wie z. B. Nickel, vorhanden sein muß. Der erste, dem es gelang, einen gangbaren Weg zu finden, war J. Winkler jr. aus Pforzheim, der für seine Erfindung das D.R.P. W 85951/VI, Kl. 48a, erhielt. Ein von einem Elektromotor betätigtes Schaltwerk ändert die Badspannung in regelmäßigem Wechsel, so daß Stromstöße regelmäßig wechselnder Stärke und Zeitdauer durch den nicht erwärmten Elektrolyten gehen. In ihm hängen passend legierte Anoden oder ein nach der Erfahrung zusammengestellter Satz von Anoden aus jenen Metallen, welche die gewünschte Legierung aufbauen. Das Recht zur Ausübung des »Awidor«-Verfahrens vergibt die Langbein-Pfanhauser-Werke A.-G. Sie liefert auch den Gerätesatz dazu, in dem das Goldbad als kleines Wanderbad ausgebildet ist. In der letzten Zeit ist die Deutsche Gold- und Silber-Scheideanstalt mit zwei Verfahren hervorgetreten, welche der Beachtung wert zu sein scheinen, einem zur »Hartvergoldung« und einem zur »Hartgoldplattierung«. Bei ersterem erhält das Goldbad einen besonderen Härtungszusatz, welcher die Farbe des Niederschlages nicht ändert, den Niederschlägen jedoch die doppelte Lebensdauer nicht gehärteter geben soll. Bei letzterem arbeitet man mit einem Elektrolyten, der 4 Litergramme Feingold enthält, und zwar wiederum mit einem besonderen Gerät[1]) (Abb. 81). Man sieht im Badgefäß den Ring, an dem die Anoden hängen; die Waren fädelt man mit Drähten an ein Tragkreuz, das seinerseits auf dem Ende der von einem Elektromotor durch ein Reduziergetriebe langsam gedrehten Welle befestigt wird, welche aus dem Rohr in der Mitte der Wanne herausragt. Bei einer Temperatur des Elektrolyten von 60 bis 70^0 soll es möglich sein, in wenigen Minuten so dichte und dicke Auflagen einer 16- bis 18karätigen Goldlegierung abzuscheiden, daß sie ihre Unterlage, z. B. Tombak, zuverlässig gegen den Angriff verdünnter Salpetersäure schützen.

---

[1]) Gebaut von der Pforzheimer Elektrizitätsgesellschaft m. b. H.

Die Herstellung starker Niederschläge von Goldlegierungen bestimmter Zusammensetzung durch Auftragen von Schichten der Bestandteile und Glühen der bearbeiteten Stücke bei einer solchen Temperatur, daß die Schichten ineinander diffundieren, kommt wohl nur in Sonderfällen in Betracht. Immerhin ist das Verfahren durchaus ernst zu nehmen [1]).

Abb. 81.

Daß man in der Praxis die galvanostegischen Goldbäder mit kleinen Anoden aus Platin auszurüsten pflegt, und daß bei Blutlaugensalzbädern nur solche brauchbar sind, haben wir bereits gehört. Bei den anderen mag man ja auch Goldanoden verwenden, die sich zu Kaliumgold(I)-cyanid lösen, so daß mit der Zeit auf jeden Fall nur mehr dieses vorhanden ist. Es ist jedoch nicht leicht, die Vorgänge an den Anoden mit denen an den Waren so in Einklang zu bringen, daß der Gehalt eines Elektrolyten an Edelmetall unverändert bleibt. Will man dies erreichen, dann muß man viel größere und daher teuere Anoden verwenden, als es üblich ist, und eben deshalb zieht man es ja meist vor, mit unlöslichen Streifen aus Platin zu arbeiten und die Bäder zeitgerecht durch Zugabe von gekauftem Doppelsalz oder von »Essenz« zu verstärken. Wie man eine solche Essenz, eine konzentrierte Lösung von Kaliumgoldcyanid, durch elektrolytische Lösung von Gold oder durch Einrühren

[1]) Vgl. dazu Wogrinz, Deutsche Uhrmacher-Zeitung Nr. 42 1931, S. 604; Grube, Festschrift zum 70. Geburtstag von Dr. phil. Dr. ing. h. c. Wilhelm Heräus, Hanau, bei B. Clauß, S. 34.

von Goldchlorid in eine Lösung von Kaliumcyanid herstellen kann, hat der Leser schon gehört (S. 157). Bei dem Aufbessern ihrer Bäder, sowie dem Zufügen von etwas Kaliumcyanid zu Phosphatbädern, wenn der Niederschlag mißfärbig zu werden beginnt, lassen sich die Praktiker meist vom »Gefühl« leiten. Was das Plattieren selbst anbelangt, soll man nicht versilberte Waren aus Kupfer, Kupferlegierungen und Alpaka stets vorvergolden, um das Hauptbad vor der Verunreinigung mit Fremdmetallen zu schützen. Dazu dient ein älterer Elektrolyt, der nicht mehr schön anspricht und nicht mehr als 0,2 bis 0,3 Litergramme Gold zu enthalten braucht. Gegenstände aus Eisen oder Reinnickel, auf denen der Niederschlag nicht oder nur schlecht haften würde, deckt man vor dem Vergolden im cyanalkalischen Kupfer- oder Messingbad und ebenso Teile aus Weichmetallen oder deren Legierungen und aus Zink. Eine Grundierung im sauren Kupferbad, der bei Stücken aus Eisen oder Zink selbstverständlich eine solche im cyanalkalischen Elektrolyten vorangehen muß, erzeugt ein feines Matt, das sich vergoldet sehr hübsch ausnimmt. Nach dem Vergolden spült man zuerst in einem Gefäß mit Wasser, das man aufbewahrt, um es bei Gelegenheit einzudampfen und das Edelmetall, das sich in ihm angesammelt hat, zurückzugewinnen, und erst dann geht man unter die Brause. Kann man dann beim Aufarbeiten größere Posten Teile nicht gleich trocknen, so legt man sie vorläufig in ein Gefäß mit Wasser, dem man 1 bis 2 g Weinsäure je 1 l zusetzt.

Das Ausbringen des Goldes aus ausgebrauchten Bädern und eingedampften Spülwässern geschieht wiederum am besten mit nicht gefetteter Aluminiumbronze nach dem vom Verfasser ersonnenen Verfahren, das an der auf S. 143 angegebenen Stelle ausführlich beschrieben ist; des Abziehens alter Vergoldungen von Gegenständen aus Messing, Tombak und Alpaka, die dabei Glanz annehmen, haben wir bereits auf S. 103 gedacht.

Somit mögen am Ende dieses Abschnittes wiederum zwei Vorschriften für das Arbeiten »ohne Strom« Platz finden, eine für die Bereitung einer S u d v e r g o l d u n g, und eine zweite für die Herstellung einer A n r e i b v e r g o l d u n g.

Eine Sudvergoldung setzt man an, indem man 1 Teil des auf S. 157 beschriebenen Phosphatbades mit 2 Teilen Wasser verdünnt und 2 g Ätznatron sowie 10 g Kaliumcyanid je 1 l zugibt. Man erwärmt sie in einem emaillierten Blechtopf fast bis zum Sieden und taucht die kleinstückige Ware aus Kupfer, Messing, Tombak oder Bronze, die man mit einem Hauch von Gold decken will, angefädelt an dünnen Kupferdrähten oder in Siebkörben aus Steinzeug ein. Beginnt der Sud träge zu arbeiten, dann fügt man ihm etwas Kaliumcyanid zu; wenn dies nichts mehr nützt, dampft man ihn ein und vereinigt ihn mit den alten Goldbädern und den eingedampften Spülwässern, deren Edelmetallgehalt man gelegentlich zurückgewinnen will.

Ein Pulver zum Vergolden durch Anreiben erzeugt man, indem man Goldchlorid aus 5 g Gold nebst 5 g Kaliumnitrat in etwa 50 ccm Wasser löst und mit dieser Lösung alte reine Leinenlappen tränkt. Diese hängt man an Drahthaken auf; wenn sie ganz trocken sind, zündet man sie an, so daß sie verglimmen, sammelt die Asche in einer untergestellten Schale und verarbeitet sie schließlich in einer Reibschale sorgfältig mit 10 g Kaliumbicarbonat. Zum Auftragen des Pulvers bedient man sich eines angekohlten, mit ein wenig Salzwasser benetzten Korkens.

Nachdem wir jetzt eine Gruppe durchwegs sehr wichtiger Bäder besprochen haben, die komplexe Cyanverbindungen der auszuscheidenden Metalle enthalten, wenden wir uns zu einer kurzen Erörterung der Zinn- und der Platinmetallbäder, unter denen es saure und alkalische gibt.

10. Zinnbäder

Gerade heute, da für uns die Gebote der Sparwirtschaft gelten, wäre es sehr zu begrüßen, wenn wir über Zinnbäder verfügen würden, die in ihrer Art das Gleiche leisten und dabei ebenso einfach zu betreuen sind, wie etwa die neuzeitlichen Nickelbäder. Leider ist dies noch nicht der Fall, trotz der Fülle wertvoller Arbeiten namhafter Forscher. Im Rahmen dieses Buches können wir nun allerdings nicht darlegen, welche Schwierigkeiten sich dem Aufbau dauerhafter Ansätze entgegenstellen, aus denen man dichte und stärkere Niederschläge gewinnen mag, und wir können auch nicht zeigen, unter welchen Bedingungen es dennoch möglich ist [1]). Dem Leser jedoch, der sich ernsthaft für die galvanostegische Verzinnung von Massengütern interessiert oder von Blechen, Bandstahl und Draht mit Zinnlegierungen, empfehlen wir dringend, sich eingehend mit einem der führenden Häuser unseres Faches zu beraten, bevor er für eine Anlage Geld ausgibt. Bei der

---

[1]) Erwähnt sei, daß z. B. eingehende Versuche mit Lösungen gemacht wurden, welche die Zinnsalze der Flußsäure, der Borfluorwasserstoffsäure und der Kieselfluorwasserstoffsäure enthielten. Ferner wurden Ansätze erprobt, bei deren Bereitung Phelolsulfosäure oder Kresolsulfosäure Verwendung fanden, nebst Stoffen wie Phenol, Resorcin, β-Naphthol, Lysalbinsäure, Eugenol, Zuckerarten, Abkömmlingen der Zellulose, Aloin, Gummi, Agar, Gelatine, gewöhnlichem und Fischleim, Eiweißverbindungen und noch manch anderen.

elektrolytischen Arbeit ist nämlich, wenn sie überhaupt am Platz ist, auch die zweckmäßige Durchbildung der Apparatur und überdies manchmal die Nachbehandlung des Niederschlages sehr wichtig. Ansonst begnügen wir uns hier damit, die alte Vorschrift Roseleurs zur Bereitung eines Zinnbades anzuführen, mit dem man Gegenstände aus Kupfer, Messing, Tombak und Bronze recht hübsch, aber nur ganz leicht verzinnen kann, und eine zweite, die nach Blum und Hogaboom in Amerika während des Krieges gute Dienste geleistet hat. Erstere lautet folgendermaßen:

Man löst für 1 l der Reihe nach 40 g Natriumpyrophosphat, sowie 25 g krist. Zinn(II)chlorid und arbeitet bei Zimmertemperatur mit Zinnanoden und einer Stromdichte von 0,2 bis 0,3 A, wobei es einer Spannung von ungefähr 1,5 bis 2,5 V bedarf.

Nach der zweiten Vorschrift löst man für 1 l des Elektrolyten in 0,3 l Wasser 30 g krist. Zinn(II)chlorid, fügt zu der milchig trüben Flüssigkeit unter Umrühren eine Lösung von 75 g Natriumhydroxyd in 0,5 l Wasser, trägt in die nach einigem Rühren bald blank werdende Mischung 60 g Fruchtzucker ein und füllt auf. Zum Gebrauch erwärmt man den Elektrolyten auf ungefähr 50° und plattiert mit Stromdichten von beiläufig 1 A; die entsprechende Spannung ermittelt man durch Versuche. Ist der Niederschlag matt geworden, so kratzt man die verzinnten Stücke nach dem Spülen mit feinen Drahtbürsten, die man mit Seifenwurzelabkochung benetzt. Dabei nehmen sie Metallglanz an. Kleinstückiges Massengut dagegen rollt man in passenden Scheuermitteln.

Das Amperestundengewicht wäre bei Bädern, wie dem eben beschriebenen, 2,2142 g, jedoch ist das Niederschlagsgewicht bei der praktischen Arbeit bedeutend geringer, da die Stromausbeute bei den angegebenen Stromdichten kaum über 70% betragen dürfte. Bei guten Bädern für Sonderarbeiten dagegen ist, wie wir der Vollständigkeit halber bemerken, die Stromausbeute eine weit bessere.

Zum Schluß des Abschnittes wollen wir noch mitteilen, wie man einen Zinnsud herstellen kann, in dem man die gereinigten und entfetteten Gegenstände aus Kupfer, Messing, Tombak, Bronze und Alpaka eintaucht, um sie mit einem hauchdünnen Zinnbelag zu decken, sie, wie man es manchmal nennt, »weiß zu sieden«. Dazu löst man für 5 l des Sudes 5,6 g Alaun, 5,6 g Kochsalz, 2,8 g weißes Weinsteinpulver und trägt in die Flüssigkeit, die man in einem emaillierten Eisenbehälter auf 70 bis 80° erwärmt, in ganz kleinen Anteilen krist. Zinn(II)chlorid ein, bis sie richtig anspricht. Wann dies erreicht ist, weisen Versuche mit Probestücken; läßt die Wirkung der Lösung nach, so bessert man sie mit etwas Zinnchlorid auf. Will man kleinstückige Massenware aus Eisen, als etwa Schreibfedern oder Stecknadeln weiß sieden, so bringt man sie in den heißen Sud und rührt mit einem Stab aus reinem Aluminium um. Besser ist es jedoch, in einem Glockenapparat, dessen Behälter aus Steinzeug oder Cellon besteht, bei Zimmertemperatur elektrolytisch in einem Bad zu verzinnen, von dem man 1 l durch Auflösen von 15 g Alaun und 0,6 g Zinn(II)chlorid bereitet. Die nötige Spannung ermittelt man wiederum durch einige Versuche. Als Anode dient eine solche aus reinem Aluminium, zum Aufbessern Zinn(II)-chlorid.

11. Platinmetallbäder

Unser Wissen von den Platinmetallen ist noch recht jung. Die ersten Nachrichten über das Platin selbst stammen aus der Zeit um die Mitte des 16. Jahrhunderts, zuerst verarbeitet wurde es zu Beginn des 19. Jahrhunderts in der noch heute bestehenden Fabrik von Johnson, Matthey & Co. in London. 1803 entdeckte der große Naturforscher Wollaston das Palladium, 1804 das Rhodium, und ebenfalls 1804 ein anderer Gelehrter, Tennant, das Iridium [1]).

Die bekannte Widerstandsfähigkeit dieser edlen Stoffe gegen die Einflüsse der Atmosphäre ist selbstverständlich den Galvanotechnikern nicht entgangen, und so finden wir denn auch schon in älteren Lehrbüchern Vorschriften für die Bereitung von Platinbädern. Sie sind heute überholt, trotzdem werden sie merkwürdigerweise noch immer abgedruckt. Die außerordentliche gesteigerte Verwendung der genannten Platinmetalle und ihrer Legierungen in den Werkstätten von Goldschmieden und Zahntechnikern hat nämlich zum planmäßigen Aufbau von Platin-, Palladium- und Rhodiumbädern nach neuen Grundsätzen geführt, sowie zur Erteilung einer recht erklecklichen Anzahl von Patenten zum Schutz des Gefundenen [2]). Dem Galvanotechniker bleibt bei dieser Lage der Dinge wohl oder übel nichts anderes übrig, als die Platinmetallbäder, die er braucht, fertig von einer Stelle zu beziehen, die, durch solche Patente gedeckt, ihrerseits ihn schützt, und sie nach den mitgegebenen Anweisungen zu betreiben. Bei den An-

[1]) Zu den Platinmetallen gehören außer den aufgezählten noch das Osmium und das Ruthenium. Für den Galvanotechniker haben sie keine Bedeutung.

[2]) Bis Ende 1935 wurden, so weit der Verfasser es feststellen konnte, 9 Deutsche, 3 Österreichische, 6 Schweizer, 3 Französische, 12 Englische und 12 Amerikanische, zusammen 45 Patente erteilt. Der Leser findet sie in einer Abhandlung des Verfassers, Metallwaren-Industrie und Galvano-Technik 34/1936, S. 174 usw., aufgezählt; bei den Deutschen und Österreichischen Patenten sind auch die Ansprüche angegeben.

sätzen der W. C. Heräus G. m. b. H. in Hanau lauten sie z. B. folgendermaßen:

	Platinbad:	Palladiumbad:	Rhodiumbad:
Klemmenspannung . . .	etwa 4 V	etwa 2 V	etwa 3 V
Stromdichte	0,5 bis 1,5 A	0,1 bis 0,5 A	0,1 bis 0,5 A
Temperatur	70 bis 80°	20 bis 25°	20 bis 25°
Anoden	Streifen aus dünnem Platinblech oder Platindrahtnetz, die nicht angegriffen werden		
Wannen	Porzellan-, Glas- oder Steinzeugwannen, allenfalls gut emaillierte Eisengefäße		
Plattierdauer	Im allgemeinen 5 bis 10 Minuten.		

Zur Herstellung der Bäder kauft man gewöhnlich konzentrierte Lösungen, die man mit der nötigen Menge Wasser verdünnt, und mit solchen konzentrierten Lösungen bessert man auch auf, wenn die Wirkung eines Elektrolyten nachläßt. Vor dem »Platinieren«, »Palladinieren« oder »Rhodinieren«, muß man die Werkstücke selbstverständlich sorgfältig reinigen, allenfalls in einem passenden Dekapierbad. Um ein solches zur Vorbereitung vor dem Rhodinieren herzustellen, empfiehlt die eben genannte Stelle, 60 g Ätznatron, 35 g Natriumsilikat und 3 g Ammoniumchlorid je 1 l zu lösen und mit einer Stromdichte von 3 bis 5 A zu arbeiten, wozu es einer Klemmenspannung von 4 bis 8 V bedarf. Nach dem Dekapieren muß man, ehe man abbraust, zunächst in einem Gefäß mit Wasser spülen, dem man 5 bis 10 ccm konz. Schwefelsäure je 1 l zugesetzt hat, damit ja keine Lauge in das saure Rhodiumbad gelange. Entsprechend zugerichtete Stücke verlassen dieses mit hohem Glanz. Das Wasser in dem Gefäß, in dem man die Waren nunmehr abwäscht, sammelt man selbstverständlich, um es gelegentlich in einer Porzellanschale einzudampfen und den Rückstand der Scheideanstalt zu übergeben. Schließlich geht man wiederum unter die Brause und trocknet die Gegenstände in der einen oder der anderen Art. Waren aus Eisen, Zink, Weichmetallen und deren Legierungen, sowie verchromte Teile eignen sich nicht zum Rhodinieren. Juwelen mit gefaßten Steinen kann man ohne weiteres verarbeiten, nicht jedoch solche mit eingekitteten Steinen oder mit Perlen; Kitt und Perlen würden nämlich zerstört.

Das Plattieren mit Rhodium hat deshalb besonderen Anklang gefunden, weil die Reflexion des Lichtes an glänzenden Flächen dieses Metalles der an Silber nur wenig nachsteht. Das Gewicht des aus dem oben erwähnten Bad je 1 Minute und 1 dm^2 abgeschiedenen Niederschlages ist im Mittel etwa 0,0017 g.

Schließlich führen wir noch Vorschriften zur Bereitung von Bädern an, aus denen man dünne Schichten von Antimon und Arsen ausscheiden kann, von Stoffen, die an der Grenze zwischen den Metallen und den Nichtmetallen stehen. Die Elektrolyte, die man, wenn sie ausgebraucht sind, nicht durch Zusätze aufbessert, sondern durch frische ersetzt, dienen, wie wir gleich hören werden, vor allem der Metallfärbung.

12. Antimon- und Arsenbäder

Aus geeigneten Lösungen elektrolytisch abgeschiedenes Antimon ist eigentümlich graublau und hat Stahlglanz. Man benützt es daher zum Tönen von Kupfer-, Messing- und versilberten Waren. Die Werkstücke werden für kurze Zeit in das Bad gebracht und dann scheuert man nach dem Spülen und Auftrocknen den Niederschlag an den erhabenen Stellen durch, so daß die Farbe des Grundmetalles erscheint.

Um ein Antimonbad zu bereiten, löst man je 1 l in der Wanne aus Glas, Steinzeug oder emailliertem Eisen 50 g Natriumsulfantimoniat und 25 g Natriumcarbonat. Als Anoden verwendet man Platten aus Elektrodenkohle und arbeitet bei Zimmertemperatur mit einer Spannung von 2,4 bis 4 V.

Wenn der Niederschlag noch ganz dünn ist, irisiert er. Man kann daher auf Metallgegenständen durch Behandeln in einem Antimonbad die z. B. beim Erhitzen von blankem Stahl und Kupfer entstehenden Anlauffarben nachahmen. Arsenbäder gebraucht man zu den gleichen Zwecken, wie die Antimonbäder. Eine bewährte Vorschrift für ihre Herstellung lautet folgendermaßen:

Für 1 l Bad löst man in einem tadellosen emailliertem Gefäß, allenfalls nach und nach, 100 g Arsenik und 40 g Natriumcarbonat. Dabei bedarf es längeren Erwärmens und steten Rührens, bis alles Arsenik gelöst ist. Dann fügt man noch 10 g Kaliumcyanid zu und füllt auf. Man arbeitet wiederum in Wannen aus Glas, Porzellan, Steinzeug oder emailliertem Eisen mit Anoden aus Elektrodenkohle und Spannungen von 3,5 bis 4 V.

Die Vollendungsarbeiten der Galvanostegie

Nach der Entnahme aus den Bädern ist es in der Regel noch nötig, den elektroplattierten Waren eine weitere Behandlung angedeihen zu lassen, bevor sie abgeliefert werden können.

Zunächst müssen sie unter allen Umständen einer sorgfältigen Reinigung von der Badflüssigkeit unterzogen werden. Weiter bedarf der Niederschlag meist noch einer mechanischen Behandlung, damit er das vom Besteller erwartete Aussehen erhalte und schließlich kann es notwendig sein, ihn gegen den Einfluß der atmosphärischen Luft durch Lacküberzüge zu schützen.

Das Reinigen der den Bädern entnommenen Waren geschieht durch ein so gründliches Spülen in Wasserbecken und unter der Brause, daß tatsächlich alle Reste von Badflüssigkeit aus den Winkeln, Ecken und Höhlungen der Werkstücke entfernt werden[1]). Erst dann dürfen sie in heißes Wasser kommen. Je heißer dieses ist, um so besser, denn dann werden die eingetauchten Waren in ihnen so warm, daß nach dem Herausnehmen die ihnen anhaftende Feuchtigkeit fast vollständig verdampft und das letzte Auftrocknen nur mehr wenig Mühe macht, manchmal überhaupt entfallen kann[2]). Häufig ist es aber auch möglich die elektroplattierten Gegenstände nach dem ersten Spülen in durchlüfteten Wärmeschränken zu trocknen oder in »Zentrifugen«, in die erwärmte Luft eingeblasen wird. Solche Apparate haben sich, wo es sich um die Bewältigung großer Warenposten handelt, oft recht gut bewährt — allerdings sind sie nicht billig.

Das Auftrocknen können wir auf das Spülen jedoch nur dann unmittelbar folgen lassen, wenn der Niederschlag zu seiner Fertigstellung nicht erst noch einer Behandlung im nassen Zustande unterzogen werden muß. Niederschläge aus dem Zinkbad, dem cyankalischen Kupfer- und Messingbad, sowie dem Silberbad muß man nämlich meist noch mit Bürsten aus mehr oder weniger feinem Metalldraht, unter Befeuchtung mit einer Abkochung von Seifenwurzeln in Wasser, »kratzen«. Man mag dazu Handstielbürsten verwenden, besser sind runde Bürsten, die auf den Wellenenden einer durch einen Riemenzug von einem Vorgelege angetriebenen »Kratzspindel« (Abb. 82) stecken; sie soll 600 bis höchstens 1000 Umdrehungen je 1 Minute machen[3]). Zum Kratzen von Zinkniederschlägen verwendet man Bür-

[1]) Man muß übrigens beim ersten Spülen darauf achten, nicht etwa Anteile einer wertvollen Badflüssigkeit zu verlieren. Deshalb wird man Gegenstände, die aus Edelmetallbädern kommen — insbesondere aus solchen mit höherem Feingehalt — zunächst in einer Wanne mit Wasser waschen, deren Inhalt man von Zeit zu Zeit in der an anderer Stelle beschriebenen Art ausarbeitet. Diese Maßregel mag auf den ersten Blick kleinlich erscheinen, wer aber viel zu versilbern und zu vergolden hat und gewohnt ist, seinen Betrieb aufmerksam zu überwachen, wird bald dahinterkommen, daß sich die Befolgung des Gesagten recht gut bezahlt macht.

[2]) Der neuesten Zeit gehört ein von der Wacker-Gesellschaft entwickeltes Trockenverfahren mit Emulsionen von Tri und Per an, das wir bloß erwähnen.

[3]) Selbstverständlich kann man auch jeder Kratzspindel (vgl. die Fußnote S. 88) einen eigenen Motor zuweisen oder die Bürsten auf die Enden der verlängerten Welle eines genügend langsam »laufenden« Elektromotors aufstecken.

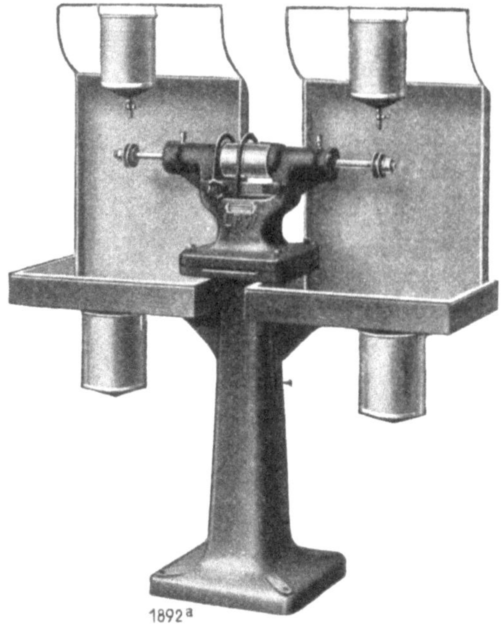

Abb. 82. Kratzspindel mit Leer- und Vollscheibe zum Antrieb von einem Vorgelege. Aus den über den Wellenenden hängenden Gefäßen tropft die Abkochung von Seifenwurzeln.

sten aus Eisendraht, zum Kratzen von Kupfer-, Messing- und Silberniederschlägen solche aus Messing- oder Alpakadraht. Nach dem Kratzen müssen die Waren selbstverständlich wieder gespült werden und nun können wir sie entweder endgültig auftrocknen und abliefern oder sie dem Schleifer oder der Poliererin überweisen, damit der Niederschlag, wenn dies verlangt wurde, noch den nötigen Glanz erhalte.

Wir haben bereits früher erwähnt, daß Kupfer- und Messingwaren, die bloß einen leichten Nickelüberzug erhalten sollen, schon vor der Herstellung des Niederschlages geglänzt werden müssen. Nichtsdestoweniger muß aber der fertige Niederschlag selbst auch noch einmal aufgeglänzt werden. Dieses Aufglänzen von Nickelniederschlägen und solchen, die aus »sauren« Kupferbädern als Grundlage für eine Vernickelung aufgetragen werden, nimmt man mit den bereits bekannten Tuchscheiben vor, an die man ab und zu eine geeignete Paste andrückt. Darauf kann man noch eine Behandlung mit Tuchscheiben oder solchen aus anderen Zeugstoffen folgen lassen, auf welche man etwas trockenen, pulverförmigen Wienerkalk bringt, welche Arbeit die Schleifer mit dem Namen »Abstauben« bezeichnen.

Den Hochglanz auf versilberten Waren erzeugt man mit Polierstählen und Poliersteinen, passend geformten Achaten. Dieses »Polieren mit dem Stahl« ist eine meist von Frauen geübte Tätigkeit. Der Griff des Werkzeuges wird mit der Faust gefaßt, der Stein oder der Stahl über ein Stück Leder gezogen, hierauf in Seifenwasser getaucht und dann, unter nicht zu starkem Drücken, mit kurzen Bewegungen aus dem Handgelenk, auf der versilberten Fläche hin und her geführt[1]). Runde Gegenstände, wie Teile von Kirchenleuchtern und ähnliche Stücke bearbeitet man am besten auf der Drehbank mit dem Polierstahl. Auch mit Scheiben aus Seidenlappen kann man versilberte Gegenstände glänzen, nur muß man in der Wahl des Poliermittels sehr vorsichtig sein, damit nicht auf den Stücken ein gefärbter Schleier entstehe, der nicht mehr wegzubringen ist.

Daß man schließlich auch bei der letzten Ausfertigung getrockneten Gutes bestrebt war, wo nur irgend möglich von der Handarbeit loszukommen, ist wohl klar, und auch hier haben deshalb »Faßapparate« und »Trommeln« der verschiedensten Art große Bedeutung gewonnen. Für die Trockenscheuerverfahren in solchen Geräten dienen wiederum Mischungen der verschiedensten Stoffe, als harzfreie Sägespäne, Lederabfälle, Kleie, Polierrot und Poliertrippel, Schlämmkreide, Wienerkalk, Chromoxyd, geschlämmte Tonerde und noch andere. Die richtige Zusammensetzung und die richtige Anwendung solcher Mischungen in geeigneten Apparaten ist eine sehr wichtige Sache; welche Erfolge erzielt werden können, zeigt uns z. B. der prachtvolle Hochglanz mancher Stahlfedern. Es ist begreiflich, daß eine scheinbar so einfache Angelegenheit wie die Bereitung eines Scheuermittels ängstlich als Geheimnis gehütet wird, wenn ein Betrieb für seine Zwecke etwas besonders Gutes gefunden hat. Selbstverständlich ist auch das Kugelpolierverfahren oft mit Erfolg anwendbar. — —

Die Lacküberzüge zum Schutz der fertigen Waren gegen das Anlaufen an der Luft bringt man mit dem Pinsel, durch »Tauchen« oder »Spritzen« der Stücke auf. Diese Überzüge müssen glasklar bleiben, und dürfen nicht etwa gar ihrerseits den Metallgrund, den sie schützen sollen, »oxydieren«.

Galvanostegische Sonderverfahren

In den folgenden Abschnitten werden einige jener Arbeitsweisen beschrieben, bei denen man auf den Waren nicht ein Metall niederschlägt,

[1]) Bei allen großen Besteckfabriken haben übrigens heute Maschinen auch diese Handarbeit, wenigstens zum Teil, verdrängt.

sondern eine chemische Verbindung. Sie gehören eigentlich schon in das Gebiet der Metallfärbung, und eben deshalb hat nur eine kleine Auswahl hier Platz gefunden. Daran schließt sich eine kurze Erörterung der ungemein wichtigen elektrolytischen Oxydationsverfahren für Gegenstände aus Aluminium und dessen Legierungen, sowie aus Magnesiumlegierungen. Im Rahmen dieser Erörterungen wollen wir auch des Elektroplattierens solcher Werkstücke gedenken.

1. Das »Irisieren« in Blei- und Molybdänbädern, das »Electrocolor«-Verfahren

In den alpenländischen Gewerkschaften der Ostmark, die sich mit dem Schmieden von Sensen und Sicheln befassen, ist es üblich, die Klingen zu irisieren, um sie so der bäuerlichen Kundschaft gewisser Absatzgebiete gefällig zu machen. Dazu reinigt und entfettet man sie vorerst sorgfältig und taucht sie hierauf, verbunden mit dem + Pol der Stromquelle, in ein Bad, das man folgendermaßen bereitet:

Für 1 l löst man in einem eisernen Gefäß 50 g Natriumhydroxyd in 0,5 l Wasser, fügt 5 g Bleioxyd zu und rührt mit einem Eisenstab, bis die warme Flüssigkeit blank ist. Nach dem Abkühlen überträgt man sie in den Badbehälter aus Steinzeug und füllt dort auf. Als Kathode, auf der sich Blei ansetzt, verwendet man einen Eisendraht oder einen Streifen Eisenblech, den man bewegen, der Ware nähern und von ihr entfernen mag, um solchermaßen mannigfache Tönungen in den Farben des Regenbogens zu erzeugen, was sehr rasch geht. Die passende Spannung von etwa 2 bis 6 V ermittelt man durch einige Versuche. Mit Hilfe von Schablonen aus porösem Stoff, in dem die Badflüssigkeit aufgesaugt ist, kann man es sogar zuwege bringen, Schriftzeichen und Ornamente auf das Eisen aufzutragen; sie leuchten besonders schön, wenn man die Klingen vor der Behandlung im Bleibad vernickelt. Der irisierende Belag ist ein hauchdünner Überzug von Bleisuperoxyd, der recht fest haftet. Läßt man die Gegenstände länger im Bad, dann wird er hellbraun bis braunschwarz und hält, wenn man mit niederer Spannung gearbeitet hat, noch immer so gut, daß man ihn mit Zeugscheiben glänzen kann. Beim Biegen von Stücken, die dies zulassen, springt er jedoch sofort in dunklen Flittern ab. Deshalb ist mit nur einigermaßen stärkeren elektrolytischen Niederschlägen von Bleisuperoxyd bisher nicht viel anzufangen gewesen, obwohl man schon wiederholt versucht hat, sich ihrer zum Schutz oder zum Schmuck von Metallwaren zu bedienen.

Hübsche Farben, von denen des Regenbogens bis zu einem dunklen Braun, kann man sodann mit Molybdänoxyden in einem Elektrolyten erzeugen, von dem man 1 l durch Auflösen von 20 g Ammoniummolybdat, 20 g Kaliumrhodanid, 20 g Kaliumkupfer(I)cyanid und 15 bis 20 g Ammoniumchlorid herstellt. Vor dem Gebrauch setzt man ihm noch 10 ccm wäßriges Ammoniak zu und arbeitet bei Zimmertemperatur und Spannungen von 1 bis 3 Volt mit Gegenelektroden aus Kohle in Wannen aus Glas, Porzellan oder Steinzeug.

Weit wertvoller wird jedoch wahrscheinlich die unter dem Namen »Electrocolor-Verfahren aus Amerika zu uns gekommene Arbeitsweise sein, welche darauf beruht, daß man an den Waren, die wie gewöhnlich mit dem — Pol der Stromquelle verbunden sind, aus Kupferbädern besonderer Zusammensetzung nicht Kupfer, sondern Kupfer(I)-oxyd, sogenanntes Kupferoxydul, ausfällt. Mit dem Niederschlag kann man die eingehängten Stücke prachtvoll und, was sehr wichtig ist, nicht nur mannigfach, sondern auch gleichmäßig färben, z. B. gelb, grün, rot und blau. Die Methode ist durch das D.R.P. Nr. 661938, Kl. 48a, Gr. 16, dem Kansas city testing laboratory in Kansas city, Missouri, V. St. A., vom 7. September 1935 an unter dem Titel »Verfahren zum Färben von Metallgegenständen durch elektrolytisches Niederschlagen von Metalloxyden an der Kathode in einem alkalischen Bad« geschützt [1]).

[1]) Die Ansprüche des sicherlich wichtigen Privilegiums lauten folgendermaßen: 1. Verfahren zum Färben von Metallgegenständen durch elektrolytisches Niederschlagen von Metalloxyden an der Kathode in einem alkalischen Bade, dadurch gekennzeichnet, daß Kupferoxyd auf dem die Kathode bildendem Gegenstand in dem gelöste Kupfersalze enthaltenden alkalischen Bad niedergeschlagen wird und daß eine so niedrige Stromdichte und -spannung benutzt wird, die zum Niederschlagen metallischen Kupfers nicht ausreicht, dagegen genügt, um eine gleichmäßige, zusammenhängende Kupferoxydschicht auf dem Gegenstand niederzuschlagen, die bei der Abscheidung der Reihe nach verschiedene durch die Schichtstärke bestimmte Farbtöne zeigt, wobei mit dem Niederschlagen aufgehört wird, sobald die gewünschte Farbe erreicht ist. 2. Verfahren nach Anspruch 1, dadurch gekennzeichnet, daß die gefärbte Schicht dünn genug ist, so daß die darunter liegende Farbe des metallischen Gegenstandes das Aussehen beeinflussen kann. 3. Verfahren nach Anspruch 1 oder 2, dadurch gekennzeichnet, daß vor der Schichtbildung der Gegenstand elektrolytisch mit einer dünnen metallischen Kupferschicht überzogen wird, die als Untergrund für die farbige Schicht dient. 4. Verfahren nach Anspruch 1 bis 3, dadurch gekennzeichnet, daß der Strom unterbrochen wird, wenn die gewünschte Färbung mehrmals in aufeinanderfolgendem Kreislauf verschiedener Interferenzfärbungen erschienen ist. 5. Verfahren nach einem der Ansprüche 1 bis 4, dadurch gekennzeichnet, daß die alkalische Lösung gelöste organische Stoffe enthält. 6. Verfahren nach einem der Ansprüche 1 bis 5, dadurch gekennzeichnet, daß Ätznatron verwendet wird, um die Lösung alkalisch zu machen.

Da öfters nach einer solchen gefragt wird, wollen wir schließlich noch eine Vorschrift zur Bereitung eines sogenannten Lüstersudes anführen, und zwar eines solchen, aus dem sich Bleisulfid, Schwefelblei, abscheidet, teils in braunen Flocken, teils als hauchdünner Belag auf den eingetauchten Waren. Sie ist recht einfach; nach Beutel, einem um die Metallfärbung verdienten Gelehrten, löst man für 1 l in je 0,5 l Wasser 38 g Bleiacetat, sowie 124 g Natriumthiosulfat und mischt die beiden Lösungen erst kurz vor dem Gebrauch in dem Glasgefäß oder der Porzellanschale, wo man sie verwenden will. Krause [1]) sagt von einem solchen Ansatz folgendes:

»Die Färbung mit dem Lüstersud ist anwendbar auf Kupfer und Kupferlegierungen, auf Messing wird die goldgelbe Farbe . . . aber auch die blaue . . . angewendet. Nickel, Nickellegierungen, vernickelte Gegenstände und Eisen . . . werden blau gefärbt. Zink und Aluminium werden meist regelmäßig grau. Graue Färbung tritt auch bei anderen Metallen auf, wenn der Sud zu lang wirkt. Leuchtende Farben erhält man nur auf gut polierter Oberfläche . . .«

Am besten trifft man den gewünschten Ton, wenn man den Sud nur mäßig erwärmt; für Gelb genügen etwa 40°, für Blau stets 60 bis 70°. Besonders haltbar sind die Lüsterfärbungen nicht, jedenfalls noch weniger als die echten Anlauffarben, die man durch Erhitzen der tadellos blanken und reinen Stücke in freier Luft oder in einem Bett von gesiebter Buchenholzasche hervorruft; größere Betriebe bedienen sich dazu besonderer Geräte. Nicht zu verwechseln mit diesen Anlauffarben sind jene, wie man sie z. B. auf Teilen edler Schußwaffen sieht und die bei der Einsatzhärtung in Lederkohle entstanden sind.

2. Das Elektroplattieren von Gegenständen aus Aluminium und dessen Legierungen. Die elektrolytische Oxydation solcher Waren, sowie von Stücken aus Magnesiumlegierungen

Ältere Leser werden sich vielleicht noch daran erinnern, welches Aufsehen es erregte, als zum erstenmal aus dem »leichten« Aluminium

---

7. Verfahren nach Anspruch 5 oder 6, dadurch gekennzeichnet, daß die Lösung gelöstes Kupfersulfat, Milchsäure und Ätznatron enthält. 8. Verfahren nach einem der Ansprüche 1 bis 7, dadurch gekennzeichnet, daß nach der ersten Schichtbildung ein gewünschtes Muster auf der Oberfläche mit einem Isolierstoff abgedeckt wird und der Gegenstand dann einer zweiten Schichtbildung unterworfen wird, die eine andere gewünschte Färbung auf dem nicht abgedeckten Teil des Gegenstandes hervorruft.

[1]) Metallfärbung, S. 57.

angefertigte Gegenstände für den Haushalt und den Gebrauch des Alltages auf dem Markt erschienen. Damit, daß sie auch an trockener Luft bald ihren Glanz verloren, fand man sich ab; recht unangenehm aber war es, daß sie sich als wenig widerstandsfähig in Wind und Wetter, insbesondere in der Seeluft erwiesen. So setzten denn bald Bemühungen ein, sie durch galvanostegische Niederschläge nicht nur zu verschönern, sondern vor allem zu schützen. Diesen Bemühungen der Praktiker, die sich von ihren Erfahrungen leiten ließen, blieb denn auch der Erfolg nicht versagt. Einem Meister, der sich durch einige Zeit mit dem Vernickeln von Verschlußköpfen aus Aluminium für Sodawasserflaschen befaßte, verdankte der Verfasser z. B. die Vorschrift, die Waren nach dem Reinigen und dem Dekapieren vorerst in einem Bad zu decken, von dem man 1 l durch Auflösen von:

40 g Alkalizinkcyanid
10 g Kaliumcyanid
150 g Natriumcarbonat
50 g Natriumhydroxyd

bereitet. Man erwärmt zum Gebrauch auf 30 bis 40^0 und betreibt es mit einer Spannung von 2 bis 3 V, so daß sich an den eingehängten Gegenständen mäßig Gas entwickelt. Nach etwa 15 bis 20 Sekunden soll sich auf ihnen ein lichtgrauer Zinkbelag abgeschieden haben, der beim Überwischen mit dem Finger nicht abgeht und der nach dem Spülen die Grundlage für eine leichte Vermessingung bildet, auf der man schließlich einen starken Niederschlag von Nickel aufbringen mag. Der Leser wird wohl schon erfaßt haben, was das beschriebene Bad leistet. Erstens entfernt es, da es stark laugenhaft ist, den Hauch von Aluminiumoxyd, Al_2O_3, der sich auf blanken Waren aus Aluminium stets rasch bildet und das Anwachsen eines galvanostegischen Niederschlages verhindern würde. Zweitens überziehen sich die Werkstücke in dem Bad mit einem Belag von Zink als Bindemittel zwischen dem Grund und der weiteren Plattierung. Daß statt Zink auch Eisen als solches Bindemittel dienen mag, haben Canae und Tassily bereits 1914 erkannt[1]), und Zink oder Eisen, manchmal Nickel oder Mangan, trägt man auch heute auf Stücken aus Aluminium und seinen Legierungen meist auf, wenn man sie für das Elektroplattieren vorbereiten will. Neuen Auftrieb erhielten nämlich die Bemühungen der Galvanotechniker um Aluminium und Aluminiumlegierungen dadurch, daß diese nach dem Krieg als »Austauschwerkstoffe« große Bedeutung gewannen; die vorgeschlagenen Arbeitsweisen wurden mannigfach abgewandelt,

[1]) Wogrinz und Halla, Das Metall 1/1914, S. 375.

und manche von ihnen zum Patent angemeldet. Jetzt geht man in der Regel so vor, daß man die vom Schleifer zugerichteten Gegenstände mit Petroleum und Benzin oder besser mit »Per« (S. 91) vorreinigt, sowie mit Bürsten mittlerer Härte und einem Brei von Wienerkalk dekapiert; man mag ihm auch feine Schlämmkreide zusetzen, oder wenn man die Oberfläche des Gutes leicht aufrauhen will, feines Bimssteinpulver. Nach sorgfältigem Spülen hängt man die Stücke an die Drähte oder die Gestelle, an denen sie in die Bäder kommen sollen und taucht sie für kurze Zeit in eine etwa 50 bis 60° warme wäßrige Lauge, die je 1 l etwa 80 bis 120 g reines Ätznatron und 15 bis 25 g Kochsalz enthält und in blanken eisernen Kesseln verwahrt und verwendet wird. Die Lauge nimmt den durchsichtigen Hauch von Aluminiumoxyd ab; daß es genug ist, erkennt man daran, daß überall von der Oberfläche der Waren Gasbläschen aufsteigen. Man hebt sie dann sofort aus, spült sie auf das sorgfältigste durch Schwenken in reinem Wasser, sowie unter einer scharfen Brause und zieht sie durch eine Mischung von 1 Raumteil konz. Salpetersäure mit 1 bis 2 Raumteilen Wasser; diese entfernt den dunklen Belag, welcher nach dem Tauchen von Werkstücken aus Aluminium-Kupfer-Legierungen auf ihnen verbleibt, ohne jedoch das Aluminium anzugreifen [1]). Nach neuerlichem gründlichen Spülen folgt jetzt schließlich das Auftragen der hauchdünnen Bindeschicht von Eisen oder Zink, die das feste Haften des galvanischen Niederschlages auf seinem Grund sicherstellt. Es geschieht durch Tauchen in saure Eisen- oder alkalische Zinklösungen, für deren Herstellung unter anderen z. B. die folgenden Vorschriften empfohlen werden.

Man löst für 10 l einer Eisenbeize, die man zum Gebrauch auf 90° erwärmen soll, 0,25 l einer kalt gesättigten Lösung von Eisenchlorid, sowie 0,25 l konz. Salzsäure und senkt die zu bearbeitenden Teile 30 bis 40 Sekunden lang ein [2]).

---

[1]) Verd. Flußsäure löst auch das Silizium, jedoch ist bei ihrer Verwendung in Gefäßen, die mit Blei oder Hartgummi ausgekleidet sind, große Vorsicht geboten. Sie setzt nämlich auf der Haut schmerzhafte, sehr schwer heilende Wunden.

[2]) Die Erfinder und Verbreiter solcher Vorschriften, die stark nach Laboratorium riechen, vergessen gerne darauf, auch mitzuteilen, in welchen Gefäßen und mit welchen Geräten der Galvanotechniker das Anwärmen der stark sauren Flüssigkeiten fast auf Siedehitze vornehmen soll. Für kleinere Mengen genügen ja Porzellanschalen, für größere aber kommen doch wohl nur mit Hartgummi verkleidete Behälter in Betracht, deren Überzug sicherlich sehr leiden dürfte. Ferner darf man nicht übersehen, daß aus einem Ansatz wie dem angegebenen bei 90° Salzsäure verdampft, was gerade nicht sehr angenehm ist, abgesehen davon, daß sich dabei die Zusammensetzung der Lösung ändert.

Zum Ansetzen einer Zinkbeize hingegen löst man je 1 l in einem blanken Eisengefäß 150 g Natriumhydroxyd in 0,5 l Wasser und setzt unter Umrühren eine Lösung von 62 g Zinksulfat in 0,5 l Wasser zu. Die Mischung wird bald klar; wenn man sie benützen will, erwärmt man sie in dem Eisenbehälter, in dem man sie bereitet hat, auf ungefähr 40° und läßt sie durch 20 bis 30 Sekunden einwirken. Nach dem Spülen kann man nun zunächst vermessingen oder auch gleich in ein passend abgestimmtes Nickelbad eingehen; tut man letzteres, dann ist es allerdings ratsam, »unter Strom« einzuhängen, das heißt, in der einen oder der anderen Art dafür zu sorgen, daß die Waren mit dem —Pol der Stromquelle verbunden sind, noch bevor sie in den Elektrolyten gelangen. Überdies deckt man sie mit etwas höherer Spannung.

Wie wir schon gehört haben, gibt es nicht wenige andere Vorschriften für das Elektroplattieren von Aluminium und dessen Legierungen [1]. Der Verfasser rät jedoch dem Leser, der sich mit solchen Arbeiten befassen will, nicht herumzuprobieren, sondern sich lieber gleich an die Fabrik zu wenden, von der er seinen anderen Bedarf bezieht. Sie hat sicherlich bewährte »Hausrezepte«, wird ihm die nötigen Stoffe nebst den Anweisungen für ihre Verwendung liefern und wird ihn beraten, wenn sich Schwierigkeiten zeigen. Abschließend wollen wir bemerken, daß man, was dem Verfasser schon mit dem eingangs erwähnten Zinkbad gelang, sicherlich Aluminium solid elektroplattieren kann. Man kann z. B. richtig vernickelte Bleche aus diesem Metall zusammenfalten, ja knicken, ohne daß der Niederschlag abreißt. Wenn jedoch die Elektroplattierung nicht so stark ist, daß der Sauerstoff und die Feuchtigkeit der Luft auf keinen Fall durch Poren Zutritt zu dem sehr unedlen Aluminium finden, dann blättert sie, Wind und Wetter ausgesetzt, doch bald ab und die Ware wird rauh und unansehnlich. Es ist daher begreiflich, daß das Interesse an den beschriebenen und auch an späteren verbesserten, manchmal recht interessanten Arbeitsweisen [2]) um so mehr schwindet, je mehr das herrliche Verfahren zur Veredlung von Gegenständen aus Aluminium und seinen Legierungen durch elektrolytische Oxydation in der Praxis Anwendung findet.

Daß Gegenstände aus dem so unedlen Aluminium an der Luft überhaupt beständig sind, verdanken sie dem schon erwähnten Hauch von Aluminiumoxyd, mit dem sie sich überziehen. Die Erkenntnis dieser

---

[1]) Vgl. dazu Krause, Vernicklung und Verchromung von Aluminium und Aluminiumlegierungen, Kalt-Walz-Welt 1935, S. 28ff.

[2]) Zu ihnen gehört z. B. das der Siemens & Halske A.-G. geschützte »Elytal-Verfahren«. Dazu Elßner, Aluminium 17/1935, Nr. 7.

Tatsache war es nun, die den Anstoß zu eingehenden Versuchen gab, diese Schutzschicht zu verstärken und zwar zunächst durch rein chemische Mittel; solcher bedient sich übrigens noch heute das »M.B.V.-Verfahren«, von dem wir später hören werden. Viel weiter aber kam man mit der elektrolytischen Oxydation, an deren Erforschung und Entwicklung für die Praxis in Deutschland, England und Amerika namhafte Fachleute arbeiteten. Dies führte zur Erteilung einer großen Anzahl von Patenten. Schließlich schlossen sich bei uns die Firmen Vereinigte Aluminium-Werke A.-G., Lautawerk (Lausitz) — Siemens & Halske A.-G., Abteilung Elektrochemie, Berlin-Siemensstadt — Langbein-Pfanhauser-Werke A.-G., Leipzig — Schering-Kahlbaum A.-G., Berlin, zur Verwertung dieser Patente, sowie zum Austausch ihrer Erfahrungen zusammen, wobei das englische Bengough- und das amerikanische Alumilite-Verfahren berücksichtigt wurden. Diese Häuser vergeben bei uns das Recht zur Benützung der in den deutschen und in den Skandinavischen Ländern [1]) unter dem Namen »Eloxal« (Elektrolytische Oxydation von Aluminium) zusammengefaßten Arbeitsweisen für die Veredlung von Aluminium und seinen Legierungen; sie teilen den Erwerbern dieses Rechtes alle geheim gehaltenen Einzelheiten mit, beliefern, unterweisen und beraten ihn. Da dem so ist, können und müssen wir uns hier damit begnügen, dem Leser bloß in großen Zügen zu schildern, wie man vorgeht und worauf es ankommt [2]).

Beim Eloxieren werden die sauberen Werkstücke an entsprechend ausgebildeten Haltern befestigt und dann entweder in einem elektrolytischen Dekapierbad oder in einem Entfettungsbad ohne Strom behandelt. Hierauf werden sie sorgfältig gespült und kommen in das Exolalbad, wo sie, verbunden mit dem +Pol der Stromquelle verbleiben, bis die Oxydschicht die gewünschte Dicke und die verlangte Beschaffenheit hat. Von den besonderen Anforderungen, die man an sie stellt und von den Eigenschaften der zu oxydierenden Legierung hängt es ab, welche Art des Eloxierens man wählt, ob man mit Gleichstrom,

---

[1]) Anderswo sind sie unter dem Namen Alumilite bekannt.

[2]) Auskünfte erteilt übrigens auch die Aluminium-Zentrale, Abt. Elektrotechnik, Berlin W 9, Potsdamerstraße 23a.

[3]) Sehr lehrreich ist unter anderen z. B. der Aufsatz Elßners über das Eloxal-Verfahren, Oberflächentechnik 15/1938, S. 139ff. Ihm wurde mit freundlicher Erlaubnis der Langbein-Pfanhauser-Werke A.-G. die Abb. 83 entnommen. Auch die Mitteilung Röhrigs, Gießtechnik und Eloxalbehandlung des Aluminiums und der Aluminiumlegierungen, Die Gießerei 25/1938, S. 190ff., enthält viel Wissenswertes.

mit Wechselstrom oder mit Gleichstrom, überlagert von Wechselstrom, arbeitet. Wichtig ist, daß die Schicht von außen nach innen wächst, da sie ja aus dem Grund entsteht, daß sie, wenn richtig hergestellt, fest an ihm haftet, dank ihrer Elastizität und Härte sehr widerstandsfähig gegen das Abreiben ist, und daß man ihr durch passende Nachbehandlung eine Durchschlagsfestigkeit geben kann, die Spannungen bis zu 2000 V standhält. Frische, nicht nachbehandelte Schichten sind Span-

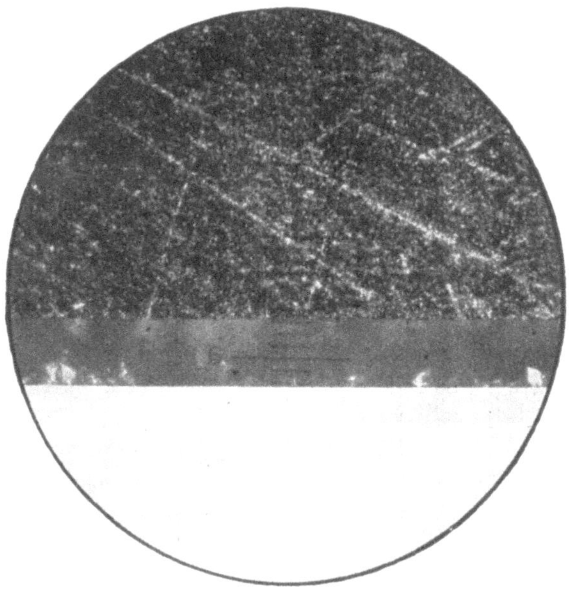

Abb. 83. Glasartig durchsichtige Eloxalschicht auf Reinaluminium.

nungen von 160 bis 400 V gewachsen. Durch eine entsprechende Nachbehandlung mag man übrigens auch ihre Unempfindlichkeit gegen die Einflüsse von Chemikalien sehr erhöhen. Was die »Naturfarbe« von Eloxierungen anbelangt, bleiben Stücke aus reinem Aluminium oder aus Legierungen mit Magnesium oder mit Magnesium und Silizium oder mit Magnesium und Mangan oder bloß mit Mangan für das Auge unverändert, wenn man sie mit Gleichstrom bearbeitet; sie werden hingegen leicht gelblich beim Oxydieren mit Wechselstrom. Legierungen, die zwar Kupfer, jedoch kein Silizium enthalten, werden blaugrau, solche mit Kupfer und Silizium, sowie schließlich manche mit Silizium allein dunkelgrau. Mit diesen Eigenfärbungen kann man schon recht hübsche Wirkungen erzielen; man kann aber überdies farblose Eloxierungen nicht nur haltbar schwarz, braun, sowie in mannigfachen Schattierungen von Rot, Gelb, Grün, Blau und Violett färben, sondern ihnen auch edlen Goldglanz geben. Nicht genug damit kann man durch Eloxieren blanken Aluminiums dessen Reflexionsvermögen für die Strahlen des sichtbaren Lichtes und der Wärme steigern.

Der Vollständigkeit halber mögen noch einige Worte über das bereits erwähnte »M.B.V.-Verfahren«, das Modifizierte Baur-Vogl-Verfahren, folgen. Es ist eines jener, das sich zum Oxydieren reinen Aluminiums und seiner von Kupfer freien Legierungen nicht des elektrischen Stromes, sondern eines rein chemischen Mittels bedient, nämlich des Natriumchromates. Es ist in dem Salz enthalten, das die Vereinigte Aluminium-Werke A.-G., Erftwerk, Grevenbroich-Niederrhein und die Langbein-Pfanhauser-Werke A.-G., Leipzig, liefern, und von dem man in einem eisernen oder emaillierten Gefäß 60 g je 1 l der Oxydationsflüssigkeit löst. Zum Gebrauch erwärmt man sie fast zum Sieden und taucht die zu bearbeitenden Stücke mindestens 5 Minuten lang ein. Da sich an ihnen Gas entwickelt, muß man die aus dem Bad mit dem Wasserdampf aufsteigenden Sprühnebel absaugen oder wenigstens die Gefolgsleute mit Gasmasken und Gummihandschuhen ausrüsten. Bei Aluminium-Magnesium-Legierungen genügt es, die Salzlösung auf 60 bis 70° zu erwärmen, jedoch soll man ihr Natriumhydroxyd zusetzen. Beim »Breiverfahren« trägt man mit Pinseln oder durch Spritzen eine oxydierende, Natriumchromat enthaltende Mischung auf und läßt sie 10 bis 15 Minuten ihre Wirkung tun, die man durch Anwärmen, etwa durch Fächeln mit der Lötpistole, unterstützt. Ob man nun so oder so oxydiert hat, jedenfalls muß man nachher auf das gründlichste spülen, und mag die Schutzschicht sodann durch ein 10 bis 15 Minuten dauerndes Tauchen der Waren in eine Lösung von Wasserglas, die man in einem eisernen Gefäß auf 90 bis 100° erwärmt oder durch Kochen während 2 bis 3 Minuten in einer Lösung von Wasserglas verbessern. Daß man ihre Wirkung nach dem neuerlichen Spülen und Trocknen der Gegenstände durch einen Überzug mit einem passenden Ofenlack erhöht, ist wohl selbstverständlich, ebenso wie, daß weder das beschriebene noch andere rein chemische Oxydationsmethoden den Wettbewerb mit dem Eloxieren aufnehmen können. Nach Elssner ist bei reinem Aluminium:

die Dicke der natürlichen Oxydschicht . . .	0,00004 bis 0,0002 mm
die Dicke der Oxydschicht nach einem 30 Min. währendem Behandeln nach dem M.B.V.-Verfahren	0,001 bis 0,0025 mm
die Dicke der Oxydschicht nach einem 30 Min. dauerndem Eloxieren mit Gleichstrom von 10 bis 15 V Spannung	0,015 bis 0,017 mm

Bei der außerordentlichen Bedeutung, welche die Legierungen, deren Hauptbestandteil Magnesium ist, insbesondere für Deutschland haben, verdient schließlich das »Elomag-Verfahren« (Elektrolytische Oxydation von Magnesium) der Langbein-Pfanhauser-Werke A.-G. Beachtung. Dieses Haus hat die wertvolle Arbeitsweise, gestützt auf seine Erfahrungen beim Eloxieren, entwickelt; wir begnügen uns hier damit, sie zu erwähnen.

Galvanoplastik

Die Vorbereitungsarbeiten der Abformungs- und der Überzugsgalvanoplastik

Wie wir wissen, ist die Aufgabe der Galvanoplastik die Herstellung von Metallwaren. Bei der Abformungsgalvanoplastik erzeugt man zu diesem Zweck auf geeigneten Formen elektrolytische Metallniederschläge, die man sodann abnimmt, um aus ihnen durch geeignete Vollendungsarbeiten die gewünschten Gegenstände zu bilden. Bei der Überzugsgalvanoplastik hingegen sind die Formen mit den auf ihnen angewachsenen Niederschlägen — wiederum nach den nötigen Vollendungsarbeiten — die fertigen Waren.

Wir wollen uns zunächst mit der Abformungsgalvanoplastik befassen und bei der Besprechung einiger lehrreicher Beispiele zeigen, wie es

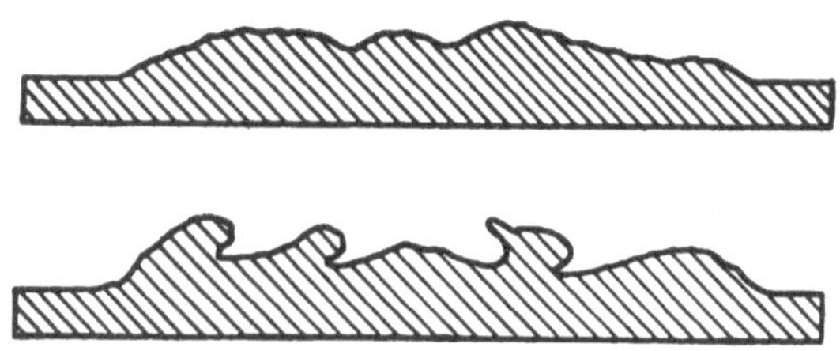

Abb. 84. Oben ein Schnitt durch ein nicht unterschnittenes, darunter ein Schnitt durch ein unterschnittenes Modell.

gemacht werden kann. Mit den gewonnenen Kenntnissen ausgerüstet wird der Leser in der Lage sein, sich in Sonderfällen selbst den Weg zum Ziel zurechtzulegen. Dabei halten wir folgendes fest.

Die Verfahren der Galvanoplastik gestatten es uns, mit einfachen Mitteln Wiedergaben eines nicht »unterschnittenen« Modelles (Abb. 84) anzufertigen und zwar — und darauf kommt es an — Wiedergaben, die dem Modell bis in die feinsten Feinheiten vollkommen gleichen. Wenn dermaßen getreue Abformungen gebraucht werden, dann ist es stets am Platz, sich der Galvanoplastik zu bedienen. Wenden wir sie aber zur Lösung von Aufgaben an, die man durch ein Guß- oder ein Prägeverfahren viel schneller erledigen kann, dann geben wir uns spielerisch mit Kunststückchen ab, die ja recht nett sein mögen, für deren Erörterung jedoch in diesem Buch kein Platz ist. Was sodann die Abformung unterschnittener Stücke und ganzer Figuren oder gar Figurengruppen anbelangt, bei der man in der Regel elastische Formen aus Guttapercha oder Leim verwenden muß, ist dies eine Arbeit, die heute so selten verlangt wird, daß wir füglich auch auf ihre Beschreibung verzichten mögen. Schließlich brauchen wir jener Verfahren nicht zu gedenken, die in der Großindustrie gelegentlich Beachtung fanden, und die zur Abformungsgalvanoplastik gehören, wie etwa der Herstellung von Elektrolytblechen aus Eisen[1]).

Nehmen wir also an, es soll ein handgetriebenes Flachrelief galvanoplastisch vervielfältigt werden. Wir bereiten uns dann zunächst die

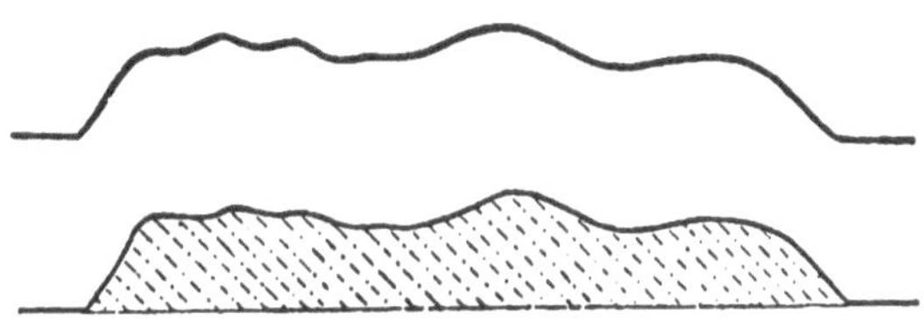

Abb. 85. Oben ein nicht unterschnittenes Modell aus Blech, darunter das mit Wachs ausgefüllte Modell.

nötige Anzahl von Formen und zwar durch Abpressen des Ursprungsstückes in Platten aus einer Masse, deren Zusammensetzung wir gleich kennenlernen werden. Dabei müssen wir selbstverständlich darauf Bedacht nehmen, das Ursprungsstück nicht zu zerstören, dessen rückseitige Vertiefungen wir deshalb mit unserer Masse ausfüllen (Abb. 85), da es sonst sicher flachgedrückt oder zumindestens verbogen würde.

Ist dies geschehen, so gehen wir daran, die geeigneten Platten zu gießen. Wir richten dazu einen Lithographenstein von passender Größe mit der Wasserwaage aus, bis er vollkommen waagrecht liegt. Dann bilden wir durch Aneinanderlegen viereckiger gehobelter Eisenstäbe eine Gußform genügender Größe, in welcher wir die geschmolzene Masse gießen können. Diese Masse stellt man her, indem man für 1 kg in einem flachen, emaillierten Gefäß 0,65 kg reines, gelbes

[1]) Den Leser, der Anregungen auf diesem Gebiete sucht, verweisen wir auf das Studium des Patentschrifttumes, das ihm Belehrendes, oft genug auch Erheiterndes, in Fülle bringt, sowie auf das bereits reife, noch immer wertvolle Jugendwerk des hochverdienten Elektrochemikers Wilhelm Pfanhauser des Jüngeren: »Die Herstellung von Metallgegenständen auf elektrolytischem Weg«, Halle-Saale bei Knapp. Wenn man es heute durchblättert, will es einem bedünken, daß der viel berufene Ben Akiba auch von der Abformungsgalvanoplastik schon viel gewußt haben muß.

Bienenwachs, 0,27 kg reine Stearinsäure, sowie 0,05 kg bestes Hartparaffin zusammenschmilzt und in der geschmolzenen Masse, unter gutem Umrühren, 0,03 kg feinen, guten Graphit verteilt. Nun greift man zu einer Schöpfkelle und gießt mit ihr durch ein feines Haarsieb, das alle gröberen Verunreinigungen zurückhält, die erforderliche Menge der geschmolzenen Masse auf den Stein, in den von den Eisenstäben umschlossenen Raum. Nicht zu vergessen ist, daß man den Stein selbst, sowie die Seiten der Eisenstäbe, welche mit dem Wachs in Berührung kommen, dünn mit reinem Glyzerin bestreichen muß, damit sich die Platte von ihrer Unterlage und den Stäben später leicht loslösen läßt.

Solange der Aufguß noch flüssig ist, bilden sich häufig an seiner Oberfläche kleine Luftblasen, die man durch Berühren mit einem Stückchen feinen Seidenpapiers zerstört; im übrigen läßt man die geschmolzene Wachsmasse unbehelligt erstarren, bis sie so weit hart geworden ist, daß sich ihre Oberfläche gerade noch mit dem Daumen eindrücken läßt. Dann ist der Augenblick gekommen, die Platte mit Hilfe eines Spachtels vom Stein abzunehmen und auf den Tisch der Presse zu bringen, damit das Abformen beginnen könne. Dabei achtet man darauf, daß die in der Gußform oben gewesene Seite wiederum nach oben gekehrt ist, denn einerseits ist sie vollkommen eben, anderseits haben sich Verunreinigungen, dem Zuge der Schwere folgend, in der Masse, als sie flüssig war, gesenkt und deshalb hauptsächlich in der Nähe des Steines angesammelt.

Nicht immer wird man aber in der Lage sein, gleich mit dem Abpressen zu beginnen, sondern man wird es häufig vorziehen, sich eine größere Menge von Platten vorzubereiten, um das zu vervielfältigende Modell dann in eine nach der anderen eindrücken zu können. Die zuerst hergestellten Platten sind aber dann sicher bereits so hart geworden, daß sie nicht mehr ohne weiteres verwendbar sind. Es genügt jedoch, die Flamme einer Lötpistole rasch über ihre Oberfläche zu führen, um sie wieder so weit zu erweichen, daß ein Abpressen möglich ist.

Befindet sich nun die in der einen oder der anderen Art vorbereitete Wachsplatte, die eine den Erhabenheiten des Modelles entsprechende Dicke hat, auf dem Tisch der Presse (Abb. 86), so überstreicht man sie mit einem leichten, raschen Zug mit der Graphitierbürste und ebenso behandelt man das Modell, um es zu verhindern, daß dessen metallische Fläche am Abdruck kleben bleibt. Dann legt man das Modell auf, drückt es mit der Hand leicht ein und läßt jetzt die »Schlagrad«-Presse spielen; man führt mit ihrer Platte mehrere, immer kräftiger werdende Stöße auf die Rückseite des Modelles, indem man die Speichen des Rades mit den Handgriffen gegen die Anschläge stößt. Nach dem letzten Schlag schraubt man die Platte der Presse wieder in die Höhe, nimmt die Wachsplatte mit dem eingedrückten Modell vom Tisch und hebt es aus dem Abdrucke heraus, indem man die Wachsplatte vorsichtig etwas biegt, bis man mit dem Fingernagel in eine Spalte zwischen den Rädern des Modelles und des Abdruckes gelangen kann.

Die Verwendung hydraulischer Pressen für unsere Zwecke ist nicht

Abb. 86. »Schlagrad«-Presse. Der ausgerollte Tisch kann durch den unter ihm liegenden Gasbrenner, dessen Zuleitung man rechts sieht, erwärmt werden.

nötig; sie sind in Werkstätten zur Erzeugung von Klisches am Platze, wo das Abpressen großer Schriftsätze und ähnlicher großflächiger Modelle eine häufige Arbeit oder das Abpressen in Blei (vgl. S. 190) eingeführt ist.

Bei stark erhabenen Modellen größeren Umfanges wird es meist nicht möglich sein, gleich beim ersten Pressen das Modell genügend tief in die Wachsplatte einzutreiben. Man hebt es dann nach dem ersten Pressen ab, bestreicht die Mulde mit der Flamme der Lötpistole, drückt das Modell neuerlich ein und setzt dieses Verfahren so lange fort, bis der Abdruck den Wünschen entspricht. Er muß die feinsten Einzelheiten des Modelles klar und schön wiedergeben und es darf an keiner Stelle ein Zusammenkleben mit dem Modell stattgefunden haben.

Hat sich eine entsprechende Anzahl von Wachsformen angesammelt, so geht man jetzt daran, sie weiter zu bearbeiten. Zunächst kommt das Befestigen der nicht zu dünnen Zuleitungsdrähte aus Kupfer, mit denen die Formen später an die Warenstangen des Bades gehängt werden. Jeder Zuleitungsdraht wird an einem Ende umgebogen, wie es Abb. 87 zeigt, dann an einer entsprechenden Stelle der Wachsform, von der man inzwischen mit einem erwärmten Messer das überflüssige Wachs

Abb. 87.

weggeschnitten hat, aufgelegt und durch Überstreichen dieser Stelle mit einem erwärmten Löteisen oberflächlich angeschmolzen. Bei größeren Modellen ist es notwendig, um ein gleichmäßiges Anwachsen der Kupferhaut von außen nach innen zu gewährleisten, noch einen dünneren Draht rund um das Bild anzubringen, wie es Abb. 88 erläutert. Weiter schabt man das über den angeschmolzenen Drähten befindliche Wachs mit einem Messer ab, so daß sie ganz blank liegen und beginnt hierauf mit dem Graphitieren. Diese Arbeit, das Leitendmachen der Formen, muß besonders sorgfältig vorgenommen werden. Man verwendet nur den feinsten, besten Graphit und feine, ganz weiche Bürsten und Pinsel verschiedener Größe und Gestalt, mit denen man in alle Vertiefungen des Abdruckes gelangen kann, der so lange zu bearbeiten ist, bis er ein gleichmäßig glänzendes metallisches Schwarz zeigt[1]. Dann kann man annehmen, daß alle Stellen der Oberfläche des Abdruckes wirklich leitend sind und sich rasch und ohne Lücken im Bad ein gleichmäßiger Überzug bilden wird. Um es aber anderseits zu verhindern, daß sich an Stellen Kupfer niederschlägt, wo dies nicht nötig ist, überstreicht man alle diese Stellen mit einem erwärmten Löteisen, so daß ein oberflächliches Schmelzen der Wachsschicht eintritt. Nun braucht

[1]) In größeren galvanoplastischen Anstalten bedient man sich übrigens besonderer Graphitiermaschinen, wie sie die Firma A. Hogenforst, Leipzig C1, baut. Sie liefert auch alle anderen Geräte und Behelfe für die Galvanoplastik.

man bloß noch ein Stück Bindfaden, das an seinem anderen Ende ein Stück Blei trägt (Abb. 89) in die Wachsform einzuschmelzen, so daß sie im Bad nicht aufschwimmen kann und allenfalls noch die Stelle, wo der Aufhängedraht befestigt ist, durch ein aufgeschmolzenes Stück Wachs zu sichern, und die Form ist zum Einhängen ins Bad bereit. Kurz vor dem Einhängen spült man sie an den Stellen, wo sich Kupfer niederschlagen soll, mit Alkohol ab, so daß ein gleichmäßiges Benetzen aller dieser Stellen durch die Flüssigkeit des Kupferbades gesichert ist.

Abb. 88. a Aufhängedraht, b Hilfsdraht.

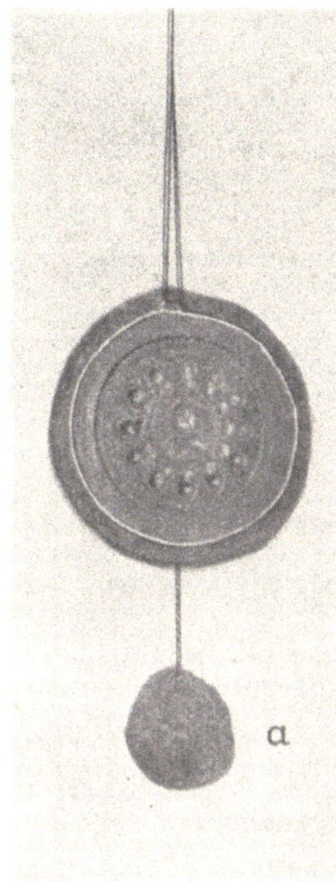

Abb. 89. »Montiertes« Wachsmodell. a Beschwerung mit Blei.

Nicht immer werden wir jedoch zur Abformung ein Metallmodell erhalten, das wir sofort unter die Presse nehmen können, sondern es mag vorkommen, daß uns etwa ein Gipsrelief angeliefert wird. Dann müssen wir zunächst von diesem Gipsmodell eine Abformung in Gips herstellen, nach dieser ein erstes »Galvano« anfertigen (Abb. 90) und erst in diesem Galvano haben wir dann das Metallmodell vor uns, das wir durch Pressen in Wachs rasch vervielfältigen können. Beim Abformen des angelieferten Gipsmodells gehen wir nun folgendermaßen vor. Zunächst bestreichen wir es mit einer klaren, nicht zu dicken Lösung von gutem Schellack in reinem Spiritus und lassen diese Lackschicht gut trocknen. Sodann überpinseln wir es ganz leicht mit Seifenwasser und tragen hierauf eine dünne Schicht feinsten Alabastergipses auf, der mit Wasser zu einem zäh fließenden Brei angerührt wurde. Auf diese erste Schicht, die ja keine Luftblasen enthalten darf, bringen wir dann weiteren Gipsbrei, bis der Abguß die genügende Dicke hat und lassen ihn jetzt »abbinden«. Bei diesem »Abbinden«, der Bildung einer chemischen Verbindung aus dem Gips und dem Wasser, mit dem

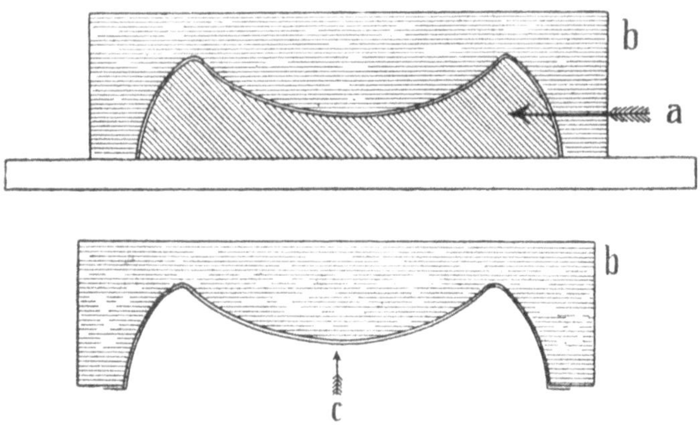

Abb. 90. Oben a Gipsmodell, b Gipsabguß, darunter b Gipsabguß, c Galvano.

er angerührt wurde, tritt eine ziemliche Erwärmung und ein Verdunsten des überflüssigen Wassers ein. Daß es zu Ende ist, erkennen wir daran, daß der Abguß bei einem kurzen Schlag mit dem Fingerknöchel einen klingenden Ton von sich gibt. Nun können wir ihn abheben und weiter bearbeiten. Wir bringen ihn zunächst in den Trockenofen, um dort bei gelinder Wärme alle Reste von Feuchtigkeit aus ihm zu vertreiben. Dann durchtränken wir ihn mit geschmolzener Stearinsäure, die wir von der Rückseite der Gipsform aufsaugen lassen. Binnen kurzem zeigen sich auf der Bildseite die ersten fettigen Flecken und bald ist der Gipsblock vollständig imprägniert. Dabei kann es vorkommen, daß zuviel Stearinsäure aufgesaugt wird und feine Einzelheiten der Oberfläche nach dem Erstarren des aufgenommenen Stoffes verklebt sind. Dann legen wir den durchtränkten Abguß für einige Zeit auf einer Lage weißen Fließpapieres neuerlich in den Trockenschrank und zwar mit der Bildseite nach oben. Dabei senkt sich überflüssiges, geschmolzenes Stearin abwärts und sickert aus den Poren der Rückseite des Gipsgusses in das Fließpapier, von dem es aufgenommen wird. Schließlich befestigen wir unter Zuhilfenahme eines ganz kleinen scharfen Holzbohrers und kleiner eiserner Holzschrauben, die vorher im cyankalischen Bad gut verkupfert wurden, die erforderlichen Leitungsdrähte an der Gipsform, graphitierten sie hierauf, genau wie ein Wachsmodell, an allen Stellen, wo sich Kupfer niederschlagen soll, spülen mit Spiritus und hängen sie ins Bad. Wenn sich dann eine Kupferhaut von genügender Stärke gebildet hat, wird sie abgenommen und verzinnt, was später beschrieben werden soll, dann, gleich einem Modell aus Blech, mit der bekannten Wachsmischung ausgefüllt und nun kann das vervielfältigende Pressen in Wachsplatten beginnen.

In ganz ähnlicher Weise, wie es eben beschrieben wurde, gehen wir vor, wenn uns ein nicht unterschnittenes Holzmodell oder eine Modellierung in Wachs oder Plastellina zur Vervielfältigung angeliefert wurde. Wir nehmen zuerst einen Gipsabguß, bereiten ihn als Form zur Herstellung eines Galvanos vor, und dieses Galvano dient dann zum Pressen der Wachsformen. Nicht selten wird auch ein Papierrelief einer galvanoplastischen Werkstätte übergeben, mit dem Auftrag, nach ihm eine Anzahl von Galvanos anzufertigen. Ein solches Papiermodell kann man selbstverständlich nicht mit einem Gipsbrei abformen, da es durch dessen Feuchtigkeit zerstört würde. Man legt es deshalb in einen passenden Schachteldeckel und gießt es mit einer Legierung von 250 g Wismut, 125 g Zinn, 160 g Blei und 30 g Antimon ab. Die so hergestellte Form braucht dann bloß an jenen Stellen mit einer Schicht von Decklack oder Wachs überzogen werden, wo sich kein Niederschlag bilden soll, worauf sie ohne weitere Vorbereitung zum Einhängen in das Bad fertig ist. Mit dem ersten von ihr abgenommenen Galvano preßt man wiederum die nötige Anzahl von Wachsformen.

Wir haben nunmehr gehört, wie man zu den Wachsformen kommt, auf denen im Bad der Niederschlag entstehen soll, wenn es sich um die Herstellung von Galvanos nach flachen, nicht unterschnittenen Modellen aus Metall, Holz, Gips, Plastellina oder Papier handelt. Anschließend an diese Darlegungen wollen wir einige Sonderverfahren besprechen.

Von besonderer Bedeutung ist die Abformungsgalvanoplastik für die graphischen Gewerbe, die sich ihrer zur Herstellung von Druckplatten nach Holzschnitten, Strich- und Rasterätzungen in Zink, Radierungen, Kupferstichen und manchmal auch nach Schriftsätzen bedient. Oft kann man z. B. mit einer Rasterätzung, einer sogenannten »Autotypie«, deshalb nicht drucken, weil sie nur für kurze Zeit als Leihgabe zur Verfügung steht, ein andermal scheut man sich davor, einen von Künstlerhand geschaffenen wertvollen Stich abzunützen. Oder aber man muß zur Ausfertigung großer Auflagen auf neuzeitlichen Maschinen beim Banknotendruck bis zu acht, beim Briefmarkendruck bis zu zweihundert Wiedergaben des Bildes auf einer Platte vereinigen. Wie dies geschieht, das können wir hier nicht erörtern; wir halten bloß fest, daß dabei, und überhaupt bei Arbeiten für die Graphik, heute nicht nur von Abpressungen in Wachs, sondern auch von solchen in Blei nach dem Verfahren von weiland Dr. E. Albert in München [1]) Galvanos in Kupfer und Nickel anzufertigen sind, sowie Kupfer- und Nickelgalvanos von Kupfergalvanos.

Was zunächst die Abpressungen in Blei anbelangt, braucht man, wenn Kupfergalvanos herzustellen sind, bloß die Platten überall dort, wo

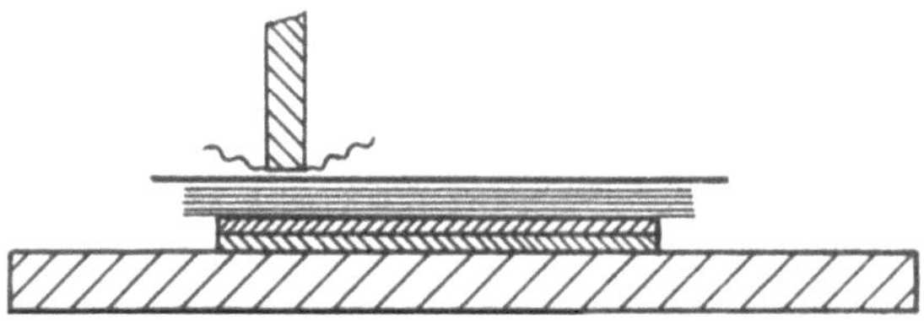

Abb. 91. Von unten nach oben: Ursprungsplatte, Bleiblech, Papierpolster, Preßspahn, Wellblech, Steg der Presse.

kein Niederschlag anfallen soll, durch Anstreichen mit unserer geschmolzenen Wachsmischung (S. 184) abzudecken, worauf sie zum Einhängen fertig sind. Das Kupfer, das aus saurem Bad auf Blei ausgeschieden wird, haftet nämlich nicht auf ihm; man kann also die Galvanos, wenn sie die gewünschte Dicke haben, leicht von den Formen abheben. Bei einem Nickelniederschlag wäre dies nicht möglich, da er sich mit dem Bleigrund fest verbindet. Andererseits treten in ihm, wenn er dicker wird, so starke Spannungen auf, daß er sich, noch unfertig, von den Formen losreißen mag. Man taucht deshalb die Bleipressungen nach dem Abdecken etwa eine Minute in eine Lösung, von der man 1 l durch Auflösen von 100 g Kaliumbichromat in 0,75 l Wasser, Zugeben von 5 ccm konz. Salzsäure und Auffüllen auf 1 l bereitet, spült

[1]) Die älteren Verfahren zur Anfertigung von Bleipressungen nach Strich- und Rasterätzungen, Radierungen und Stichen sind wohl alle durch die Arbeitsweise nach Dr. Albert überholt. Bei ihr werden die Platten nicht auf einmal abgeformt, sondern nach und nach. Die hydraulische Presse wirkt nämlich mit einem schmalen Steg, wie es das Schema der Abb. 91 andeutet, nur auf einen Streifen des etwa 1 mm dicken Bleibleches und der unter ihm liegenden Ursprungsplatte; indem man sie, samt dem Bleiblech und der Papierpolsterung, weiterschiebt, setzt man Streifen an Streifen. Pressen für das Albert-Verfahren baut z. B. das Werk Augsburg der Maschinenfabrik Augsburg-Nürnberg A.G.

ab, läßt trocknen und schabt schließlich rings um das Bild einen Streifen des Bleies blank. So verhindert man das Anwachsen der Nickelhaut auf dem Bild, da das Blei dort durch das Tauchen in die angesäuerte Bichromatlösung »passiviert« ist; der Nickelniederschlag kann aber auch nicht aufstehen, weil er sich rings um das Bild, wo das Blei blank geschabt wurde, fest mit ihm verbunden hat.

Handelt es sich um die Abnahme eines Nickel- oder Kupfergalvanos

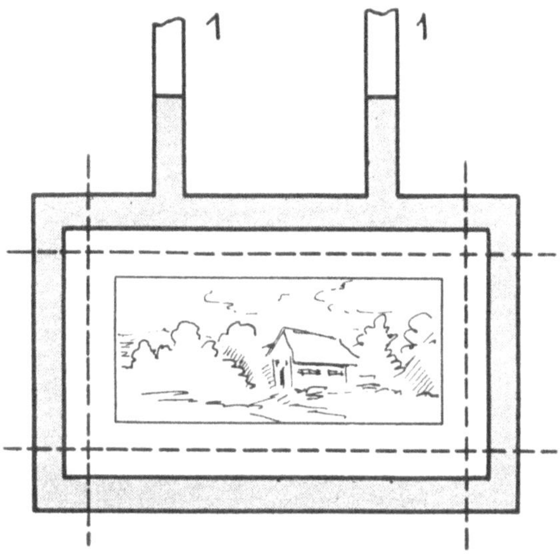

Abb. 92. Der abgedeckte Teil der Vorderseite der Platte ist in der Abbildung schraffiert. 1 Kupferstreifen zum Einhängen.

von einem Kupfergalvano, so putzt man dies zunächst auf das sorgfältigste, wobei man zum Schluß einen Brei aus feiner Schlämmkreide und Alkohol verwendet, den man mit einem Wattebausch verreibt. Sodann spült man gründlich, trocknet durch Abtupfen und Abreiben mit ganz weichen reinen Leinenlappen und versilbert die Bildfläche durch Auftragen einer Lösung, deren Zusammensetzung der eines Silberbades mit etwa 10 g Feinsilber je 1 l (S. 133) entspricht; hierzu bedient man sich wiederum eines Wattebausches[1]). Nach neuerlichem gründlichen Spülen und Trocknen in der beschriebenen Art deckt man die Rückseite der Platte vollständig mit geschmolzener Wachsmischung ab, die Bildseite so weit, daß um das Bild ein genügend breiter Rand frei bleibt und läßt dem Auftrag Zeit, vollständig zu erstarren. Schließlich ergreift man eine

[1]) Das oft beschriebene Behandeln der versilberten Kupferformen mit einer Lösung von Jod oder Schwefelammonium ist, wie dem Verfasser eigene Erfahrungen, sowie die maßgebender Stellen dargetan haben, nicht nötig.

bereits öfters gebrauchte Graphitierbürste, klopft sie aus, um den Graphitstaub aus ihr zu entfernen und bearbeitet mit ihr die versilberte Bildseite der Platte. Dadurch überzieht man sie mit einem fettigen Hauch, der als »Trennschicht« das Zusammenwachsen des versilberten Kupfergrundes mit dem Nickel- oder Kupferniederschlag, der nunmehr aufgebracht werden kann, zuverlässig verhindert. Wenn man, nachdem er die genügende Dicke erreicht hat, mit einer Säge dort durchschneidet, wo es in Abb. 92 die punktierten Linien andeuten, und zwischen die beiden Metallplatten die Spitze einer Messerklinge treibt, kann man sie, wenn man richtig gearbeitet hat, immer leicht voneinander abziehen.

Abb. 93.

Insbesondere für den Buchdruck arbeitet die Galvanoplastik bei der Herstellung der Gußformen, der »Matern« für die Schriftgießereien. Sie werden heute so verfertigt, daß man die aus Letternmetall bestehenden, vom Graveur auf das feinste ausgearbeiteten Ursprungsstücke, nachdem man sie an Tragstücken befestigt, abgedeckt (Abb. 93), in einer etwa 60° warmen 20 %igen Lösung von Natriumcyanid gereinigt und gründlich gespült hat, durch einige Sekunden im sauren Kupferbad deckt. Der hauchzarte Überzug von Kupfer, der dabei anfällt, ist eine verläßliche Trennschicht und man kann nunmehr in das Nickelbad einhängen. In ihm verbleiben die zur Vermeidung des Ansetzens von Gasblasen ständig bewegten Formen, bis der Niederschlag genügend dick ist, worauf man ihn im Kupferbad verstärkt. Weiteres über das Verfahren findet der Leser in der unten angegebenen Mitteilung [1]).

Desgleichen verweisen wir den Leser, der sich für die galvanoplastische Herstellung der Prägeplatten für Schallplatten interessiert, auf die ausführlichen Darlegungen über den Gegenstand in dem ebenfalls unten angeführten Buch [2]). Die Formen sind die Platten mit den

---

[1]) Die Metallwaren-Industrie und Galvano-Technik 32|1934, S. 497.

[2]) Pfanhauser, Die elektrolytischen Metallniederschläge, S. 818 ff.

ursprünglichen Aufnahmen; sie werden in einer für den Stoff aus dem sie bestehen, geeigneten Art leitend gemacht, worauf man von ihnen Galvanos abnimmt, die, entsprechend montiert, ihrerseits zum Prägen der käuflichen Schallplatten dienen. Zu besagtem Leitendmachen hat man auch das Verfahren der »Elektrodenzerstäubung« herangezogen. Bei dieser stehen die Formen in einem fast vollständig luftleeren Kasten zwischen Rohrgruppen aus Silber oder Gold, durch die Kühlwasser fließt. Schließt man diese Rohrgruppen an die Klemmen eines Transformators, zwischen denen eine effektive Spannung von etwa 5000 Volt herrscht, so zerstäuben Anteile des Edelmetalles und schlagen sich als zarter Hauch auf den Formen nieder, deren Oberfläche solchermaßen leitend wird. Man braucht für das Verfahren allerdings kostspielige Geräte, dafür eignet es sich aber für die zartesten Formen und die empfindlichsten Stoffe, wie gehärtete Gelatine, Pflanzenteile, Gewebe und Federn.

Auch für die Herstellung anderer Prägeplatten für Sonderzwecke mag man sich der Galvanoplastik bedienen. So kann man z. B. Spitzen, Farnkräuter, Weinblätter und andere reich geäderte und gezackte Pflanzenteile in Platten aus unserer Wachsmasse abpressen, die Formen in der früher beschriebenen Art zum Einhängen in das Bad fertig machen und die von ihnen abgenommenen Galvanos zum Prägen in Papier und anderen Stoffen verwenden. Die Phantasie mag bei derartigen Arbeiten spielen — nur muß sie auch von gutem Geschmack geleitet werden, sollen nicht gräuliche Dinge das Licht der Welt erblicken [1]).

Von einer Erörterung der vielen, oft recht geistreichen Versuche, durch galvanoplastische Arbeitsweisen bisher in der Zahntechnik übliche und bewährte Verfahren zu verdrängen, wollen wir absehen, da keinem dieser Versuche bisher wirklich Erfolg beschieden war und wenden uns zur Überzugsgalvanoplastik.

Auch sie hat für die Graphik große Bedeutung gewonnen und zwar für den sogenannten Rakeltiefdruck. Bei diesem druckte man früher von kupfernen Walzen oder Zylindern, deren Oberfläche die eingeätzten Bilder trägt. Nach dem Ausdrucken einer Auflage wurden die Walzen abgedreht und sodann durch »Aufkupfern« in einem galvanoplastischen

[1]) Bereits Alois Auer von Welsbach, dem Vater des berühmten Chemikers, 1841 bis 1866 Direktor der K. K. Hof- und Staatsdruckerei in Wien, war es gelungen, Pflanzenteile in Blei abzupressen und von diesen Formen prächtige Kupfergalvanos anzufertigen, die er »Naturselbstdrucke« nannte. Sie wurden auf der Wiener Weltausstellung 1873 viel bewundert.

Bad so weit verstärkt, daß sie nach dem Glattschleifen wieder das richtige Maß hatten. Heute ist diese Arbeitsweise durch das patentrechtlich geschützte Ballard-Verfahren überholt. Nach Ballard versieht man die Kupferwalzen zunächst mit einer Trennschicht von Silber und schlägt hierauf mit Stromdichten von 20 bis 25 A im galvanoplastischen Bad eine Kupferhaut solcher Dicke nieder, daß sie die Bilder aufnehmen kann. Nach dem Ausdrucken reißt man sie, nachdem man sie an einer

Abb. 94.

Stelle aufgeschlitzt hat, ab, was dank der Trennschicht, leicht möglich ist. Abb. 94 zeigt, wie ein Ballard-Apparat in der Ausführung der Langbein-Pfanhauser-Werke A.-G. aussieht.

Zur Überzugsgalvanoplastik gehört auch das »Metallisieren« von Erstlingsschuhen, Pflanzenteilen, hölzernen Stock- und Schirmgriffen, sowie Schmuckstücken, wie Anhängern, Armreifen und ähnlichen Stücken, das, seit langem bekannt, neuerdings wieder Beachtung findet. Was dabei manchmal schwierig ist, das ist bloß das Leitendmachen der Gegenstände. Bei der Verkupferung eines Erstlingsschuhes verfährt man etwa folgendermaßen. Man trocknet den an einen Drahthaken gehängten Schuh sorgfältig an einem warmen Ort und imprägniert ihn mit einer dünnflüssigen, blanken Lösung von Schellack in Alkohol. Nach dem Eintrocknen des Lacküberzuges befestigt man den Schuh an einem passenden Aufhängedraht, wobei man aber auch einen »Drahtfühler« in das Innere führen muß, da sich sonst dort kein Kupfer niederschlagen würde. Dann graphitiert man sorgfältig, spült mit Spiritus ab und bringt das Arbeitsstück in das Bad. Nicht immer geht es aber so einfach, weil z. B. auf Werkstücken aus Kunsthorn und ähnlichen Stoffen Graphit nicht haftet und das Auftragen eines graphitierbaren Lacküberzuges nicht erwünscht ist. Man greift dann zu einem im besonderen Fall passenden Verfahren zur Erzeugung eines Überzuges von Silber auf der Oberfläche der zu bearbeitenden Gegenstände; auf ihm kann dann der galvanoplastische Metallniederschlag sich ausbilden [1]. So arbeitet man auch bei der Herstellung »verkupferter« Spiegel und zwar folgendermaßen. Man gießt auf die sehr sorgfältig gereinigten und dann in einem flachen Trog genau wagrecht gelegten Glasplatten die Lösung auf, aus der sich der Belag von metallischem Silber abscheidet; eine Vorschrift für die Bereitung und den Gebrauch einer solchen Lösung hat bereits Liebig angegeben. Die »Verspiegelung« muß so fest haften, daß sie beim Überwischen mit dem Finger nicht abgeht. Sobald sie richtig angefallen ist, läßt man die ausgenützte Flüssigkeit in den Trog abrinnen, von wo sie zur späteren Rückgewinnung des in ihr noch vorhandenen Edelmetalles in ein Sammelgefäß fließt, spült gründlich ab, versieht mit passenden Stromzuleitungen und hängt in ein Kupferbad besonderer Zusammensetzung. Der Niederschlag aus ihm schützt die zarte Silberhaut weit besser, als es eine Lackierung vermag. Das Verfahren ist nicht nur für gewöhnliche Spiegel recht wichtig geworden, sondern man verkupfert auch die teilweise Verspiegelung der Glühlampen für die Scheinwerfer von Kraftfahrzeugen, sowie die Versilberung der bekannten Rückstrahler aus geripptem Glas für Schaufenster. Die vorstehenden kurzen Andeutungen über die Arbeitsweise mögen genügen, da sie nicht dem Galvanoplastiker zusteht, sondern dem Spiegelmacher.

---

[1] Hierher gehört z. B. das »Metallplastik-Verfahren« der Langbein-Pfanhauser-Werke A.G., bei welchem die leitende Silberschicht auf den zu metallisierenden Stücken bei deren Tauchen in eine mit einem Reduktionsmittel versetzte Silberlösung geeigneter Zusammensetzung entsteht. Vgl. dazu: »Haus- und Küchengeräte-Markt«, Pößneck, Nr. 10 vom 19. 3. 1938. Beim »Colcolor-Verfahren« der Deutschen Gold- und Silber-Scheideanstalt, vorm. Roeßler (»Degussa«) wird in einem Bindemittel aufgeschlämmtes feines Silberpulver mit dem Pinsel auf die Waren aufgetragen und nach dem vollständigen Trocknen des Bindemittels poliert, wobei ein fest haftender, glänzender Belag entsteht. Er mag als Träger für eine weitere Metallisierung dienen. Nach der Ow von Eschingen patentierten Arbeitsweise (D.R.P. 492621, 523946, 563312) dringt eine alkalische Silberlösung in die Haut der behandelten Gegenstände ein, in der sich sodann durch die Einwirkung einer geeigneten Reduktionsflüssigkeit metallisches Silber abscheidet.

Die galvanoplastischen Bäder, ihre Herstellung, Handhabung und Pflege

1. Kupferbäder

Stoffe zum Ansetzen: Kristalliertes Kupfersulfat und konz. Schwefelsäure.

Stoffe zum Richtigstellen: Die eben erwähnten, sowie Kupfercarbonat.

Anoden: Platten aus Elektrolytkupfer oder »Taschen« (S. 198), die mit Abfällen von Galvanos gefüllt sind.

Badegefäße: Wannen aus Steinzeug, aus mit Hartgummi überzogenem Eisenblech und mit Bleiblech ausgeschlagene Holztröge.

In galvanoplastischen Kupferbädern soll auf den eingehängten Formen ein feinkörniger, dichter und zäher Niederschlag anfallen. Ebensoviel Metall, wie sich abscheidet, soll sich an den Anoden lösen, und die Zusammensetzung der Bäder dabei sich möglichst wenig ändern. Die Vorgänge, die in ihnen stattfinden, wenn sie von Strom durchflossen werden, haben wir in einer für uns ausreichenden Art bereits auf den S. 38f. erklärt; auf ihre weitere Erörterung können wir hier nicht eingehen.

Man bereitet die galvanoplastischen oder »sauren« Kupferbäder durch Auflösen von reinem, insbesondere von Eisen freiem, kristallisiertem Kupfersulfat und Ansäuern der blanken Lösung mit reiner konz. Schwefelsäure. Stets bewährt hat sich die Vorschrift, für 1 l des Elektrolyten 200 g Kupfervitriol zu rechnen, nebst 30 g Schwefelsäure, die, wie gesagt rein, vor allem frei von Arsen sein muß. Nach Pfanhauser ist in einem nach dieser Anweisung angesetztem Bad bei 15°:

$$D = 1{,}144$$

die Stromdichte:	bei etwa 15 cm Elektrodenentfernung und der Klemmenspannung:
0,5 A	0,70 A
0,75 ,,	1,05 ,,
1,00 ,,	1,40 ,,
1,25 ,,	1,75 ,,
1,50 ,,	2,10 ,,
1,75 ,,	2,45 ,,
2,00 ,,	2,80 ,,
2,25 ,,	3,15 ,,
2,50 ,,	3,50 ,,
2,75 ,,	3,85 ,,
3,00 ,,	4,19 ,,

Wollen wir jedoch mit einer höheren Stromdichte als 3 A arbeiten, dann setzen wir ein »Schnellgalvanoplastikbad« an, bei dem wir 250 g Kupfervitriol und 3 g Schwefelsäure je 1 l rechnen. Pfanhauser gibt an, daß bei einem solchen Elektrolyten bei 15° ist:

$$D = 1{,}156$$

die Stromdichte:	bei etwa 10 cm Elektrodenentfernung und der Klemmenspannung:
3,0 A	4,8 V
3,5 A	5,6 V
4,0 A	6,4 V
4,5 A	7,2 V
5,0 A	8,0 V
5,5 A	8,8 V
6,0 A	9,6 V

Gegen eine unzulässige Erwärmung der Bäder bei ihrem Betrieb sorgt man durch den Einbau von Kühlschlangen, durch die kaltes Wasser fließt, in die Tröge; die ständige Durchmischung des Elektrolyten besorgt man am besten durch Glasstäbe, die zwischen den Formen und den Anodenplatten schwingen (S. 79). Apparate für das Ballard-Verfahren (S. 194) bedürfen selbstverständlich solcher Rührvorrichtungen nicht, da die aufzukupfernde Walze bei ihrer Drehung die sie umgebende Flüssigkeit ohnehin bewegt. Was die Filtration der Badflüssigkeit anbelangt, verweisen wir den Leser wiederum auf die Darlegungen S. 81 f. Wie man beim Ansetzen eines galvanoplastischen Kupferbades verfährt, wollen wir gleich an einem Beispiel erläutern.

Beispiel.

Es sind 150 l eines gewöhnlichen Plastikbades anzusetzen.

Wir wägen daher ab 200 g × 150 = 30000 g = 30 kg Kupfersulfat und 30 g × 150 = 4500 g = 4,5 kg Schwefelsäure.

Dann füllen wir in das Badgefäß 100 l Wasser, hängen an einer der Leitungsstangen einen Siebkorb aus Steinzeug ein, so daß er bis zu seinem Rand ins Wasser eintaucht und häufen ihn mit einem Teil des abgewogenen Kupfervitriols voll. Dieses wird sich rasch lösen, so daß wir neue Anteile zugeben und so fortfahren können, bis alles Kupfersulfat gelöst ist. Dann gießen wir unter tüchtigem Umrühren die abgewogene Menge Schwefelsäure ins Bad und füllen schließlich auf 150 l auf.

Die beschriebene Art, das Kupfervitriol zu lösen, ist die einzige wirklich zweckmäßige. Würden wir das Salz auf den Boden der Wanne schütten, so würde sich über ihm eine Schicht sehr gesättigter Lösung bilden, die kein weiteres Kupfervitriol aufnimmt, während zwischen ihr und den höheren Schichten der Flüssigkeit im Badgefäß nur ein langsamer Ausgleich der Konzentration stattfindet. Es bedürfte daher eines fortwährenden Umrührens und selbst dann würde das Lösen des Kupfersalzes wesentlich länger dauern, als wenn wir mit dem Siebkorb arbeiten [1]).

Über die Handhabung der Bäder ist eigentlich nicht viel zu sagen. Die Zusammenstellung X 6, S. 235, liefert uns die Beziehungen zwischen der angewandten Stromdichte, der niedergeschlagenen Metallmenge und der Dicke der hergestellten Kupferschicht. Sie muß, wie gesagt, feinkörnig, dicht und zäh sein, von hell fleischroter Farbe. Die Anoden müssen metallisch rein bleiben, Gasentwicklung darf an ihnen nicht auftreten. Feine metallische Flitter, die an der Oberfläche des Bades schwimmen, sind ein Zeichen für die Reinheit des Anoden und schaden nicht, ebensowenig, wie schleimige Gebilde von Schimmelpilzen, die sich merkwürdigerweise häufig ansiedeln.

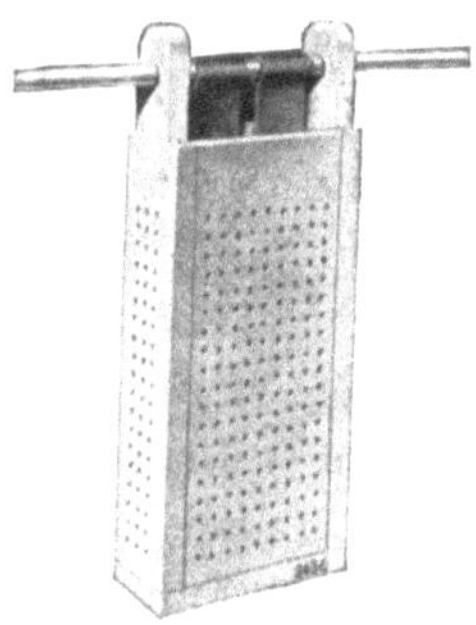

Abb. 95.

Die Anordnung der Anoden und der Formen haben wir bereits auf S. 74 beschrieben; in größeren Betrieben pflegt man übrigens die Abfälle von Galvanos als Anodenmetall zu verwenden, indem man sie im »Taschen« füllt, die an den Anodenstangen hängen (Abb. 95). Unbedingt zu unterlassen ist die Verwendung von Anoden aus gewöhnlichem Kupferblech, denn dadurch können Verunreinigungen in das Bad kommen, die auch in geringer Menge sehr gefährlich und, wenigstens mit den uns zur Verfügung stehenden Mitteln, nicht unschädlich zu machen sind.

Selbstverständlich ändert sich auch die Zusammensetzung eines sorgfältig gepflegten und gut geführten Kupferbades im Laufe der Zeit

[1]) In manchen Betrieben pflegt man den Kupferbädern auch noch Zusätze zu geben, von denen man sich besondere Wirkungen auf die Beschaffenheit des Niederschlages erwartet. Ob dies Zweck hat, will ich dahingestellt sein lassen; Tatsache ist, daß man in altberühmten Banknoten- und Wertpapierdruckereien, mit denen der Verfasser in Verbindung ist, und die wohl an die Güte ihrer Galvanos die höchsten Anforderungen stellt, solche Zusätze nicht macht.

und zwar kann sowohl ein Sinken, als auch ein Ansteigen des Gehaltes an »freier« Schwefelsäure und an Kupfer eintreten.

Was zunächst die Feststellung anbelangt, wie weit diese Veränderungen fortgeschritten sind, überläßt man sie am besten einem fachkundigen Chemiker; ihm teilen wir mit, wie groß bei dem Bad, von dem wir ihm eine Probe vorlegen, sein soll:

A, die Anzahl Litergramme Kupfervitriol,

B, die Anzahl Litergramme »freier« Schwefelsäure.

Wir verlangen von ihm, daß er uns sage:

a, die Anzahl Litergramme Kupfervitriol, um die zu viel oder zu wenig vorhanden ist, und

b, die Anzahl Litergramme »freier« Schwefelsäure, um die zu viel oder zu wenig da ist.

Dann verfahren wir nach den Anweisungen der folgenden Zusammenstellung:

<table>
<tr><th>Fall:</th><th>Gehalt an Kupfervitriol Litergramme</th><th>Gehalt an Schwefelsäure Litergramme</th><th>Maßnahme:</th></tr>
<tr><td>I</td><td>A — a</td><td rowspan="3">B — b</td><td>Zusatz a Litergramme Kupfervitriol
Zusatz b Litergramme Schwefelsäure.</td></tr>
<tr><td>II</td><td>A</td><td>Zusatz b Litergramme Schwefelsäure.</td></tr>
<tr><td>III</td><td>A + a</td><td>Je Liter $\frac{a}{A + a}$ Liter Bad durch Wasser ersetzen
$\frac{Ab + Ba}{A + a}$ Gramme Schwefelsäure zufügen.</td></tr>
<tr><td>IV</td><td>A — a</td><td rowspan="3">B</td><td>Zusatz a Litergramme Kupfervitriol.</td></tr>
<tr><td>V</td><td>A</td><td>Keine</td></tr>
<tr><td>VI</td><td>A + a</td><td>Je Liter $\frac{a}{A + a}$ Liter Bad durch Wasser ersetzen,
$\frac{B a}{A + a}$ Gramme Schwefelsäure zufügen.</td></tr>
<tr><td rowspan="3">VII</td><td rowspan="3">A — a</td><td rowspan="3">B + b</td><td>1) a ist größer als 2,55 b. Absättigen von b Litergrammen Schwefelsäure, Zusatz von a - 2,55 b Litergrammen Kupfervitriol.</td></tr>
<tr><td>2) a = 2,55 b. Absättigen von b Litergrammen Schwefelsäure.</td></tr>
<tr><td>3) a ist kleiner als 2,55 b. Absättigen von $\frac{A b + B a}{2,55 B + A}$ Litergrammen Schwefelsäure,
dann je Liter $\frac{2,55 b - a}{2,55 (B + b) + A - a}$
Liter durch Wasser ersetzen.</td></tr>
</table>

<table>
<tr><th>Fall:</th><th>Gehalt an Kupfervitriol Litergramme:</th><th>Gehalt an Schwefelsäure Litergramme:</th><th>Maßnahme:</th></tr>
<tr><td>VIII</td><td>A</td><td rowspan="4">B + b</td><td>$\frac{A\,b}{2,55\;B + A}$ Litergramme Schwefelsäure absättigen, dann je Liter $\frac{2,55\;b}{2,55\;(B + b) + A}$ Liter durch Wasser ersetzen.</td></tr>
<tr><td rowspan="3">IX</td><td rowspan="3">A + a</td><td>1) $\frac{a}{A+a}$ ist größer als $\frac{b}{B+b}$. Je Liter $\frac{a}{A+a}$ Liter durch Wasser ersetzen, dann $\frac{B\,a - A\,b}{A + a}$ Litergramme Schwefelsäure zufügen.</td></tr>
<tr><td>2) $\frac{a}{A + a} = \frac{b}{B + b}$. Je Liter Bad $\frac{a}{A + a}$ Liter durch Wasser ersetzen.</td></tr>
<tr><td>3) $\frac{a}{A + a}$ ist kleiner als $\frac{b}{B + b}$. Absättigen von $\frac{A\,b - B\,a}{2,55\,B + A}$ Litergrammen Schwefelsäure, dann je Liter $\frac{2,55\,b + a}{2,55(B+b)+A+a}$ Liter durch Wasser ersetzen.</td></tr>
</table>

Bei der Durchrechnung eines Beispieles wollen wir uns klar machen, wie die Zusammenstellung zu gebrauchen ist.

Beispiel.

Bei der Untersuchung eines Kupferbades von 350 l, welches je 1 Liter 200 g Kupfervitriol und 20 g Schwefelsäure enthalten soll, wurde festgestellt, daß nur mehr 188 g Kupfervitriol, dagegen 35 g Säure vorhanden sind. Das Bad soll auf die richtige Zusammensetzung eingestellt werden. Es ist A = 200 und a = 12, ferner B = 20 und b = 15, daher 2,55 b = 38,25, somit a kleiner als 2,55 b, so daß der Fall VII 3) vorliegt. Es sind je 1 l:

$$\frac{A\,b + B\,a}{2,55\;B + A}\ \text{Gramme} = \frac{200 \cdot 15 + 20 \cdot 12}{2,55 \cdot 20 + 200}\ \text{Gramme}$$

= rund 12,9 g Schwefelsäure abzusättigen, im ganzen also 12,9 g × 350 = 4515 g = rund 4,52 kg, und sodann je 1 l:

$$\frac{2,55\;b - a}{2,55\;(B + b) + A - a}\ \text{Liter} = \frac{2,55 \cdot 15 - 12}{2,55 \cdot 35 + 200 - 12}\ \text{Liter}$$

= 0,095 l Bad durch Wasser zu ersetzen, im ganzen also 0,095 l × 350 = 33,25 l.

Zum Absättigen eines Überschusses an freier Schwefelsäure verwenden wir, wenn ein solches Absättigen nötig ist, ein von einem verläßlichen Hause bezogenes reines basisches Kupfercarbonat, bei dessen Einkauf wir uns erkundigt haben, welche Menge von ihm je 1 g abzusättigender Säure aufzuwenden ist. Ist das Gut, so wie es sein muß, eine reine Kupferverbindung, so wächst beim Arbeiten mit ihr je 1 g abgesättigter Säure der Gehalt des Bades an Kupfervitriol um rund 2,55 g.

Schlimm steht es, wenn uns der Chemiker, dem wir eine Probe eines galvanoplastischen Kupferbades zur Bestimmung der Litergramme Kupfervitriol und Schwefelsäure vorgelegt haben, mitteilt, daß es nennenswerte Mengen Eisen enthält. Man mag ja immerhin versuchen, es nach den eben gegebenen Anweisungen richtigzustellen — verschwinden die Mängel des Niederschlages, die man bemerkt hat, trotzdem nicht, dann bleibt eben nichts übrig, als es abzusetzen und ein neues zu bereiten. Ein Verfahren, das Eisen aus einem galvanoplastischen Kupferbad zu entfernen, gibt es leider nicht, jedoch ein sicheres Mittel, es zu verhindern, daß es sich in ihm anreichert. Man verwende nur wirklich reines Kupfervitriol zur Herstellung und zum Nachsättigen eines solchen Bades, das man von einer verläßlichen Firma bezieht und für das man selbstverständlich den angemessenen Preis bezahlen muß.

2. Eisenbäder

Stoffe zum Ansetzen für die gewöhnlichen Bittersalzbäder: Eisen(II)-sulfat und Magnesiumsulfat.

Stoff zum Richtigstellen: Magnesiumcarbonat.

Anoden: sogenannte »Tiefziehbleche« aus weichem, an Kohlenstoff armen Eisen.

Badgefäße: Wie bei den Kupferbädern.

Eisenbäder, nämlich die sogenannten »Bittersalzbäder, deren Aufbau wir gleich kennenlernen werden, verwendete man früher und verwendet sie an manchen Stellen noch heute bei der Herstellung der Tiefdruckplatten für den Druck von Banknoten, Stempeln, Briefmarken und Wertpapieren. Der Eisenniederschlag enthält nämlich, wenn ein Bad richtig geführt wird, Wasserstoff, der ihm große Härte verleiht.

Man kann so vorgehen, daß man ein in der üblichen Art hergestelltes Kupfergalvano für kurze Zeit im Eisenbad »verstählt«. Der Niederschlag darf selbstverständlich nur dünn sein, da ja sonst die Feinheiten der Platte leiden würden, aber auch bei sehr geringer Dicke erhöht er doch schon ihre Widerstandsfähigkeit gegen die Abnützung beim Druck. Ein solches Verstählen ist jedoch nicht mehr zulässig, wenn es sich um die Wiedergabe von Ursprungsplatten handelt, deren Feinheiten nicht im geringsten verwischt werden dürfen, wie es eben beim Banknotendruck verlangt wird. Man arbeitete dann nach dem folgenden Gang:

Zeichnung tief:		Zeichnung hoch:
Ursprungsplatte	⟶	Abpressung in Wachsmasse
↓		
1. Kupfergalvanos	⟶	2. Kupfergalvano
↓		
Eisengalvano für den Druck		

Es ist nämlich nicht möglich, auf graphitierten Wachsformen unmittelbar Eisen niederzuschlagen. Man fertigte daher von der Wachspressung nach der Ursprungsplatte ein 1. Kupfergalvano an, nahm von diesem in der auf S. 191 f. beschriebenen Art ein 2. Kupfergalvano, auf dem die Zeichnung »hoch« stand, versah es durch kurzes Einhängen in ein Arsenbad mit einer »Trennschicht« und brachte es nunmehr in das Eisenbad. Es genügte, den Eisenniederschlag zu einer Dicke von etwa 0,05 mm anwachsen zu lassen und ihn nach kurzem Vernickeln auf der Rückseite im Kupferplastikbad zu verstärken, um ein Galvano zu gewinnen, von dem man schon recht beträchtliche Auflagen drucken konnte, ohne daß es sich merklich abnützte. Aber auch die Herstellung einer so dünnen Eisenhaut dauerte noch recht lange, da man in einem kalten Bittersalzbad Stromdichten von 0,03 bis 0,05 A nicht überschreiten durfte.

Ein solches, auch für das Verstählen von Druckplatten, Rundstereotypen und Metallgegenständen überhaupt gut geeignetes Bad erhält man nun, wenn man für 1 l des Elektrolyten 125 g reines, kristallisiertes Eisensulfat und 140 g Magnesiumsulfat auflöst. Über die Stromdichten wurde das Nötige eben gesagt — wenn man die Bäder erwärmt, kann man sie etwas erhöhen und bis etwa 0,2 A hinaufgehen. Besser ist es jedoch, in kalten Bädern zu arbeiten und bei den niederen Stromdichten zu bleiben. Man ist dann sicherer, zu einem guten Ergebnis zu kommen und ferner verderben die Lösungen auch nicht so rasch.

Auch ein Eisenbad ändert nämlich im Lauf der Zeit seine Zusammensetzung und zwar zeigt es vor allem die Neigung sauerer zu werden,

---

[1]) Vorgeschlagen von Hazura, haben Eisennickelbäder wohl nur an wenigen Stellen Eingang gefunden. Als Anoden verwendete man in ihnen, um ihre Zusammensetzung, wenigstens halbwegs, aufrecht zu erhalten, Gitter aus Eisendrähten und Nickeldrähten.

als dies zulässig ist. Auf die Gründe dieser Veränderung wollen wir nicht weiter eingehen, sondern bloß bemerken, daß das Bad blaues Lackmuspapier nur ganz schwach violett färben darf. Schon eine hellviolette Färbung des Lackmuspapieres ist verdächtig, bei einer schwachroten aber muß man unbedingt eingreifen, d. h. das Bad neutralisieren. Dies geschieht durch Eintragen und Verrühren von Magnesiumcarbonat, mit dem man solange fortfährt, bis der gewünschte Zweck erreicht ist. Um einem Sauerwerden der Bäder von vornherein vorzubeugen, pflegte man in manchen Anstalten in die Flüssigkeit Leinwandsäckchen einzuhängen, die mit Magnesiumcarbonat gefüllt waren. Mit der erwärmten Veränderung geht eine zweite Hand in Hand, nämlich die Bildung brauner unlöslicher Flocken und Häute von Eisenoxydverbindungen aus den im Bad gelösten Eisensalzen und dem Sauerstoff der Luft. Sie schreitet besonders rasch fort, wenn die Bäder erwärmt werden. Es läßt sich gegen den Vorgang nicht viel tun — haben sich einmal zu reichliche Mengen von Eisenoxyd angesammelt, so muß man das Bad abstellen und ein neues ansetzen.

Wie man aus den vorstehenden Darlegungen ersieht, haben Bittersalzbäder recht unangenehme Eigenschaften. Es ist daher erfreulich, daß ihr Gebrauch in der graphischen Galvanoplastik heute bereits als veraltet gelten kann. An die Stelle der mit Kupfer verstärkten Eisengalvanos und Nickeleisengalvanos, aus denen man durch entsprechende Vollendungsarbeiten flache Tiefdruckplatten herstellte, sind verchromte Kupfergalvanos und nunmehr mit Kupfer verstärkte verchromte Nickelgalvanos getreten, die, auf die Zylinder der neuzeitigen Linientiefdruckmaschinen gespannt, den höchsten Anforderungen genügen.

Die wertvollen Eigenschaften elektrolytischen Eisens bewogen die Elektrochemiker übrigens bald, nach Bädern zu suchen, in denen man mit höheren Stromdichten arbeiten kann, als dies in Bittersalzbädern, auch wenn sie erwärmt sind, angeht. Der Erste, der Erfolg hatte, war Merck, der vorschlug, als Bad eine auf 70° erwärmte Lösung reinen Eisenchlorürs zu verwenden. Es gelang ihm, mit Stromdichten von etwa 1 A mehrere Millimeter dicke Eisenniederschläge von einwandfreier Beschaffenheit auszuscheiden. Er ließ sich sein Verfahren durch das D.R.P. Nr. 126839 schützen. Noch weiter kam F. Fischer, der 1908 das D.R.P. 212994 (Zusatzpatent 822893) erhielt, nämlich zu Stromdichten bis gegen 10 A in Lösungen, wie man eine solche z. B. durch Eintragen von 450 g Eisenchlorür und 500 g Calziumchlorid in 750 cm^3 Wasser erhält und in emaillierten Eisenwannen heiß verwendet. Wichtig ist es, durch zeitgerechtes Zugeben verdünnter Salzsäure dafür zu sorgen, daß das Bad stets genügend sauer — pH =

2,9 bis 3,3 — bleibe. Dann ist nach den Angaben Pfanhausers bei einer mittleren Entfernung zwischen den Elektroden

die Stromdichte:	bei der Klemmenspannung:
3 A	1,4 V
10 A	4,5 V

3. Nickelbäder

Für galvanoplastische Zwecke brauchbare, feinkörnige, dichte und zähe Nickelniederschläge kann man heute eigentlich aus jedem gut geführten »Hochleistungsbad« gewinnen, und zwar, wenn man sich Mühe gibt, auch auf graphitierten Wachsformen. Besonderer Erörterungen über galvanoplastische Nickelbäder bedarf es daher nicht. Sollen dicke Niederschläge hergestellt werden, wie es z. B. zur Herstellung von» Matern« (vgl. S. 192), dann ist es allerdings nötig, durch zweckmäßige Einrichtungen dafür zu sorgen, daß nicht etwa am Metall sich ansetzende Gasblasen die Ursache von Löchern im abgeschiedenen Metall werden.

4. Silberbäder

Galvanoplastische Silberbäder, deren Bedeutung eine recht geringe ist, setzt man genau so an, wie es S. 132ff. beschrieben ist und betreibt sie mit Stromdichten von 0,3 bis 0,5 A. Da Formen aus der S. 184 beschriebenen Wachsmasse in dem laugenhaften Bad angegriffen würden, verwendet man Gipsformen, welche man in der auf S. 188 erläuterten Art imprägniert, jedoch nicht mit Stearinsäure, sondern mit Zeresine. Es genügt, sie sorgfältig zu graphitieren; ist man in der Lage, sie durch »Elektrodenzerstäubung« (vgl. S. 193) leitend zu machen, um so besser.

5. Goldbäder

Die Herstellung von Goldplastiken kommt für den erwerbstätigen Fachmann überhaupt nicht in Betracht; wer sich als Liebhaber mit ihr befassen will möge es mit dem S. 160 angegebenen Ansatz Pawecks versuchen. Was die immer wiederkehrenden Vorschläge anbelangt, die Edelmetallplastik in die Zahntechnik einzuführen, verweist der Verfasser auf die Bemerkung S. 193. Es ist sicherlich immer gut, mit Voraussagungen recht vorsichtig zu sein — trotzdem glaubt er annehmen zu dürfen, daß auch weiteren solchen Vorschlägen bei der Vollkommen heit, welche die Guß- und Prägeverfahren des Faches erreicht haben, kaum Erfolg beschieden sein wird.

Die Vollendungsarbeiten der Galvanoplastik

Wir können im Rahmen dieses Buches nicht darauf eingehen, die mannigfaltigen Arbeiten, sowie die Geräte und Maschinen zu schildern, deren es zur Herstellung der fertigen Werkstücke aus Galvanos bedarf, als etwa von Druckstöcken, Tiefdruckplatten, Matern für den Schriftguß und Prägeplatten für Schallplatten. Wir begnügen uns damit, zu schildern, wie gewöhnliche Kupfergalvanos ausgefertigt werden. Über das Abnehmen von ihren Wachsformen ist weiter nichts zu sagen; in großen Betrieben bedient man sich dabei häufig eigener Tische, auf deren erwärmte und leicht geneigte Metallplatte die Galvanos samt den Wachsformen gelegt werden. Das Wachs schmilzt und läuft wegen der Neigung der Platte gleich wieder in einem an ihrem Ende aufgestellten Schmelzkessel, dem es zu neuerlichem Gebrauch entnommen werden kann.

Beim Reinigen gewöhnlicher Galvanos verfährt man am besten in der Art, daß man sie über einer Flamme erhitzt und noch heiß in verdünnter Schwefelsäure abbeizt, worauf sie einer Bearbeitung mit Bürsten unterzogen werden können. Galvanos nach Zinkätzungen und ähnlichen Modellen, bei welchen alle Feinheiten des Originals wiedergegeben werden sollen, muß man allerdings vorsichtiger behandeln und sie unter Zuhilfenahme von Petroleum, Benzin, Schlämmkreide und Spiritus säubern.

Ist die erforderliche Reinigung durchgeführt, so »verzinnt« man die Galvanos auf der Rückseite. Man legt sie dazu auf ein geeignetes Gestell, verteilt auf der nach oben gekehrten Rückseite eine gekörnte Legierung von 50 Gewichtsteilen Blei mit 50 Gewichtsteilen Zinn und läßt dann die Flamme der Lötpistole spielen. Die Legierung kann man sich selbst herstellen, da ja beide Metalle leicht schmelzbar sind. Das Körnen geschieht durch Eingießen des geschmolzenen Gutes in dünnem Strahl in ein Gefäß mit kaltem Wasser. Recht praktisch sind zum Verzinnen auch dünne Bleche aus der erwähnten oder einer ähnlichen Legierung, wie sie von verschiedenen Firmen seit einiger Zeit in den Handel gebracht werden. Man schneidet ein Stück von passender Größe ab, legt es auf die Rückseite des Galvanos und setzt die Lötpistole in Tätigkeit.

Nun werden gewöhnliche Galvanos noch mit einer passenden Metallsäge beschnitten, die, wie eine Laubsäge, von Hand geführt wird oder von einer Maschine betrieben werden kann und dann sind sie zur Lieferung fertig. Die beim Beschneiden sich ansammelnden Kupferabfälle bewahrt man selbstverständlich auf und verwertet sie bei passender Gelegenheit, etwa beim Einkauf von Anoden, als Altmetall.

Einige Zusammenstellungen

I. Die für den Galvanotechniker wichtigsten Grundstoffe,

ihre Zeichen, Eigenschaften und Atomgewichte. Smp. = Schmelzpunkt, Sdp. = Siedepunkt, Sp.W. = Spezifischer Widerstand (vgl. S. 35), D = Dichte. Unter der Dichte eines Stoffes versteht man jene Zahl, die angibt, um wieviel mal 1 l dieses Stoffes bei 15° schwerer ist als 1 kg. Wenn wir also lesen, daß D von Gold 19,25 ist, besagt dies, daß 1 l Gold 19,3 kg wiegt, daher 1 ccm Gold 19,3 g und zwar bei 15°. Die Sp. W. sind für Zimmertemperatur angegeben.

Name des Grundstoffes	Eigenschaften des Grundstoffes	Zeichen für den Grundst ff	Atom-gewicht
Aluminium	Bekanntes Leichtmetall, dessen Legierungen als »Austauschwerkstoffe« große Bedeutung gewonnen haben, Smp. 658°, D 2,70, Sp.W. 0,027	Al	26,97
Antimon	Metallähnlicher Stoff, Smp. 630°, D 6,7	Sb	121,76
Arsen	Metallähnlicher Stoff von dunkelgrauer Farbe, D 5,73	As	74,91
Barium	Wenig beständiges Leichtmetall, D 3,6	Ba	137,36
Blei	Smp. 327°, D 11,34, Sp.W. 0,210	Pb	207,22
Cadmium	Das Ansehen blanken Cadmiums ist ähnlich dem des Silbers, Smp. 321°, D 8,64, Sp.W. 0,076	Cd	112,41
Calcium	Wenig beständiges Leichtmetall, D 1,6	Ca	40,08
Chlor	Bei Zimmertemperatur und gewöhnlichem Druck ein gelbgrünes, stechend riechendes, giftiges Gas, dichter als Luft	Cl	35,457
Chrom	Dem Eisen ähnliches und verwandtes Metall, Smp. etwa 1550°, D 6,9	Cr	52,01
Eisen	Smp. 1525°, D 7,85—7,88, Sp.W. von Draht und Blech 0,120—0,140	Fe	55,84
Gold	Smp. 1063°, D 19,3, Sp.W. 0,024	Au	197,2
Kalium	Wenig beständiges Leichtmetall, D 0,86	K	39,096
Kobalt	Dem Eisen ähnliches und verwandtes Metall, Smp. 1490°, D 8,83, Sp.W. 0,10	Co	58,94
Kohlenstoff	Sorgfältig gereinigter Grafit ist fast reiner, farbloser Diamant ganz reiner, kristallisierter Kohlenstoff	C	12,0
Kupfer	Smp. 1084, D 8,93, Sp.W. 0,0163—0,0175	Cu	63,57

Name des Grundstoffes	Eigenschaften des Grundstoffes	Zeichen für den Grundstoff	Atomgewicht
Magnesium ..	Mit blendend weißer Flamme zu Magnesiumoxyd verbrennendes Leichtmetall, das Deutsche Leichtmetall, dessen Legierungen als »Austauschwerkstoffe« große Bedeutung gewonnen haben. Smp. 650°, D 1,75	Mg	24,32
Natrium	Wenig beständiges Leichtmetall, D 0,97 ..	Na	22,997
Nickel	Dem Eisen ähnliches und verwandtes Metall, Smp. 1452°, D 8,80, Sp.W. 0,110—0,130	Ni	58,69
Palladium ...	Eines der sechs Platinmetalle, Smp. 1557°, D 11,9	Pd	106,7
Phosphor	Bekannte Formen im Handel: giftiger, selbstentzündlicher, gelber Phosphor; ungiftiger, nicht selbstentzündlicher roter Phosphor; hellroter, sogenannter Schenkscher Phosphor	P	31,02
Platin	Das bekannteste der sechs Platinmetalle. Smp. 1762°, D 21,4, Sp.W. 0,110	Pt	195,23
Quecksilber ..	Das einzige bei Zimmertemperatur flüssige Metall, Smp. —38,9°, Sdp. 357°, D 13,6, Sp.W. 0,958	Hg	200,61
Rhodium	Eines der sechs Platinmetalle, Smp. 1966°, D 12,4	Rh	102,91
Sauerstoff	Farb- und geruchloses Gas, einer der beiden Hauptbestandteile der Luft, von der ein Raumteil rund 21 Raumteile Sauerstoff und rund 79 Raumteile Stickstoff enthält, nebst den »Edelgasen« Helium, Argon, Neon, Krypton und Xenon	O	16,0
Schwefel	Im Handel bekannte Formen: Stangenschwefel, Schwefelblüten	S	32,06
Silber	Smp. 961°, D 10,5, Sp.W. 0,0163	Ag	107,88
Stickstoff	Farb- und geruchloses Gas. Vgl. Sauerstoff	N	14,008
Wasserstoff ...	Farb- und geruchloses, mit sehr heißer Flamme (Knallgasgebläse), die nicht »oxydiert« (Bleilöterei), verbrennendes Gas. Seine D ist rund vierzehnmal geringer als die der Luft, daher Verwendung zum Füllen von Luftballons	H	1,0078
Wismut	Silberweißes Metall, Smp. 271°, D 9,8, Sp.W. 1,19	Bi	209,0
Zink	Smp. 419°, D 7,1, Sp.W. 0,059	Zn	65,38
Zinn	Smp. 232°, D 7,29, Sp.W. 0,110—0,140 ..	Sn	118,7

II. Vollständiges Verzeichnis der Grundstoffe,
ihrer Zeichen und der Atomgewichte

Ag	Silber	107.880	Mo	Molybdän	96.0
Al	Aluminium	26.97	N	Stickstoff	14.008
Ar	Argon	39.944	Na	Natrium	22.997
As	Arsen	74.91	Nb	Niobium	92.91
Au	Gold	197.2	Nd	Neodym	144.27
B	Bor	10.82	Ne	Neon	20.183
Ba	Barium	137.36	Ni	Nickel	58.69
Be	Beryllium	9.02	O	Sauerstoff	16.0000
Bi	Wismut	209.00	Os	Osmium	191.5
Br	Brom	79.916	P	Phosphor	31.02
C	Kohlenstoff	12.00	Pb	Blei	207.22
Ca	Calcium	40.08	Pd	Palladium	106.7
Cd	Cadmium	112.41	Pr	Praseodym	140.92
Ce	Cerium	140.13	Pt	Platin	195.23
Cl	Chlor	35.457	Ra	Radium	226.05
Co	Kobalt	58.94	Rb	Rubidium	85.44
Cp	Cassiopeium	175.0	Re	Rhenium	186.31
Cr	Chrom	52.01	Rh	Rhodium	102.91
Cs	Cäsium	132.91	Ru	Ruthenium	101.7
Cu	Kupfer	63.57	S	Schwefel	32.06
Dy	Dyprosium	162.46	Sb	Antimon	121.76
Er	Erbium	167.64	Sc	Scandium	45.10
Eu	Europium	152.0	Se	Selen	78.96
F	Fluor	19.000	Si	Silicium	28.06
Fe	Eisen	55.84	Sm	Samarium	150.43
Ga	Gallium	69.72	Sn	Zinn	118.70
Gd	Gadolinium	157.3	Sr	Strontium	87.63
Ge	Germanium	72.60	Ta	Tantal	180.88
H	Wasserstoff	1.0078	Tb	Terbium	159.2
He	Helium	4.002	Te	Tellur	127.61
Hf	Hafnium	178.6	Th	Thorium	232.12
Hg	Quecksilber	200.61	Ti	Titan	47.90
Ho	Holmium	163.5	Tl	Thallium	204.39
In	Indium	114.76	Tm	Thulium	169.4
Ir	Iridium	193.1	U	Uran	238.14
J	Jod	126.92	V	Vanadium	50.95
K	Kalium	39.096	W	Wolfram	184.0
Kr	Krypton	83.7	X	Xenon	131.3
La	Lanthan	138.92	Y	Yttrium	88.92
Li	Lithium	6.940	Yb	Ytterbium	173.04
Mg	Magnesium	24.32	Zn	Zink	65.38
Mn	Mangan	54.93	Zr	Zirkonium	91.22

III. Einige für den Galvanotechniker wichtige Stoffe.

Wo dies dem Verfasser angemessen schien, ist beim Namen eines Stoffes seine chemische Formel angeführt. In der Spalte »Eigenschaften« steht dann, wenn nötig, auch das Molekulargewicht des betreffenden Stoffes und allenfalls ein Vermerk über seinen Gehalt an Schwermetall. Bei Kupfersulfat findet der Leser z. B. unter »Eigenschaften« die Zahlen 249,708 — 0,2546/3, 9281. Die erste, also 249,708, ist das Molekulargewicht von $CuSO_4 \cdot 5\,H_2O$. Weiter bedeutet 0,2546/3, 9281, daß in 1 Gewichtsteil Kupfersulfat 0,2546 Gewichtsteile Kupfer enthalten sind und daß umgekehrt 1 Gewichtsteil Kupfer in 3,9281 Gewichtsteilen Kupfersulfat steckt. Hat man also etwa 250 g reinen Kupfervitrioles mit Wasser zu 1 Liter gelöst, dann sind in dieser Lösung 0,2546 g Kupfer × 250 = rund 63,7 g Kupfer vorhanden. Will man dagegen eine Lösung von Kupfersulfat bereiten, die je 1 Liter 40 g Kupfer enthält, so rechnet man folgendermaßen. Laut unseres Vermerkes steckt 1 g Kupfer in 3,9281 g kristallisierten Kupfersulfates; für 40 g Kupfer muß man daher 3,9281 g Kupfersulfat × 40 = rund 157,1 g Kupfersulfat nehmen [1]). Smp. = Schmelzpunkt, Sdp. = Siedepunkt, D = Dichte. Unter der Dichte eines Stoffes versteht man jene Zahl die angibt, um wievielmal 1 l des Stoffes bei 15° schwerer ist als 1 kg. Wenn wir also lesen, daß D von Alkohol 0,789 ist, besagt dies, daß 1 l Alkohol 0,789 kg wiegt und zwar bei 15°. Die für den Galvanotechniker wichtigen Grundstoffe, also auch die für ihn wichtigen Metalle findet der Leser, nebst ihren Eigenschaften, in der Zusammenstellung I.

Name des Stoffes	Eigenschaften
Aceton, Dimethylketon, C_3H_6O	Eigentümlich riechende, farblose, mit Wasser mischbare Flüssigkeit. Sdp. 56°, D 0,792.
Alaun, Kaliumalaun, Römischer Alaun, $AlK(SO_4)_2 \cdot 12\,H_2O$	Durchsichtige, farblose Kristalle, gemahlen weißes Pulver. Lsl. in Wasser.
Alkohol, Äthylalkohol, Weingeist, C_2H_6O	Farblose, brennbare, mit Wasser mischbare Flüssigkeit mit dem bekannten Geruch. Sdp. 78°, D 0,789. Ganz reiner, durch besondere Destillationsverfahren hergestellter Alkohol nimmt aus der Luft sofort Wasser auf. Daher enthält auch ein als »reiner Alkohol« gehandeltes Gut stets ein wenig Wasser.
Ammoniak, Salmiakgeist	Stechend riechende, wasserklare Flüssigkeit, Auflösung des Gases Ammoniak, NH_3, in Wasser.

[1]) Vergl. hierzu S. 9.

Name des Stoffes	Eigenschaften
	Wenn man die Lösung andauernd kocht, entweicht das NH_3 aus ihr. Starke Lauge, färbt eingetauchtes rotes Lackmuspapier blau und ebenso wird ein über die Flüssigkeit gehaltener feuchter Streifen roten Lackmuspapieres blau.
Ammoniaksoda s. Natriumcarbonat	
Ammoniumalaun, $Al(NH_4)(SO_4)_2 \cdot 12H_2O$	Unterscheidet sich vom gewöhnlichen Alaun, dem Kaliumalaun, dem er sonst ziemlich ähnlich ist, dadurch, daß eine wässrige Lösung, wenn man sie mit Ätznatron oder Ätzkali versetzt und erwärmt, nach Ammoniak riecht.
Ammoniumchlorid, Chlorammonium, Salmiak, Salmiaksalz, NH_4Cl	Kommt für unsere Zwecke als weißes Kristallpulver, für die Lötarbeit in durchscheinenden, weißen Stücken in den Handel. Leicht lsl. in Wasser.
Ammoniumkobaltsulfat s. Kobaltammoniumsulfat	
Ammoniumnickelsulfat s. Nikkelammoniumsulfat	
Ammoniumpersulfat $(NH_4)_2 S_2O_8$	Durchscheinende weiße Kristalle, leicht lsl. in Wasser.
Ammoniumsulfat, schwefelsaures Ammonium $(NH_4)_2 SO_4$	Durchsichtige, farblose Kristalle, leicht lsl. in Wasser.
Ammoniumsulfid s. Schwefelammonium	
Antimonchlorid, $SbCl_5$	Gelblichrote Flüssigkeit, die sich beim Vermischen mit Wasser trübt. Ätzend und giftig.
Arsenigsäureanhydrid, Arsenige Säure, Arsenik, As_2O_3	Weißer, in Wasser schwer lsl. Stoff, jedoch leicht lsl. in einer wässrigen Lösung von Natriumhydroxyd oder Kaliumhydroxyd. Sehr giftig.
Ätzbarit s. Bariumhydroxyd	
Ätzkali s. Caliumhydroxyd	
Ätzkalk s. Calciumhydroxyd	
Ätznatron s. Natriumhydroxyd	
Bariumchlorid, Chlorbarium, $BaCl_2 \cdot 2H_2O$	Weiße, durchscheinende Kristalle, leicht lsl. in Wasser, sehr giftig.
Bariumcyanid, Cyanbarium, $Ba(CN)_2 \cdot 2H_2O$	Weißer, in Wasser leicht lsl. Stoff. Eine wässrige Lösung reagiert alkalisch, sie färbt also rotes Lackmuspapier blau. Durch die »Kohlensäure« der Luft wird sie zersetzt, ebenso wie festes Bariumcyanid, daher in verschlossenen Gefäßen aufbewahren! Sehr giftig.

Name des Stoffes	Eigenschaften
Bariumcarbonat, Kohlensaures Barium, $BaCO_3$	Weißes Pulver, nicht lsl. in Wasser, dagegen leicht in Säuren, unter Aufbrausen, ähnlich wie Calciumcarbonat. Sehr giftig.
Bariumhydroxyd, Ätzbarit, $Ba(OH)_2 \cdot 8H_2O$	Durchsichtige, an der Oberfläche gewöhnlich mit einem Anflug von Bariumcarbonat bedeckte, daher weiße Kristalle, lsl. in Wasser zu einer starken Lauge. Diese trübt sich, wie eine Lösung von Bariumcyanid, beim Stehen an der Luft, aus der sie »Kohlensäure« aufnimmt, wobei nicht lsl. Bariumcarbonat entsteht. Aufzubewahren wie Bariumcyanid, sehr giftig.
Bariumsulfat, schwefelsaures Barium, $BaSO_4$	In Wasser nicht lsl. weißer Stoff, nicht giftig.
Bergblau s. Kupfercarbonat	
Bienenwachs	Nahezu rein weiße bis dunkelbraune Stücke von aromatischem Geruch. Wird durch die verschiedensten Zusätze verfälscht, daher muß man beim Einkauf »analysenreines, nicht gebleichtes Naturwachs« verlangen. Gebleichtes Wachs, auch wenn rein, kommt für den Galvanoplastiker nicht in Betracht.
Bittersalz s. Magnesiumsulfat	
Blauer Vitriol s. Kupfersulfat	
Blausaures Kalium und Natrium s. Kaliumcyanid und Natriumcyanid	
Bleiacetat, essigsaures Blei, Bleizucker, $Pb(C_2H_3O_2)_2 \cdot 3H_2O$	Weiße, glänzende Nadeln, leicht lsl. in Wasser. Widerlich süßlicher Geschmack, daher der Name »Bleizucker«, sehr giftig. 379,32—0,5463/1,8305.
Bleiglätte s. Bleioxyd	
Bleinitrat, salpetersaures Blei, $Pb(NO_3)_2$	Weißer, kristallisierter Stoff, leicht lsl. in Wasser, giftig. 331,24—0,6256/1,5989.
Bleioxyd, Bleiglätte, PbO	Gelbes, in Wasser nicht lsl. Pulver, dagegen lsl. in wässrigen Lösungen von Ätznatron oder Ätzkali. Giftig. 223,22—0,9283/1,0772.
Bleizucker s. Bleiacetat	
Blutlaugensalz gelbes s. Kaliumferrocyanid	
Borsäure, H_3BO_3	Glänzende weiße Kristallschuppen, wenig lsl. in kaltem, aber leicht lsl. in heißem Wasser. Schwache Säure; eine wässrige Lösung färbt zwar blaues Lackmuspapier rot, aber rotes Kongopapier nicht blau.

Name des Stoffes	Eigenschaften
Cadmiumcyanid s. Schwermetallcyanide	
Cadmiumcarbonat, $CdCO_3$	Weißes Pulver, in Wasser nicht lsl., dagegen in Säuren, unter Aufbrausen und Entweichen von »Kohlensäure« und ferner in wässrigen Lösungen von Kaliumcyanid oder Natriumcyanid. Giftig.
Cadmiumsulfat, Schwefelsaures Cadmium, $3CdSO_4 \cdot 8H_2O$	Weiße, durchsichtige Kristalle, lsl. in Wasser, giftig.
Calciumcarbonat, Kohlensaures Calcium, Kohlensaurer Kalk $CaCO_3$	Weißer Marmor und Schlämmkreide, ein zartes, weißes Pulver, sind nahezu reines Calciumcarbonat. Nicht lsl. in Wasser, dagegen unter Aufbrausen in Säuren. Es entweicht das Gas Kohlendioxyd (»Kohlensäure«).
Calciumchlorid, Chlorcalcium, $CaCl_2$	Weißer, in Wasser so leicht lsl. Stoff, daß er schon beim Liegen an der Luft, aus der er Feuchtigkeit anzieht und zerfließt.
Calciumhydroxyd, Ätzkalk, gelöschter Kalk, $Ca(OH)_2$	Entsteht beim »Löschen« von »gebranntem Kalk« (s. Calciumoxyd) mit Wasser unter starker Erwärmung und Zerfallen der Stücke zu einem weißen Pulver, das in Wasser nur wenig lsl. ist. Die wässrige Lösung (»Kalkwasser«) trübt sich beim Stehen an der Luft, aus der sie Kohlendioxyd (»Kohlensäure«) anzieht, wobei nicht lsl. Calciumcarbonat gebildet wird. In solches verwandelt sich beim Stehen an der Luft auch allmählich der durch Anrühren von gelöschtem Kalk mit Wasser hergestellte, stark laugenhafte Brei. Er färbt, ebenso wie Kalkwasser, rotes Lackmuspapier blau. Der sogenannte »Wienerkalk« enthält neben Calciumoxyd (»gebranntem Kalk«) auch noch Magnesiumoxyd. Seine Eigenschaften sind ähnlich denen von gewöhnlichem Kalk, er kommt in Stücken und als Pulver in den Handel.
Calciumoxyd, gebrannter Kalk, CaO	Weiße Masse, die beim »Brennen«, das heißt Glühen von Calciumcarbonat hinterbleibt. Zieht beim Liegen an der Luft Leuchtigkeit und »Kohlensäure« an und verwandelt sich dabei allmählich wieder in Calciumcarbonat, daher in gut verschlossenen Gefäßen aufbewahren! Vgl. auch Calciumhydroxyd.
Calciumsulfat, Schwefelsaures	Weißes, in Wasser nur wenig lsl. Pulver. Der

Name des Stoffes	Eigenschaften
Calcium, gebrannter Gips, $CaSO_4$	Gips des Handels wird durch »Brennen«, das heißt Glühen von natürlichem Gips hergestellt, wobei dessen »Kristallwasser« entweicht.
Chlorammonium s. Ammoniumchlorid	
Chlorbarium s. Bariumchlorid	
Chlorcalcium s. Calciumchlorid	
Chlorgold s. Goldchlorid	
Chlorkalium s. Kaliumchlorid	
Chlornatrium s. Natriumchlorid	
Chlornickel s. Nickelchlorid	
Chlorsilber s. Silberchlorid	
Chlorzink s. Zinkchlorid	
Chlorzinn s. Zinnchlorür	
Chromchromat, Chromichromat, chromsaures Chrom	Dunkelbraunes Pulver wechselnder Zusammensetzung, nicht lsl. in Wasser, dagegen langsam lsl. im warmen Chrombad.
Chromsäureanhydrid, Chromsäure, CrO_3	Dunkel braunrote Stücke oder Körner, die beim Liegen an der Luft Feuchtigkeit anziehen und zerfließen, daher in gut verschlossenen Gefäßen aus Eisenblech, Glas oder Steinzeug aufbewahren! Ätzend und giftig. 100,01—0,5201/1,9227.
Chromsaures Chrom s. Chromchromat	
Chromsaures Kalium und Chromsaures Natrium s. Kaliumchromat und Kaliumbichromat, sowie Natriumchromat und Natriumbichromat	
Cremor tartari s. Weinstein	
Cyan s. Kaliumcyanid	
Cyanbarium s. Bariumcyanid	
Cyancadmium s. Schwermetallcyanide	
Cyancadmiumkalium s. Cyandoppelsalze	
Cyandoppelsalze	Die für den Galvanotechniker wichtigen »komplexen« Metallcyanide, im Handel meist »Cyandoppelsalze« genannt, sind Kaliumkupfercyanide, wie etwa Tetrakalium-

Name des Stoffes	Eigenschaften
	kupfercyanür, Tetrakaliumkupfer(I)cyanid, Tetrakaliumcuprocyanid, $K_4[Cu(CN)_6]$, Kaliumcadmiumcyanid, $K_2[Cd(CN)_4]$, Kaliumquecksilbercyanid, Kaliumzinkcyanid, $K_2[Zn(CN)_4]$, sowie die entsprechenden Natriumverbindungen, ferner das gesondert beschriebene Kaliumsilbercyanid, und die unter »Golddoppelsalz« angeführten komplexen Goldcyanide. Die genannten Verbindungen des Kupfers, Cadmiums und Zinks sind weiße, kristallisierte, sehr giftige, in Wasser leicht lsl. Stoffe, die dem Galvanotechniker jedoch niemals rein angeboten werden, sondern stets gemischt mit anderen Salzen. Dies ist durch die Art der Herstellung dieser »Doppelsalze« für die galvanotechnische Praxis bedingt, deren Gehalt an Schwermetall verläßliche Fabriken selbstverständlich angeben.
Cyangoldkalium s. Golddoppelsalz	
Cyankalium und Cyannatrium s. Kalimcyanid und Natriumcyanid	
Cyankupfer s. Schwermetallcyanide	
Cyankupferkalium und Cyanquecksilberkalium s. Cyandoppelsalze	
Cyansilber s. Sibercyanid	
Cyansilberkalium s. Kaliumsilbercyanid	
Cyanzink s. Schwermetallcyanide	
Cyanzinkkalium s. Cyandoppelsalze	
Dinatriumphosphat, Natriumphosphat, phosphorsaures Natrium, Na_2HPO_4 $12H_2O$	Durchsichtige, jedoch gewöhnlich oberflächlich verwitterte, daher weiße Kristalle. Leicht lsl. in heißem, bedeutend weniger in kaltem Wasser.
Dinatriumsulfit, Natriumsulfit, neutrales oder einfach schwefligsaures Natrium, $Na_2SO_3 \cdot 7H_2O$	Farblose, wegen oberflächlicher Verwitterung weiße Kristalle, leicht lsl. in Wasser
Doppelchromsaures Kalium	

Name des Stoffes	Eigenschaften
und Natrium s. Kaliumbichromat und Natriumbichromat	
Doppelkohlensaures Natrium s. Natriumbicarbonat	
Einfach schwefligsaures Natrium s. Dinatriumsulfit	
Eisenchlorid, Eisen(III)chlorid, Ferrichlorid, $FeCl_3$	Gelbe Stücke, sehr leicht lsl. in Wasser, zerfließt beim Liegen an der Luft.
Eisenchlorür, Eisen(II)chlorid, Ferrochlorid, $FeCl_2 \cdot 4H_2O$	Grüne Kristallnadeln, leicht lsl. in Wasser. Zersetzt sich beim Liegen an der Luft durch Aufnahme von Sauerstoff und färbt sich dabei braun. Auch eine wäßrige Lösung von Eisenchlorür nimmt Sauerstoff aus der Luft auf und es scheidet sich aus ihr ein brauner Schlamm ab.
Eisensulfat, Eisen(II)sulfat, Eisenoxydulsulfat, Ferrosulfat, grüner Vitriol, Eisenvitriol, $FeSO_4 \cdot 7H_2O$	Grüne, durchsichtige Kristalle, leicht lsl. in Wasser. Der Sauerstoff der Luft wirkt auf Eisensulfat und eine wäßrige Lösung des Stoffes ähnlich ein wie auf Eisenchlorür und dessen Lösung in Wasser.
Eisenvitriol s. Eisensulfat	
Essigsäure	Farblose Flüssigkeit, die zu farblosen Kristallen (Eisessig) erstarrt. Starke, ätzende Säure, D 1,049, Sdp. 118°.
Essigsaures Blei s. Bleiacetat	
Essigsaures Kupfer s. Kupferacetat	
Essigsaures Natrium s. Natriumacetat	
Essigsaures Zink s. Zinkacetat	
Ferrocyankalium s. Kaliumferrocyanid	
Ferrichlorid s. Eisenchlorid	
Ferrochlorid s. Eisenchlorür	
Ferrosulfat s. Eisensulfat	
Gelbblausaures Kalium s. Kaliumferrocyanid	
Gelöschter Kalk s. Calciumhydroxyd	
Gebrannter Kalk s. Calciumoxyd	
Gips s. Calciumsulfat	

Name des Stoffes	Eigenschaften
Glaubersalz s. Natriumsulfat	
Goldchlorid, Chlorgold	So heißt die beim Auflösen von Gold in »Königswasser« und Verdampfen der überschüssigen Säure verbleibende braune, an der Luft zerfließende, in Wasser leicht lsl. Masse. Wenn man fertiges gelbes oder braunes »Goldchlorid« kauft, muß man Gewährleistung für den Gehalt an Edelmetall verlangen, die ein verläßliches Haus selbstverständlich bietet; bei ersterem ist er um 50%, bei letzterem zwischen 51 und 52%.
Golddoppelsalz	Der im Handel übliche Name für Stoffe, durch deren Lösen in Wasser man — allenfalls nach dem Beifügen vorgeschriebener Zusätze — zum Gebrauch fertige Goldbäder bereiten kann. Ihr wichtigster Bestandteil ist Kaliumgold(I)cyanid, Kaliumgoldcyanür, Kaliumaurocyanid, $K[Au(CN)_2]$ oder Kaliumgold(III)cyanid, Kaliumgoldcyanid, Kaliumauricyanid, $2\ K[Au(CN)_4] \cdot 3\ H_2O$. Beim Ankauf muß man Gewährleistung für den Gehalt an Edelmetall verlangen.
Grafit	Der natürliche Rohstoff wird durch Schlämmen gereinigt; übrigens wird Grafit auch künstlich im elektrischen Ofen erzeugt. Tiefschwarzes Pulver, von dem für die Galvanoplastik nur die feinsten Sorten (»Goldgrafit«) verwendbar sind. Sorgfältig gereinigter Grafit ist fast reiner Kohlenstoff.
Grüner Vitriol s. Eisensulfat	
Grünspan s. Kupferacetat	
Guttapercha	Eingetrockneter und mit Wasser durchgekneteter Milchsaft tropischer Bäume. Rohguttapercha enthält Holzsplitter, Steine usw.; sie wird mit Hilfe von Maschinen gereinigt und in verschiedenen Formen, meist kleinen Laiben, in den Handel gebracht. Reine Guttapercha ist eine grauweiße, bei gewöhnlicher Temperatur zähe, in der Wärme plastische und weiche Masse.
Höllenstein s. Silbernitrat	
Kalisalpeter s. Kaliumnitrat	
Kaliumalaun s. Alaun	
Kaliumauricyanid u. Kaliumaurocyanid s. Golddoppelsalz	
Kaliumbichromat, doppel-	Orangerote, durchscheinende Kristalle, leicht

Name des Stoffes	Eigenschaften
chromsaures Kalium, $K_2Cr_2O_7$	lsl. in Wasser, jedoch nicht so leicht wie Natriumbichromat. Giftig. Versetzt man eine wäßrige Lösung mit Ätzkali, so färbt sie sich gelb und enthält nunmehr Kaliumchromat.
Kaliumcadmiumcyanid s. Cyandoppelsalze	
Kaliumcarbonat, kohlensaures Kalium, Pottasche, K_2CO_3	In reinem Zustand weißer, in Wasser sehr leicht lsl. Stoff. Die geringeren Handelssorten enthalten verschiedene Verunreinigungen und sind grau gefärbt. Eine wäßrige Lösung reagiert alkalisch, färbt also rotes Lackmuspapier blau.
Kaliumchlorat, Chlorsaures Kalium, »Kalium chloricum«, $KClO_3$	Weiße Kristallmasse, lsl. in Wasser, giftig.
Kaliumchlorid, »Kalium chloratum« KCl	Weiße Kristallmasse, leicht lsl. in Wasser.
Kaliumchromat, chromsaures Kalium, K_2CrO_4	Lichtgelbe, durchscheinende Kristalle, leicht lsl. in Wasser, giftig. Versetzt man eine wäßrige Lösung mit Schwefelsäure, so färbt sie sich orangerot und enthält nunmehr Kaliumbichromat.
Kaliumcyanid, Cyankalium, blausaures Kalium, KCN	Fast reines, sogenanntes 100%iges Kaliumcyanid kommt »grießförmig« in den Handel. Sowohl der trockene Stoff, als auch wäßrige Lösungen werden durch die »Kohlensäure« der Luft unter Bildung von Kaliumcarbonat zersetzt, daher in gut verschlossenen Gefäßen aufbewahren! Sehr giftig, selbst geringe Mengen töten meist. Außer dem reinen Kaliumcyanid verwendet man zur Bereitung und Pflege von Zink-, Kupfer-, Messing- und Cadmiumbädern meist ein um etwa die Hälfte billigeres Präparat, »Cyan« oder »Cyandoppelsalz« genannt, das in der Form weißer, hohler Kugeln, etwa von der Größe eines Taubeneies, verkauft wird und aus Natriumcyanid und Kaliumchlorid besteht. Von letzterem Stoff ist gerade so viel vorhanden, daß das Gut in seiner Wirkung reinem Cyankalium gleichkommt.
Kaliumferrocyanid, Ferrocyankalium, gelbes Blutlaugensalz, $K_4[Fe(CN)_6]$	Lichtgelbe, durchscheinende Kristalle, in Wasser leicht lsl.
Kaliumgoldcyanid, Kaliumgoldcyanür s. Golddoppelsalz	

Name des Stoffes	Eigenschaften
Kaliumhydroxyd, Ätzkali, kaustisches Kali, KOH	Rein in weißen Stücken und Stangen im Handel oder auch in Blöcken in Tonnen aus Eisenblech. An der Luft zieht es Feuchtigkeit und »Kohlensäure« an und zerfließt, daher in gut verschlossenen Gefäßen aufbewahren! Sehr leicht lsl. in Wasser zu einer stark ätzenden Lauge. Mindere Sorten von grauer Farbe (»Laugenstein«) enthalten verschiedene Verunreinigungen.
Kaliumkupfercyanid s. Cyandoppelsalze	
Kaliumnatriumtartrat, weinsaures Kaliumnatrium, Rochellesalz, Seignettesalz, $KNaC_4H_4O_6 \cdot 4H_2O$	Farblose Kristalle, leicht lsl. in Wasser.
Kaliumnitrat, Salpetersaures Kalium, Kalisalpeter, Salpeter, KNO_3	Farblose Kristalle oder weißes Kristallmehl, leicht lsl. in Wasser. Der »doppelt geläuterte« Salpeter, ein besonders reines Gut, dient zur Erzeugung von »Schwarzpulver«. Der Galvanotechniker pflegt den billigeren Natronsalpeter (s. Natriumnitrat) zu verwenden.
Kaliumnitrit, salpetrigsaures Kalium, KNO_2	Weiße, durchscheinende Kristalle, leicht lsl. in Wasser. Der Galvanotechniker verwendet das billigere Natriumnitrit.
Kaliumpermanganat, übermangansaures (hypermangansaures) Kalium, $KMnO_4$	Kleine schwarze Kristalle, deren Lösung in Wasser rotviolett ist.
Kaliumquecksilbercyanid s. Cyandoppelsalze	
Kaliumsilbercyanid, Cyansilberkalium, $K[Ag(CN)_2]$	Weiße, durchscheinende Kristalle, giftig. Da sie in heißem Wasser viel leichter lsl. sind, als in kaltem, kann man sie leicht »umkristallisieren« und dadurch reinigen. 198,99—0,5421/1,8446.
Kaliumzinkcyanid s. Cyandoppelsalze	
Kalisalpeter s. Kaliumnitrat	
Kalzinierte Soda s. Natriumnitrat	
Kaustisches Kali und Kaustische Soda s. Kaliumhydroxyd und Natriumhydroxyd	
Kobaltammoniumsulfat, Ammoniumkobaltsulfat, $(NH_4)_2Co(SO_4)_2 \cdot 6H_2O$	Rosarote Kristalle, lsl. in Wasser, giftig. Die mit Ätznatron oder Ätzkali versetzte und erwärmte Lösung entwickelt, so wie die von Nickelammoniumsulfat, Ammoniak und unterscheidet

Name des Stoffes	Eigenschaften
	sich dadurch von einer solchen von Kobaltsulfat. 395,23—0,1491/6,7070.
Kobaltsulfat, schwefelsaurer Kobalt, $CoSO_4 \cdot 7H_2O$	Rosarote durchscheinende Kristalle; wegen der Unterscheidung v. Kobaltammoniumsulfat s. dort. Lsl. in Wasser, giftig. 281,11—0,2097/4,7677.
Kohlensaures Barium s. Bariumcarbonat	
Kohlensaures Cadmium s. Cadmiumcarbonat	
Kohlensaures Kalium s. Kaliumcarbonat	
Kohlensauer Kalk s. Calciumcarbonat	
Kohlensaures Magnesium s. Magnesiumcarbonat	
Kohlensaures Natr um s. Natriumcarbonat	
Kristallbisulfit s. Natriumsulfit, saures	
Kupferacetat, essigsaures Kupfer, Grünspan, $Cu(C_2H_3O_2) \cdot H_2O$	Grünes, sich zu Brocken zusammenballendes Kristallmehl. Ziemlich leicht in kaltem Wasser lsl. Beim Kochen der nach Essigsäure riechenden Lösung tritt teilweise Zersetzung ein. Giftig. 199,63—0,3184/3,1405.
Kupfercarbonat, kohlensaures Kupfer, Bergblau	Was als blaues Pulver unter dem Namen »Bergblau« in den Handel kommt, ist nicht reines Kupfercarbonat, sondern ein Gemisch »basischer« Carbonate. Nicht lsl. in Wasser, dagegen in Säuren, unter Aufbrausen und Entweichen von »Kohlensäure«. Giftig.
Kupferchlorid, salzsaures Kupfer, $CuCl_2 \cdot 2H_2O$	Grüne Kristallnadeln, leicht lsl. in Wasser, giftig. 170,52—0,3728/2,6824.
Kupfernitrat, salpetersaures Kupfer, $Cu(NO_3)_2 \cdot 3H_2O$	Blaue Kristallmasse, sehr leicht lsl. in Wasser, zerfließt beim Liegen an der Luft. Giftig. 241,63—0,2631/3,8012.
Kupferoxyd, Kupfer(II)oxyd, CuO	Braunschwarzes, in Wasser nicht lsl. Pulver, lsl. in Säuren, giftig. 79,57—0,7989/1,2517.
Kupferoxydul, Kupfer(I)oxyd, Cu_2O	Gelbrote bis braunrote in Wasser nicht lsl. Verbindung des Kupfers, die für die Metallfärbung wichtig ist.
Kupfersulfat, schwefelsaures Kupfer, Kupfervitriol, blauer Vitriol, $CuSO_4 \cdot 5H_2O$	Große, blaue, durchscheinende Kristalle, leicht lsl. in Wasser, giftig. 249,71—0,2546/3,9281.

Name des Stoffes	Eigenschaften
Kupfervitriol s. Kupfersulfat	
Kupfercyanid s. Schwermetallcyanide	
Laugenstein s. Natriumhydroxyd und Kaliumhydroxyd	
Magnesiumcarbonat, kohlensaures Magnesium, $MgCO_3$	Weißes, lockeres Pulver, nicht lsl. in Wasser, lsl. in Säuren unter Aufbrausen und Entweichen von »Kohlensäure«.
Magnesiumoxyd, gebrannte Magnesia, »Magnesia usta«, MgO	Weißes, lockeres Pulver, nicht lsl. in Wasser, ohne Aufbrausen lsl. in Säuren.
Magnesiumsulfat, schwefelsaures Magnesium, Bittersalz, $MgSO_4 \cdot 7H_2O$	Weißes Kristallpulver, leicht lsl. in Wasser.
Mercuronitrat s. Quecksilbernitrat	
Natriumacetat, essigsaures Natrium, $NaC_2H_3O_2 \cdot 3H_2O$	Weißes Kristallpulver, sehr leicht lsl. in Wasser.
Natriumbicarbonat, doppeltkohlensaures Natrium, $NaHCO_3$	Weißes lockeres Pulver, leicht lsl. in Wasser.
Natriumbichromat, doppelchromsaures, Natrium $Na_2Cr_2O_7$	Orangerote, derbe Stücke, leicht lsl. in Wasser und zwar leichter als Kaliumbichromat, daher vom Galvanotechniker diesem vorzuziehen. Giftig.
Natriumbisulfit s. Natriumsulfit, saures	
Natriumcitrat, zitronensaures Natrium, $Na_3C_6H_5O_7 \cdot 5H_2O$	Weißes, in Wasser leicht lsl. Pulver.
Natriumchlorid, Kochsalz NaCl	Bedarf, da allgemein bekannt, keiner weiteren Erläuterung.
Natriumcyanid, Cyannatrium, blausaures Natrium, NaCN	Eigenschaften gleich denen des Kaliumcyanides und ebenso giftig wie dieses. Wird in weißen Tafeln oder weißen, hohlen Kugeln von der Größe eines Taubeneies gehandelt.
Natriumhydroxyd Ätznatron, NaOH	Entspricht, was seine Eigenschaften und die Handelsgepflogenheiten anbelangt, ganz dem Kaliumhydroxyd. Zum Neutralisieren von Bädern sind nur reine Sorten zu verwenden, zur Herstellung von Entfettungslaugen genügt das billige, technische Ätznatron (Laugenstein), das in Stükken von unansehnlichem, grauen Ansehen geliefert wird.

Name des Stoffes	Eigenschaften
Natriumcarbonat kohlensaures Natrium, Na_2CO_3	Kommt als kristallisierte Soda (Waschsoda) mit einem Gehalt von 10 Molekülen Kristallwasser auf 1 Molekül Natriumcarbonat und ferner als sogenannte Ammoniaksoda, die kein Kristallwasser enthält, in den Handel. Was als »kalzinierte« Soda angeboten wird, ist Ammoniaksoda. Wässerige Lösungen färben rotes Lackmuspapier blau. Nicht giftig.
Natriumnitrat, salpetersaures Natrium, Natronsalpeter, $NaNO_3$	Farblose Kristalle oder weißes Kristallmehl. Leicht lsl. in Wasser.
Natriumnitrit, salpetrigsaures Natrium	Weiße, durchscheinende Kristalle, leicht lsl. in Wasser.
Natriumphosphat s. Dinatriumphosphat	
Natriumpyrophosphat Pyrophosphorsaures Natrium, $Na_4P_2O_7 \cdot 10H_2O$	Weiße, durchscheinende Kristalle, gemahlen ein weißes Pulver. Lsl. in Wasser, nicht giftig.
Natriumsulfantimoniat Schlippesches Salz, $Na_3SbS_4 \cdot 9H_2O$	Gelbliche, durchscheinende, an der Oberfläche mit braunen Schichten bedeckte Kristalle, leicht lsl. in Wasser. Giftig.
Natriumsulfat, entwässertes, (»kalziniertes«), Na_2SO_4	Weißes Pulver, leicht lsl. in Wasser. Die Zusammensetzung des kristallisierten Natriumsulfates, des sogenannten »Glaubersalzes«, entspricht der Formel $Na_2SO_4 \cdot 10\ H_2O$. Sämtliche Angaben in diesem Buch beziehen sich auf kalziniertes Natriumsulfat.
Natriumsulfit, neutrales s. Dinatriumsulfit	
Natriumsulfit, saures, saures schwefligsaures Natrium, Natriumbisulfit, Kristallbisulfit, $NaHSO_3$	Weiße, durcscheinende Kristalle, gemahlen ein weißes Pulver. Sehr leicht lsl. in Wasser, an der Luft zerfließend.
Natronsalpeter s. Natriumnitrat	
Nickelammoniumsulfat, Ammoniumnickelsulfat, $(NH_4)_2Ni(SO_4)_2 \cdot 6H_2O$	Grüne Kristalle, lsl. in Wasser, jedoch nicht so leicht wie Nickelsulfat. Versetzt man eine wäßrige Lösung mit Ätznatron oder Ätzkali und erwärmt sie, so riecht sie nach Ammoniak und unterscheidet sich dadurch von einer Lösung von Nickelsulfat. Giftig. 394,98—0,1486/6,7299.
Nickelcarbonat, kohlensaurer Nickel	Was im Handel so heißt, ist ein grünlichweißes Pulver, ein Gemisch »basisch« kohlensaurer

Name des Stoffes	Eigenschaften
	Nickelverbindungen, dessen Zusammensetzung von der Art seiner Herstellung abhängt. Nicht lsl. im Wasser, dagegen in Säuren unter Aufbrausen und Entweichen von »Kohlensäure«. Giftig.
Nickelchlorid, Nickel(II)chlorid, Nickelchlorür, $NiCl_2 \cdot 6H_2O$	Lichtgrüne Kristallnadeln, leicht lsl. in Wasser.
Nickelchlorür s. Nickelchlorid	
Nickelsulfat, schwefelsaures Nickel, Nickelvitriol, $NiSO_4 \cdot 7H_2O$	Grüne, durchscheinende, in Wasser leicht lsl. Kristalle; wegen der Unterscheidung von Nickelammoniumsulfat vgl. dort. Giftig. 280,86—0,2089/4,7861.
Nickelvitriol s. Nickelsulfat	
Paraffin	Von den in den Handel gebrachten Sorten kommt für den Galvanotechniker nur das beste »Hartparaffin« in Betracht, das er in weißen, durchscheinenden Tafeln erhält.
Perchloräthylen	Farblose, betäubend riechende, mit Wasser nicht mischbare Flüssigkeit, vorzügliches Fettlösungsmittel. Sdp. 121, D 1,62.
Perhydrol s. Wasserstoffsuperoyxd	
Phosphorsaures Natrium s. Dinatriumphosphat	
Platinchlorid	Wird ebenso hergestellt wie »Goldchlorid« und ist diesem in seinen äußeren Eigenschaften, so weit sie für den Galvanotechniker in Betracht kommen, recht ähnlich. Da sich aber Platin nur sehr langsam in Königswasser löst, ist es besser, »Platinchlorid« von einer verläßlichen Firma zu beziehen, unter Gewährleistung für den Metallgehalt. Dabei ist anzugeben, wozu man das Gut verwenden will, da es im Handel »Platinchlorid« gibt, das der Galvanotechniker nicht verwenden kann.
Pottasche s. Kaliumcarbonat	
Pyrophosphorsaures Natrium s. Natriumpyrophosphat	
Quecksilberchlorid, Sublimat, $HgCl_2$	Weißes Kristallpulver, lsl. in Wasser, sehr giftig.
Quecksilbernitrat, Quecksilberoxydulnitrat, Quecksil-	Weiße, durchscheinende Kristalle, lsl. in Wasser, sehr giftig.

Name des Stoffes	Eigenschaften
ber(I)nitrat, Mercuronitrat, salpetersaures Quecksilber, $Hg_2(NO_3)_2 \cdot 2H_2O$	
Rochellesalz s. Kaliummatriumtartrat	
Römischer Alaun s. Alaun	
Salmiak, Salmiaksalz s. Ammoniumchlorid	
Salmiakgeist s. Ammoniak	
Salpeter s. Kaliumnitrat und Natriumnitrat	
Salpetersäure	Die sogenannte rauchende Salpetersäure kommt für uns nicht in Betracht. Die gewöhnliche konzentrierte Salpertersäure ist eine wasserklare Flüssigkeit. Sehr starke Säure, die tierische und pflanzliche Gewebe rasch zerstört. Zum Ansetzen von »Brennen« genügt die sogenannte rohe oder technische Salpetersäure des Handels. Dichte solcher Säure rund 1,4.
Salpetersaures Blei s. Bleinitrat	
Salpetersaures Kupfer s. Kupfernitrat	
Salpetersaures Quecksilber s. Quecksilbernitrat	
Salpetersaures Silber s. Silbernitrat	
Salzsäure	Salzsäure ist ein Gas; was unter dem Namen Salzsäure in den Handel kommt, ist eine Auflösung dieses Gases, des Chlorwasserstoffes, HCl, in Wasser. Die Lösung hat alle Eigenschaften einer sehr starken Säure, sie ist, frei von Verunreinigungen, eine wasserhelle Flüssigkeit. Zum Ansatzen von Brennen genügt die rohe technische Säure des Handels, die gewöhnlich gelblich gefärbt ist, mit einer Dichte von rund 1,2.
Salzsaures Kupfer s. Kupferchlorid	
Salzsaures Nickel s. Nickelchlorid	
Salzsaures Silber s. Silberchlorid	

Name des Stoffes	Eigenschaften
Schlämmkreide s. Calciumcarbonat	
Schlippesches Salz s. Natriumsulfantimoniat	
Schwefelammonium, Ammoniumsulfid	Das der Metallfärbung dienende Schwefelammonium ist eine gelbe bis rotbraune, übel riechende Flüssigkeit, eine Lösung von Ammoniumpolysulfiden in Wasser.
Schwefelleber	Leberbraune Stücke, die an der Oberfläche mit einem gelbbraunen Belag bedeckt sind. Die Lösung in Wasser ist gelbbraun und wirkt ähnlich wie verdünntes Schwefelammonium.
Schwefelsäure	Rein eine ölige, wasserklare Flüssigkeit, welche tierische und pflanzliche Gewebe zerstört. Sehr starke Säure. Beim Vermischen mit Wasser tritt starke Erwärmung ein. Stets ist die Schwefelsäure ins Wasser zu gießen, niemals Wasser in schwefelsäure. Zum Korrigieren von Bädern darf nur chemisch reine Säure verwendet werden, zum Ansetzen von »Brennen« und Beizen genügt die gewöhnliche technische Säure. Dichte rund 1,83. Rauchende Schwefelsäure, eine sehr gefährliche Substanz, kommt für uns nicht in Betracht.
Schwefelsaures Ammonium s. Ammoniumsulfat	
Schwefelsaures Barium s. Bariumsulfat	
Schwefelsaures Cadmium s. Cadmiumsulfat	
Schwefelsaures Calcium s. Calciumsulfat	
Schwefelsaures Eisen s. Eisensulfat	
Schwefelsaures Kupfer s. Kupfersulfat	
Schwefelsaures Magnesium s. Magnesiumsulfat	
Schwefelsaures Natrium s. Natriumsulfat	
Schwefelsaures Nickel s. Nikkelsulfat	
Schwefelsaures Zink s. Zinksulfat	

Name des Stoffes	Eigenschaften
Sciwefligsaures Natrium s. Dinatriumsulfit u. Natriumsulfit, saures	
Sciwermetallcyanide	Die für den Galvanotechniker wichtigen Schwermetallcyanide sind: Kupfercyanür, Kupfer(I)-cyanid, Cuprocyanid, weißes Cyankupfer, CuCn, 89,58—0,7096/1,4092; Kupfercyanürcyanid, Kupfer(I)kupfer(II)cyanid, Cuprocupricyanid, $Cu(CN)_2(CuCN)_2 \cdot 5\ H_2O$, grünes Cyankupfer, 384,82—0,4956/2,0176; Cadmiumcyanid, Cyancadmium, $Cd(CN)_2$, 164,43—0,6837/1,4629; Zinkcyanid, Cyanzink, $Zn(CN)_2$, 117,4—0,5569/1,7956, sowie das gesondert beschriebene Silbercyanid. Sie sind, mit Ausnahme des grünen Cyankupfers, weiße, in Wasser nicht lsl., aber trotzdem giftige Pulver, aus denen beim Behandeln mit Kaliumcyanid oder Natriumcyanid in Wasser lösliche »komplexe« Verbindungen, sogenannte »Cyandoppelsalze«, entstehen. Im Handel sind sie fast rein zu haben, jedoch muß man sie ausdrücklich so verlangen, da sie auch »verschnitten« angeboten werden.
Segnettesalz s. Kaliumnatriumtartrat	
Siberchlorid, Chlorsilber, salzsaures Silber, AgCl	Weißer, am Licht sich langsam dunkel färbender Stoff, sehr wenig lsl. in Wasser, jedoch leicht in Lösungen von Kaliumcyanid und Natriumcyanid, in denen dann das Salz Kaliumsilbercyanid oder Natriumsilbercyanid vorhanden ist. 143,34—0,7526/1,3287.
Sibercyanid, Cyansilber, AgCN	Eigenschaften ähnlich denen des Silberchlorides, nur färbt es sich am Licht nicht dunkel. Ebenfalls leicht lsl. in Lösungen von Kaliumcyanid und Natriumcyanid, in denen dann das Salz Kaliumsilbercyanid oder Natriumsilbercyanid vorhanden ist. 133,89—0,8057/1,2411.
Sibernitrat, salpetersaures Silber, Höllenstein	Kommt in weißen, durchscheinenden Kristallen, nahezu chemisch rein, in den Handel. Leicht lsl. in Wasser. Giftig. Der feste Stoff und die Lösung erzeugen auf der Haut schwarze Flecken, bei längerer Einwirkung schmerzhafte Ätzwunden. 169,89—0,6350/1,5748.
Sda s. Natriumcarbonat	
Searin s. Stearinsäure	
Searinöl	Dicke, schmutziggelbe, ölige Flüssigkeit, die

Name des Stoffes	Eigenschaften
	in der Kälte zu einer weißen Salbe erstarrt. Nebenerzeugnis der Fettwarenindustrie.
Stearinsäure	Erzeugnis der Kerzen- und Seifenindustrie. Mattweiße, wachsartige Stücke oder Tafeln. Nur die besten Sorten sind für die Zwecke der Galvanoplastik verwendbar.
Trichloräthylen	Farblose, betäubend riechende, mit Wasser nicht mischbare Flüssigkeit, vorzügliches Fettlösungsmittel. Sdp. 87°, D 1,47.
Wachs s. Bienenwachs	
Weinsäure, Weinsteinsäure	Kommt in farblosen Kristallen oder auch als weißes Pulver in den Handel. Leicht lsl. in Wasser, nicht giftig.
Wasserstoffsuperoxyd Perhydrol	Was im Handel Wasserstoffsuperoxyd heißt, ist eine wäßrige Lösung dieses Stoffes, H_2O_2, die höchstens etwa 30 Gewichtsprozente von ihm enthält. Sie zersetzt sich langsam, unter Entwicklung von Sauerstoff.
Weingeist s. Alkohol	
Weinsaures Kaliumnatrium s. Kaliumnatriumtartrat	
Weinstein	Je nach dem Grad der Reinheit weißes (»Cremor tartari«) bis gelbbraunes Pulver, wenig lsl. in Wasser.
Weißer Vitriol s. Zinksulfat	
Wienerkalk s. Calciumcarbonat	
Zeresin	Wachsartiger, weißer Stoff, der durch Raffinieren von Erdwachs oder Ozokerit gewonnen wird. Kommt meist mit Paraffin verschnitten in den Handel.
Zinkacetat, essigsaures Zink, $Zn(C_2H_3O_2)_2 \cdot 2H_2O$	Weiße, durchscheinende Kristalle, sehr leicht lsl. in Wasser. 219,46—0,2979/3,3567.
Zinksulfat, schwefelsaures Zink, weißer Vitriol, $ZnSO_4 \cdot 7H_2O$	Weiße, durchscheinende Kristalle, sehr leicht lsl. in Wasser. 287,55—0,2273/4,3988.
Zinkcyanid s. Schwermetallcyanide	
Zinnchlorür, Zinn(II)chlorid, Stannochlorid, $SnCl_2 \cdot 2H_2O$	Gelblichweißes Kristallpulver; beim Lösen in Wasser starke Trübung. 225,65—0,5259/1,9015.
Zitronensäure, $C_6H_7O_7 \cdot H_2O$	Große, durchsichtige, farblose Kristalle, leicht lsl. in Wasser. Ziemlich starke Säure; die Lösung färbt rotes Kongopapier blau. Was als »Zitronensäure« zur Herstellung von Limonaden dient, ist meist Weinsäure, die der Galvanotechniker niemals an der Stelle von Zitronensäure verwenden darf.
Zitronensaures Natrium s. Natriumcitrat	

Zusammenstellungen IV bis IX.

Die Chemiker haben für eine Reihe von Substanzen Tabellen angelegt, aus denen wir die Konzentration eines Stoffes in einer wäßrigen Lösung in Litergrammen entnehmen, wenn wir die Dichte dieser Lösung wissen. Die für den Galvanotechniker wichtigsten dieser Tabellen sind, seinem Bedarf entsprechend gekürzt, unter V bis IX angeführt. Bei ihrem Gebrauch merke der Leser folgendes.

Die Dichte D einer Flüssigkeit ist jene Zahl, die angibt, um wievielmal 1 l der Flüssigkeit bei 15° schwerer ist als 1 kg. Wir finden z. B. D einer Salzsäure, die in 1 l gerade 220 g Chlorwasserstoff enthält, bei der somit die Konzentration des Chlorwasserstoffes 220 Litergramme ist, in der Tabelle V zu 1,100. Das heißt also, 1 l dieser Salzsäure ist bei 15° um 1,100mal schwerer als 1 kg oder, mit anderen Worten, 1 l wiegt 1,100 kg bei 15°. Der Praktiker bestimmt für seine Zwecke genügend genau, D einer Flüssigkeit meist mit Aräometern, auch »Spindeln« oder »Senkwagen« genannt. Ihre Skalen weisen entweder D der Flüssigkeiten, in die man sie taucht, oder sie sind in Baumé-Grade, abgekürzt °B, eingeteilt. Die Baumé-Skala reicht von 0°, entsprechend D = 1 bis 66°, entsprechend D = 1,842.

Zum Umrechnen von D in °B dient die folgende

Zusammenstellung IV.

D:	°B:	D:	°B:	D:	°B:	D:	°B:
1.000	0	1.100	13.0	1.200	24.0	1.300	33.3
1.005	0.7	1.105	13.6	1.205	24.5	1.305	33.7
1.010	1.4	1.110	14.2	1.210	25.0	1.310	34.2
1.015	2.1	1.115	14,9	1.215	25.5	1.315	34.6
1.020	2.7	1.120	15.4	1.220	26.0	1.320	35.0
1.025	3.4	1.125	16.0	1.225	26.4	1.325	35.4
1.030	4.1	1.130	16.5	1.230	26.9	1.330	35.8
1.035	4.7	1.135	17.1	1.235	27.4	1.335	36.2
1.040	5.4	1.140	17.7	1.240	27.9	1.340	36.6
1.045	6.0	1.145	18.3	1.245	28.4	1.345	37.0
1.050	6.7	1.150	18.8	1.250	28.8	1.350	37.4
1.055	7.4	1.155	19.3	1.255	29.3	1.355	37.8
1.060	8.0	1.160	19.8	1.260	29.7	1.360	38.2
1.065	8.7	1.165	20.3	1.265	30.2	1.365	38.6
1.070	9.4	1.170	20.9	1.270	30.6	1.370	39.0
1.075	10.0	1.175	21.4	1.275	31.1	1.375	39.4
1.080	10.6	1.180	22.0	1.280	31.5	1.380	39.8
1.085	11.2	1.185	22.5	1.285	32.0	1.385	40.1
1.090	11.9	1.190	23.0	1.290	32.4	1.390	40.5
1.095	12.4	1.195	23.5	1.295	32.8	1.395	40.8

Beim Gebrauch eines Aräometers achte man stets darauf, daß die Flüssigkeit, die man »spindeln« will, die Temperatur von 15° habe, für die eine gute Senkwage geeicht ist. Dies ist nicht schwer zu erreichen; man kühlt zunächst das Standglas mit der zu untersuchenden Flüssigkeit durch Einstellen in kaltes Wasser unter 15° ab, bringt es hierauf in einen Raum, dessen Temperatur über 15° liegt, senkt das Aräometer nebst einem Thermometer ein, wartet, bis letzteres 15° anzeigt und liest erst jetzt die Angabe des ersteren ab, am besten mit einer Lupe, das Auge in der Höhe des Flüssigkeitsspiegels. Was die Genauigkeit der Messungen mit Aräometern anbelangt, bemerken wir folgendes. Von einem sorgfältig geeichten Instrument dürfen wir verlangen, daß seine Anzeigen vom wahren Wert der Dichte des geprüften Gutes um nicht mehr als 1% des Meßbereiches abweichen. Ist dieser 40° B, so darf der Fehler höchstens 0,4° B sein und bloß 0,1° B, wenn sich der Meßbereich über 10° B erstreckt. Leider entsprechen nun die Aräometer, die bei der Lieferung galvanotechnischer Einrichtungen diesen mitgegeben werden, oft den soeben erläuterten, durchaus billigen Anforderungen ganz und gar nicht; dem Verfasser ist es vorgekommen, daß Spindeln mit einem Meßbereich von 0 bis 15° B um 1,5° bis 2° vom richtigen Wert abweichende Zahlen gewiesen haben. Solche Geräte sind selbstverständlich eine nicht nur ganz wertlose, sondern sogar überaus schädliche Mitgift, weil sie irreführen und die Ursache von Mißgriffen und unangenehmen Auseinandersetzungen werden können. Die Frage, welche Spindeln in einem größeren, gut geleiteten Betrieb vorhanden sein sollen, läßt sich dahin beantworten, daß es zweckmäßig ist, für Vorproben, auch für solche an Säuren und anderen Hilfsstoffen, ein Aräometer mit einem Meßbereich von 0 bis 66° B zur Verfügung zu haben und für Feinproben an Bädern einen Satz von vier Stücken mit den Meßbereichen 0° bis 10° B, 10° bis 20° B, 20° bis 30° B und 30° bis 40° B.

Zu genaueren Messungen der Dichten von Flüssigkeiten mag sich der Galvanotechniker der Westphal-Wage bedienen, über die er in dem Büchlein: Wogrinz, Die Untersuchung und Richtigstellung galvanotechnischer Bäder usw., die nötigen Auskünfte findet.

Zusammenstellung V.

Die erste Spalte der Zusammenstellung weist D, die zweite die °B einer Salzsäure bei der die **Konzentration des Chlorwasserstoffes** in Litergrammen die in der dritten Spalte verzeichnete ist.

D:	°B:	Litergramme HCl:	D:	°B:	Litergramme HCl:
1,000	0,0	1,6	1,110	14,2	243
1,010	1,4	22	1,120	15,4	267
1,020	2,7	42	1,130	16,5	291
1,030	4,1	63	1,140	17,7	315
1,040	5,4	85	1,150	18,8	340
1,050	6,7	107	1,160	19,8	366
1,060	8,0	129	1,170	20,9	391
1,070	9,4	152	1,180	22,0	418
1,080	10,6	174	1,190	23,0	443
1,090	11,9	197	1,200	24,0	469
1,100	13,0	220			

Zusammenstellung VI.

Die erste Spalte der Zusammenstellung weist D, die zweite die °B einer Mischung reiner Schwefelsäure und reinen Wassers, bei der die **Konzentration der Schwefelsäure** in Litergrammen die in der dritten Spalte verzeichnete ist. (Vgl. auch Zusammenstellung IX.)

D:	°B:	Litergramme Schwefelsäure:	D:	°B:	Litergramme Schwefelsäure:
1,000	0	1	1,210	25,0	346
1,005	0,7	9	1,220	26,0	364
1,010	1,4	16	1,230	26,9	382
1,015	2,1	23	1,240	27,9	400
1,020	2,7	31	1,250	28,8	418
1,025	3,4	39	1,260	29,7	435
1,030	4,1	46	1,270	30,6	454
1,040	5,4	62	1,280	31,5	472
1,050	6,7	77	1,290	32,4	490
1,060	8,0	93	1,300	33,3	510
1,070	9,4	109	1,310	34,2	529
1,080	10,6	125	1,320	35,0	548
1,090	11,9	142	1,330	35,8	567
1,100	13,0	158	1,340	36,6	586
1,110	14,2	175	1,350	37,4	605
1,120	15,4	191	1,360	38,2	624
1,130	16,5	207	1,370	39,0	643
1,140	17,7	223	1,380	39,8	662
1,150	18,8	239	1,390	40,5	682
1,160	19,8	257	1,400	41,2	702
1,170	20,9	275	1,410	42,0	721
1,180	22,0	292	1,420	42,7	740
1,190	23,0	310	1,430	43,4	759
1,200	24,0	328	1,440	44,1	779

D:	°B:	Litergramme Schwefelsäure:	D:	°B:	Litergramme Schwefelsäure:
1,450	44,8	798	1,650	56,9	1204
1,460	45,4	817	1,660	57,4	1225
1,470	46,1	837	1,670	57,9	1246
1,480	46,8	856	1,680	58,4	1268
1,490	47,4	876	1,690	58,9	1289
1,500	48,1	896	1,700	59,5	1312
1,510	48,7	916	1,710	60,0	1334
1,520	49,4	936	1,720	60,4	1357
1,530	50,0	957	1,730	60,9	1381
1,540	50,6	977	1,740	61,4	1404
1,550	51,2	996	1,750	61,8	1427
1,560	51,8	1017	1,760	62,3	1451
1,570	52,4	1038	1,770	62,8	1478
1,580	53,0	1058	1,780	63,2	1504
1,590	53,6	1078	1,790	63,7	1534
1,600	54,1	1099	1,800	64,2	1564
1,610	54,7	1120	1,810	64,6	1598
1,620	55,2	1141	1,820	65,0	1639
1,630	55,8	1162	1,840	65,9	1759
1,640	56,3	1182			

Zusammenstellung VII.

Die erste Spalte der Zusammenstellung weist D, die zweite die °B einer Mischung reiner Salpetersäure und reinen Wassers, bei der die **Konzentration der Salpetersäure** in Litergrammen die in der dritten Spalte verzeichnete ist.

D:	°B:	Litergramme Salpetersäure:	D:	°B:	Litergramme Salpetersäure:
1,000	0	1	1,150	18,8	286
1,010	1,4	19	1,160	19,8	306
1,020	2,7	38	1,170	20,9	326
1,030	4,1	57	1,180	22,0	347
1,040	5,4	75	1,190	23,0	367
1,050	6,7	94	1,200	24,0	388
1,060	8,0	113	1,210	25,0	409
1,070	9,4	132	1,220	26,0	430
1,080	10,6	151	1,230	26,9	452
1,090	11,9	169	1,240	27,9	475
1,100	13,0	188	1,250	28,8	498
1,110	14,2	207	1,260	29,7	521
1,120	15,4	227	1,270	30,6	544
1.130	16,5	246	1,280	31,5	568
1,140	17,7	266	1,290	32,4	595

D:	°B:	Litergramme Salpetersäure:	D:	°B:	Litergramme Salpetersäure:
1,300	33,3	617	1,380	39,8	846
1,310	34,2	643	1,390	40,5	879
1,320	35,0	669	1,400	41,2	914
1,330	35,8	697	1,410	42,0	952
1,340	36,6	725	1,420	42,7	991
1,350	37,4	753	1,430	43,4	1032
1,360	38,2	783	1,440	44,1	1075
1,370	39,0	814	1,450	44,8	1121

Zusammenstellung VIII.

Die erste Spalte der Zusammenstellung weist D einer wässrigen Lösung von Ammoniak, bei der die **Konzentration des Ammoniaks** in Litergrammen die in der zweiten Spalte verzeichnete ist.

D:	Litergramme NH_3:	D:	Litergramme NH_3:
1.000	0.0	0.940	146.8
0.998	4.5	0.958	152.0
0.996	9.1	0.936	157.3
0.994	13.6	0.934	162.6
0.992	18.2	0.932	167.9
0.990	22.8	0.930	173.2
0.986	32.5	0.926	183.8
0.982	42.2	0.922	194.6
0.980	47.0	0.920	199.9
0.974	61.3	0.914	216.2
0.970	70.8	0.910	227.2
0.968	75.6	0.908	232.7
0.966	80.4	0.906	238.2
0.964	85.1	0.904	243.7
0.962	90.1	0.902	249.2
0.960	95.1	0.900	254.7
0.958	100.2	0.898	260.3
0.954	110.6	0.894	271.3
0.952	115.8	0.892	276.7
0.950	120.9	0.890	282.3
0.948	126.1	0.888	288.3
0.946	131.2	0.886	294.3
0.944	136.4	0.884	301.2
0.942	141.4	0.882	308.0

Zusammenstellung IX.

Die erste Spalte der folgenden Zusammenstellung weist D einer wässrigen Lösung von Kupfervitriol, $CuSO_4 \cdot 5H_2O$, bei der die Konzentration des Kupfervitriols in Litergrammen die in der zweiten Spalte verzeichnete ist.

D:	Litergramme Kupfervitriol:	D:	Litergramme Kupfervitriol:
1.093	150	1.148	240
1.100	160	1.154	250
1.106	170	1.160	260
1.112	180	1.166	270
1.118	190	1.172	280
1.124	200	1.178	290
1.130	210	1.184	300
1.136	220	1.190	310
1.142	230		

Mit Hilfe der vorstehenden Zusammenstellung und der Zusammenstellung VI kann man die Litergramme Kupfervitriol bestimmen, die eine Lösung von Kupfervitriol und Schwefelsäure, also ein reines galvanoplastisches Kupferbad, enthält, wenn man ihren Gehalt an Schwefelsäure kennt und zwar folgendermaßen:

Ist D_1 die mit einem genauen Aräometer ermittelte Dichte der zu prüfenden Lösung, die enthält:

x Litergramme Kupfervitriol und a Litergramme Schwefelsäure und ferner laut der Zusammenstellung VI die Dichte D_2 einer verdünnten Schwefelsäure mit:

a Litergrammen Schwefelsäure,

dann ist:

$$D_3 = 1 + D_1 - D_2$$

die Dichte einer Lösung, die bloß enthält:

x Litergramme Kupfervitriol.

Aus der obigen Zusammenstellung entnimmt man, welcher Wert von x, das heißt, welche Anzahl von Litergrammen Kupfervitriol zu D_3 gehört. Weiteres darüber siehe: Wogrinz, Die Untersuchung und Richtigstellung galvanotechnischer Bäder usw.

Zusammenstellungen X.

Die zweite Spalte der folgenden Zusammenstellung X a weist die »Amperestundengewichte« der in der ersten Spalte genannten Metalle. Es sind dies jene Gewichtsmengen, die ein elektrischer Strom der gleichbleibenden Stärke von 1 Ampere in 1 Stunde abscheidet, wenn die Stromausbeute 100% ist. In der vierten Spalte stehen die »Amperestundenvolumina«, nämlich die Räume welche, die Amperestundengewichte einnehmen. Man findet die Zahlen der vierten Spalte, wenn man die Zahlen der zweiten Spalte durch die Dichten der Metalle dividiert, welche in der dritten Spalte stehen.

Zusammenstellung X a.

Metall:	Amperestunden-gewicht, g:	D:	Amperestunden-volum, cm:
Blei	3,8655	11,34	0,341
Cadmium	2,0969	8,64	0,245
Chrom aus Lösungen von »Chromsäure«, CrO_3	0,3234	6,9	0,047
Eisen aus Lösungen von Eisensulfat und Eisenchlorür	1,0416	7,85	0,133
Gold aus Lösungen von Kaliumgold (I) cyanid	7,3571	19,3	0,381
dto. aus Lösungen von Kaliumgold (III) cyanid	2,4524	19,3	0,127
Kupfer aus cyanalkalischen Bädern	2,3717	8,93	0,266
dto. aus »sauren« Bädern	1,1858	8,93	0,133
Nickel	1,0948	8,80	0,124
Zilber	4,0248	10,50	0,383
Sink	1,2196	7,19	0,17
Zinn aus Bädern der S. 165 angeführten Art	2,2142	7,28	0,30

Zur Berechnung
des **Gewichtes** eines Niederschlages,

der **Zeit**, die man braucht, um ein bestimmtes Niederschlags**gewicht** zu erreichen,

der **Dicke** eines Niederschlages,

der **Zeit**, die man braucht, um eine bestimmte Niederschlags**dicke** zu erreichen, dienen, nebst den in der vorstehenden Zusammenstellung ausgewiesenen Zahlen, die folgenden Formeln:

$$\text{Gewicht des je 1 dm}^2\text{ Warenfläche in 1 St. niedergeschlagenen Metalles, g} = \text{Amperestundengewicht, g} \times \frac{\text{Stromausbeute, \%}}{100} \times \text{Stromdichte, A} \qquad 1)$$

$$\text{Rauminhalt des je 1 dm}^2\text{ Warenfläche in 1 St. gefällten Metalles, cm}^3 = \frac{\text{Amperestundengewicht, g}}{\text{D des Metalles}} \times \frac{\text{Stromausbeute, \%}}{100} \times \text{Stromdichte, A} \qquad 2)$$

$$\text{,,} \quad = \text{Amperestundenvolum, cm}^3 \times \frac{\text{Stromausbeute, \%}}{100} \times \text{Stromdichte, A} \qquad 3)$$

Dicke des Niederschlages, mm

$$\text{in 1 St.} = \boxed{\frac{\text{Amperestundenvolum, cm}^3 \times \text{Stromausbeute, \%}}{10 \times 100}} \times \text{Stromdichte, A} \qquad 4)$$

$$\text{in 1 Min.} = \boxed{\frac{\text{Amperestundenvolum, cm}^3 \times \text{Stromausbeute, \%}}{60 \times 10 \times 100}} \times \text{Stromdichte, A} \qquad 5)$$

$$\text{Zur Herstellung eines 1 mm dicken Niederschlages nötige Zeit, St.} = \boxed{\frac{10 \times 100}{\text{Amperestundenvolum, cm}^3 \times \text{Stromausbeute, \%}}} : \text{Stromdichte, A} \qquad 6)$$

Zur Abkürzung der Rechnung im besonderen Fall sind die Werte der durch Punkte eingerahmten Brüche in den Formeln 4) bis 6) für die in Betracht kommenden Stromdichten in der folgenden Zusammenstellung unter der Bezeichnung »Faktor zu 4)« usw. angegeben.

Zusammenstellung X b.

Metall:	Stromausbeute, %:	Faktor zu 4), mm:	Faktor zu 5), mm:	Faktor zu 6), St.:
Chrom aus Lösungen von CrO_3	10	0,00047	0,00000783	2128
dto.	15	0,000705	0,00001175	1420
dto.	20	0,00094	0,00001566	1064
Kupfer aus cyanalkalischen Bädern . . .	75	0,01995	0,0003325	50,1
dto. aus »sauren« Bädern	100	0,0133	0,0002217	75,2
Nickel	95	0,01178	0,0001963	84,9
Silber	99	0,03792	0,000632	26,4
Zink aus »sauren« Bädern	90	0,0153	0,000255	66,7

An einigen Beispielen wollen wir dartun, wie man die vorstehenden Formeln und Zusammenstellungen handhabt.

Beispiele.

1. Wie groß ist das Gewicht des je 1 dm^2 Warenfläche niedergeschlagenen Silbers, wenn man mit einer Stromdichte von 0,3 A arbeitet, die Stromausbeute 99% ist, und die Waren 3 St. im Bad bleiben? Nach Formel 1) werden in 1 St.

$$4{,}0248 \text{ g} \times \frac{99}{100} \times 0{,}3 = 1{,}195 \text{ g Silber}$$

niedergeschlagen, daher in 3 St.:

$$1{,}195 \text{ g} \times 3 = 3{,}585 \text{ g Silber.}$$

Auf einen Suppenlöffel, dessen Fläche 1,2 dm^2 ist, kommen somit:

$$3{,}585 \text{ g} \times 1{,}2 = 4{,}302 \text{ g Silber.}$$

2. Wie lange muß man ein Dutzend solcher Suppenlöffel im Bad belassen, damit auf ihnen, wiederum bei einer Stromdichte von 0,3 A, gerade 45 g Silber anfallen? Wenn auf 1 Dutzend = 12 Löffel 45 g Silber kommen sollen, muß man auf 1 Löffel

$$45 \text{ g} : 12 = 3{,}75 \text{ g Silber}$$

niederschlagen. Nun scheidet sich nach Formel 1) bei einer Stromdichte von 0,3 A in 1 St. auf 1 dm^2, wie wir eben berechnet haben, 1,195 g Silber ab, daher auf einen Löffel, dessen Fläche 1,2 dm^2 ist:

$$1{,}195 \text{ g} \times 1{,}2 = 1{,}434 \text{ g Silber.}$$

Es sollen sich aber 7,5 g abscheiden, wozu man offenbar:

$$\frac{7{,}5}{1{,}434}\,\text{St.} = \text{rund } 5{,}3 \text{ St.}$$

braucht.

3. Wie dick ist die Chromschicht, die beim Glanverchromen auf Nickelgrund anfällt, wenn man mit einer Stromdichte von 20 A arbeitet und die Stücke 5 Min. im Bad beläßt? Die Stromausbeute sei rund 15%. Nach Formel 5) finden wir, wenn wir den entsprechenden Faktor zu 5) aus der Zusammenstellung X b benützen, daß er:

Faktor zu 5)		Strom-dichte, A		Einhänge dauer, Min.		
0,00001175 mm	×	20	×	5	=	0,001175 mm

dick ist.

4. Wie lange müssen wir einen Fahrradlenker in einem Nickelbad belassen, damit der Niederschlag auf ihm 0,02 mm dick werde, wenn wir mit einer Stromdichte von 0,8 A arbeiten und die Stromausbeute 95% ist? Wir benützen Formel 6) und zur Vereinfachung der Rechnung wiederum den entsprechenden Faktor aus der Zusammenstellung Xb. So finden wir, daß bei einer Stromdichte von 0,8 A die zur Erreichung einer Niederschlagsdicke von 1 mm nötige Zeit ist:

Faktor zu 6)		Strom-dichte		
84,9 St.	:	0,8	=	106,1 St.

Nun soll aber der Niederschlag 0,02 mm stark werden, daher braucht man:

$$106{,}1 \text{ St.} \times 0{,}02 = 2{,}12 \text{ St.}$$

XI. Einige Formeln der Elektrotechnik.

Einheit der mechanischen Arbeit = 1 Kilogrammeter (kgm), die Arbeit, die vollbracht wird, wenn man 1 kg gerade 1 m hoch hebt (oder 0,5 kg gerade 2 m oder 2 kg gerade 0,5 m usw.).

Einheit der mechanischen Leistung = 1 Kilogrammeter je 1 Sekunde (kgm/sek), die Leistung, die vollbracht wird, wenn man 1 kg in 1 Sekunde gerade 1 m hoch hebt (oder 0,5 kg gerade 2 m oder 2 kg gerade 0,5 m usw.), also:

mechanische Leistung einer Maschine, kgm/sek	=	von der Maschine vollbrachte Arbeit, kgm	:	Arbeits-dauer, Sekunden

und:

von einer Maschine vollbrachte Arbeit, kgm	=	mechanische Leistung der Maschine, kgm/sek	×	Arbeitsdauer, Sekunden

In der Technik übliche Einheit der mechanischen Leistung = 1 Pferdestärke (PS) = 75 kgm/sek, und übliche Einheit der Arbeit = 1 Pferdekraftstunde (PSSt.), also:

mechanische Leistung einer Maschine, PS	=	von der Maschine vollbrachte Arbeit, PSSt.	:	Arbeitsdauer, Stunden

und:

von einer Maschine vollbrachte Arbeit, PSSt.	=	mechanische Leistung der Maschine, PS	×	Arbeitsdauer, Stunden

In der Technik übliche Einheit der elektrischen Arbeit = 1 Wattstunde (WSt.), und zwar ist bei Gleichstrom:

die in einem Stromkreise umgesetzte elektr. Arbeit, WSt.	=	Spannung zwischen den Enden des Stromkreises, V	×	Stärke des Stromes, A	×	Arbeitsdauer, Stunden

In der Technik übliche Einheit der elektrischen Leistung = 1 Watt (W), und zwar ist bei Gleichstrom:

die in einem Stromkreise umgesetzte elektrische Leistung, W	=	Spannung zwischen den Enden des Stromkreises, V	×	Stärke des Stromes, A

Bei Gleichstrom brauchen wir somit zur Messung der in einem Stromkreise umgesetzten Leistung an Meßinstrumenten nur ein passendes Voltmeter und ein ebensolches Amperemeter und, wenn wir auch die umgesetzte Arbeit bestimmen wollen, noch eine Uhr. Bei Wechselstrom können wir dagegen zur Messung der Leistung des Wattmeters nicht entraten, eines Instrumentes, das sie uns unmittelbar angibt.

Den Zusammenhang zwischen elektrischer Leistung und elektrischer Arbeit weisen als folgende Formeln:

elektrische Leistung, W	=	elektrische Arbeit, WSt.	:	Arbeitsdauer, St.

elektrische Arbeit, WSt.	=	elektrische Leistung, W	×	Arbeitsdauer, St.

In der Technik werden übrigens häufig Vielfache der vorstehenden Einheiten gebraucht und zwar:

1 Hektowatt (HW) = 100 W und 1 Kilowatt (KW) = 10 HW = 1000 W

und:

1 Hektowattstunde (HWSt.) = 100 WSt. und 1 Kilowattstunde
= 10 HWSt. = 1000 WSt.

Den Zusammenhang zwischen mechanischer und elektrischer Leistung zeigt der Ansatz:

$$1 \text{ PS} = 736 \text{ W} = 7{,}36 \text{ HW} = 0{,}736 \text{ KW}$$

während umgekehrt ist:

$$\begin{aligned} 1 \text{ W} &= 1 \text{ PS} : 736 &&= 0{,}001359 \text{ PS} \\ 1 \text{ HW} &= 1 \text{ PS} : 7{,}36 &&= 0{,}1359 \text{ PS} \\ 1 \text{ KW} &= 1 \text{ PS} : 0{,}736 &&= 1{,}359 \text{ PS.} \end{aligned}$$

Schließlich steht die in einem Stromkreise umgesetzte elektrische Arbeit, wenn sie zur Gänze in Wärme umgewandelt wird, zur Wärmemenge, in folgender Beziehung:

im Stromkreise entwickelte Wärmemenge, Kalorien[1]) (K) = 0,86 × umgesetzte elektrische Arbeit, WSt.

= 0,86 × Spannung zwischen den Enden des Stromkreises, V × Stromstärke, A × Arbeitsdauer, St.

= 0,86 × Stromstärke, A × Stromstärke, A × Widerstand des Stromkreises, O × Arbeitsdauer, St.

Der Wirkungsgrad eines elektrischen Motors oder eines Generators ist das Verhältnis der abgegebenen zur aufgenommenen Leistung:

$$\text{Wirkungsgrad} = \frac{\text{abgegebene Leistung}}{\text{aufgenommene Leistung}}$$

[1]) 1 (große) Kalorie ist jene Wärmemenge, die nötig ist, um 1 kg Wasser von 14,5° auf 15,5° zu erwärmen.

wobei selbstverständlich Dividend und Divisor in denselben Einheiten angegeben werden müssen. So ist z. B. der Wirkungsgrad eines Aggregates aus einem Gleichstrom-Motor und einem Gleichstrom-Generator:

$$\frac{\text{abgegebene Leistung, W}}{\text{aufgenommene Leistung, W}} = \frac{\begin{array}{c}\text{Spannung zwi-}\\ \text{schen den Ge-}\\ \text{neratorklemmen,}\\ \text{V}\end{array} \times \begin{array}{c}\text{Stärke des ab-}\\ \text{genommenen}\\ \text{Stromes,}\\ \text{A}\end{array}}{\begin{array}{c}\text{Spannung zwi-}\\ \text{schen den}\\ \text{Motorklemmen}\\ \text{V}\end{array} \times \begin{array}{c}\text{Stärke des}\\ \text{dem Motor zu-}\\ \text{fließenden}\\ \text{Stromes, A}\end{array}}$$

Dagegen ist:

$$\begin{array}{c}\text{die von einem Drehstrom-}\\ \text{Motor aufgenommene}\\ \text{elektrische Leistung, W}\end{array} = \begin{array}{c}1{,}73 \times \text{der vom Wattmeter an-}\\ \text{gebenen Leistung, W}\end{array}$$

daher ist der Wirkungsgrad eines Aggregates aus einem Drehstrommotor und einem Gleichstromgenerator:

$$\frac{\text{abgegebene Leistung, W}}{\text{aufgenommene Leistung, W}} = \frac{\begin{array}{c}\text{Spannung zwi-}\\ \text{schen den Ge-}\\ \text{neratorklemmen,}\\ \text{V}\end{array} \times \begin{array}{c}\text{Stärke des ab-}\\ \text{genommenen}\\ \text{Stromes,}\\ \text{A}\end{array}}{\begin{array}{c}1{,}73 \times \text{der vom Wattmeter an-}\\ \text{gegebenen Leistung, W}\end{array}}$$

Einige Fachbücher

Der Verfasser empfiehlt dem Leser, zu seiner weiteren Belehrung die folgenden Bücher zur Hand zu nehmen:

Billiter, Prinzipien der Galvanotechnik, 1934, J. Springer, Wien,

Elßner, Die Galvanotechnik, 1933, Akad. Verlagsgesellschaft m. b. H., Leipzig,

Pfanhauser, Die elektrolytischen Metallniederschläge, J. Springer, Berlin,

Pfanhauser, Verchromungstechnik, 1931, Eigenverlag der Langbein-Pfanhauser-Werke A.-G., Leipzig.

Das erstgenannte Werk unterrichtet den Leser insbesondere über die Theorie unseres Faches, das an dritter Stelle angeführte ist ein umfangreiches Nachschlagebuch, von dem derzeit eine Neuauflage vorbereitet wird. Über Sondergebiete geben Auskunft die Veröffentlichungen:

Krause, Schleifen und Polieren in der Metallwarenindustrie, 1939, M. Jänecke, Leipzig,

Wogrinz, Die Untersuchung und Richtigstellung galvanotechnischer Bäder und die Erprobung der galvanotechnischen Metallniederschläge, 1937, M. Boerner Halle (Saale).

Sehr wertvoll sind die vom Deutschen Kupfer-Institut E. V., Berlin W 9, herausgegebenen, auch drucktechnisch prächtigen Heftchen:

Chemische Färbungen von Kupfer und Kupferlegierungen. Eine Auswahl praktisch erprobter Arbeitsweisen. Folge I: Braun- und Schwarzfärbungen — Folge II: Grünfärbungen.

Mit dem Gesamtgebiet der Metallfärbung befaßt sich in klaren und knappen Ausführungen das Buch:

Beutel, Bewährte Arbeitsweisen der Metallfärbung, 1939, Braumüller, Leipzig und Wien.

Der bereits erfahrene Leser, den die Fülle der Vorschriften nicht verwirrt, wird mit Gewinn sicherlich auch das Werk:

Krause, Metallfärbung, 1937, J. Springer, Berlin,

durchsehen. Wer sich jedoch mit der Galvanotechnik des Aluminiums und des Magnesiums, sowie der Legierungen dieser Leichtmetalle beschäftigen will, versäume nicht, sich vor allem anzuschaffen:

Aluminium-Taschenbuch, herausgegeben von der Aluminium-Zentrale G. m. b. H., Berlin W 9,

Werkstoff Magnesium. Nach Vorträgen der Magnesiumstagungen Berlin und Frankfurt a. M., 1938, VDI-Verlag G. m. b. H., Berlin NW 7.

Sachverzeichnis

Gegenstände, bei denen aus dem Inhaltsverzeichnis zu ersehen ist, wo sie besprochen werden, sind hier nicht angeführt. Auch die in der Zusammenstellung III (S. 209ff.) aufgezählten Stoffe sind hier selbstverständlich nicht noch einmal genannt.

FSC
www.fsc.org
MIX
Papier | Fördert gute Waldnutzung
FSC® C083411

Zeitfracht Medien GmbH
Ferdinand-Jühlke-Straße 7
99095 Erfurt, Deutschland
produktsicherheit@kolibri360.de